湛庐 CHEERS

与最聪明的人共同进化

HERE COMES EVERYBODY

Mind

心智的本质

A Journey to the Heart of Being Human

[美] 丹尼尔·西格尔 著
Daniel J. Siegel
乔淼 译

CHEERS
湛庐

浙江教育出版社·杭州

Daniel J. Siegel

融合心理学、脑科学与网络科学的先锋

丹尼尔·西格尔

他，创造了一个概念；

他，创立了一个学科；

他，信奉“整合是王道”；

他，以传播科学教养观为己任。

“情商之父”给予盛赞的脑科学家

丹尼尔·西格尔毕业于哈佛大学医学院，是加州大学洛杉矶分校精神病学临床教授。他创立了一个名为第七感研究所的教育组织，旨在帮助个人、家庭和组织通过评估人际关系来提升第七感（即对自己和他人心智的感知和理解，是西格尔独创的概念）。

第七感不仅能让我们看到和分享自己内在的心理能量和信息流动，也有助于我们感知自己的思想、情绪和记忆，帮助我们产生强大的心理力量来改变这种流动，从而摆脱根深蒂固的行为以及习惯性的反应，远离可能会使自己陷入其中的被动情绪循环。

西格尔独创的这个里程碑式的概念备受“情商之父”丹尼尔·戈尔曼（Daniel Goleman）推崇。戈尔曼不但将第七感理论誉为“情商与社交商的基础”，还赋予了它更高的地位：“第七感堪与弗洛伊德的潜意识理论、达尔文的进化论齐名；在身、心与大脑整合方面，西格尔成果卓著，无人能出其右。”

西格尔与西雅图爱情实验室创始人、人际关系专家约翰·戈特曼及其夫人的合影

帮助父母实现圆满自我的"全脑教养专家"

家庭教育是西格尔的理论得以完美应用的一个重要领域。西格尔认为，想做好父母，必须先认识自己，认识到自己生命和生活的意义，深入了解自己的经历，尤其是童年时与养育者之间的互动，才能让孩子产生安全的依恋关系，这就是"由内而外的教养"，这个观点也贯穿于他所写的每一本与教养相关的书中。

西格尔基于对大脑结构及运作机制的研究，提出了实用性极强的"全脑教养法"——针对各年龄段孩子提出全脑教养实践指南，以帮助父母破解种种育儿难题。

他还将第七感所涉及的整合理念运用到了解和帮助青少年成长的教育实践中，非常值得家有青少年的父母借鉴和学习。

极受谷歌、微软推崇的人际神经生物学创立者

西格尔历时 25 年，通过对数千个案例的研究，创立了一门新的学科——人际神经生物学（Interpersonal Neurobiology），这门学科的研究重点是人际关系与大脑的密切关系。他在人际神经生物学领域出版了多本专著，还受邀四处演讲。他的研究成果被美国司法部、微软和谷歌等世界各地的机构和企业所采用。

西格尔心智整合系列

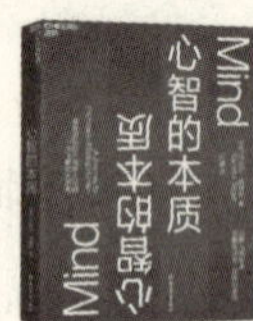

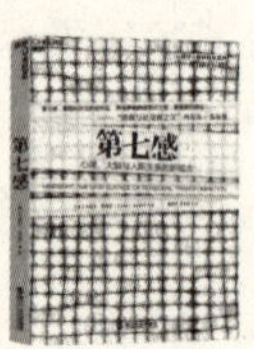

西格尔全脑教养系列

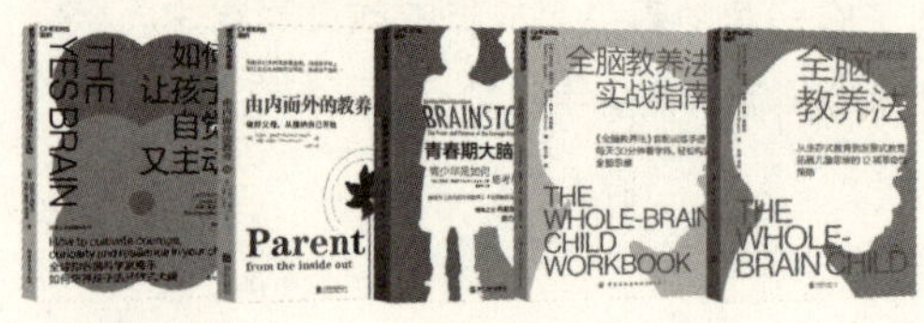

“探索人心”旅程上的引领者

西格尔不仅是一位专业的学者，也是一位多产的作家，通过写作，西格尔得以将自己最新的研究理念传播给普罗大众。他的畅销书《第七感》向读者展现了经过整合的大脑的强大力量。他将“整合”概念引入教养领域，其著作《全脑教养法》使更多父母认识到“整合的大脑”在教养中的积极作用。他在《心智的本质》中挑战了生命最重要的问题，为临床实践、教育、个人和家庭生活的提供了重要指导。

作为“探索人心”旅程的开拓者，西格尔不断改变着我们的思维方式、感受方式和生活方式。

湛庐CHEERS 特别制作

测一测　你真的了解心智吗？

1. 哪项活动不能唤醒心智，让我们的生活保持活力？

A. 沉浸写作

B. 沉浸绘画

C. 沉浸舞蹈

D. 沉浸唱歌

2. 下列关于“整合”的说法，哪一个是错误的？

A. 整合是健康的基础，而整合受损是疾病和障碍的基础

B. 对未来的期望就是整合我们生活中的每时每刻的要诀

C. 建构器可能是妨碍整合的真正元凶

D. 在场是通向整合的途径之一

3. 西格尔开创性地提出了“第八感”的概念，它是指：

A. 触觉、味觉、嗅觉、视觉和听觉

B. 身体的内在感觉

C. 内在的思维、感受和表象等心理活动

D. 我们与他人和我们生存的世界的关系的感觉

4. 心智的存在方式和哪些事物类似？

A. 电磁场

B. 星星的光芒

C. 流动的海水

D. 以上都是

下载“湛庐阅读”App，
搜索“心智的本质”，
获取答案。

MIND

目录

MIND

A Journey to the Heart of Being Human

第1章

欢迎来到心智的世界

M I N D

"你好。"

这是我向你发出的一条简单的信息。
是谁知道我是在用"你好"来向你发出致意呢?
你又是如何知道的呢?
以及,"知道"究竟意味着什么呢?

在本书中，我们将一起探索心智、你的心智和你的自我的本质，一起讨论心智由谁参与、如何产生、是什么、为什么产生以及何时产生，并一起讨论你感受到的我用“你好”向你致意的这种体验。

一些人使用“心智”（mind）[①] 这个概念表示智力和逻辑、思维和推理，这种做法将它与“心灵”（heart）或“情绪”（emotion）对立起来。无论在本书中还是在我的其他作品中，我都不会以这种方式从广义的角度使用“心智”这个词。我用心智指代与活着的我们感受到的主观体验有关的一切：从感受到思维，从理性的观点到先于或潜藏于话语下的内在的感官沉浸（sensory immersion），再到我们感觉到的、与他人及整个地球的联系。心智同时也与我们的意识有关，即我们对“活着”的感觉的觉察，以及存在于这种觉察中的觉知体验。心智是我们最深刻的本质，是我们在当下时刻对“活着”、对此时此地最深刻的感觉。

① mind 及其形容词形式 mental 在心理学领域的译法并不统一，有“心理”“心智”“精神”等多种译法。例如，theory of mind 译为“心理理论”，mental health 译为“精神卫生”，mental activities 译为“心理活动”，mentalization 又译为“心理化”或“心智化”。基于对本书内容的理解，兼顾传播和阅读效果，本书中的 mind 在单独出现时统一译为“心智”。其他含有 mind 或 mental 的心理学概念或术语则一概沿用学术界惯用的译法。——译者注

心智不只包括这些内容。除了意识和意识对“活着”的主观体验的觉察，心智可能还包含一个更宏大的加工过程，即它将个体与他人及世界联系起来。虽然这个重要的加工过程可能是心智中一个难以测量的部分，但它却是我们生活的重要组成部分。我们在接下来的心智之旅中将深入探索这一过程。

尽管我们或许无法量化我们心智中位于“活在此时此地”的体验之中心的那些成分，但这种内在感受到的、关于“活着”的主观现象，以及我们感到的与他人和世界联系的方式，都是真实存在的。这些不可测量的、关于生命现实的成分有许多不同的称谓。有人称其为我们的本质；有人称其为我们的核心、灵魂、心灵或者本性。我只是简单地称其为心智。

心智仅仅是主观性（subjectivity）的代名词吗？或者说，心智仅仅等同于对我们的情绪与思维、记忆与梦、内在觉察和相互联系的感受吗？如果心智同时包含我们对这种每时每刻“活着”的内在感觉的觉察方式，那么心智的成分就还包含被我们称为“意识”的体验：我们借助这些体验保持觉察，并由此知晓主观生活中的内容的展现方式。因此，心智这个概念至少包括了意识，即我们觉察内在体验和主观生活的方式。

在低于觉察水平的层面上也存在某些与我们通常所称的心智有关的东西。这些无意识的心理过程包括思维、记忆、情绪、信念、希望、梦、渴望、态度和意图等，我们有时能觉察到它们，有时则不能。尽管在某些时候，甚至大多数时候，我们觉察不到这些心理活动，但它们不仅是真实存在的，而且影响着我们的行为。我们可以把这些心理活动看作我们思维和推理的一部分，以及允许“信息”（information）流动和转换的过程。在未经觉察的情况下，这些信息流甚至都没有引起主观感受。因此我们能看到，在意识及其对主观体验的觉察之外，心智这个概念还包含了不依赖于觉察的、更基础的信息加工过程。

如此说来，心智就可以被看成作为“信息处理器”的心智了，这是什么意思呢？信息是什么？如果信息影响着我们的决策过程并诱发了行为，那么无论有无意识参与，心智是如何令我们做出有意的行为选择的，我们又是否具备自由意志？如果心智这个概念包括了主观体验、意识，以及包括问题解决和行为控制等在内的信息加工过程，那么什么是心智的核心成分？从感官知觉到执行控制的心理活动的连续谱系中的“心智成分”又是什么呢？

我们已经讨论了意识、主观体验和信息加工这些关于心智的一般描述，它们通常以你可能很熟悉的方式体现出来，比如记忆、知觉、思维、情绪、推理、信念、决策和行为等。我们能用什么样的理论将这些常见的心理活动联系起来呢？从感觉到感受，再到思维和行为发起，如果心智是上述一切的源泉，那么为何这些东西都被归于心智这个概念之下呢？心智究竟是什么呢？

心智作为一个术语、实体或过程，我们既可以将它视为一个名词，也可以将它视为一个动词。心智作名词时给人一种这样的感觉：它是一个稳定存在的物体，你既能够掌控它，也可以宣称拥有它。你拥有心智，它属于你。那这个名词性的心智是由什么组成的呢？心智作动词时则给人一种这样的感觉：它是一个动态的、不断涌现的过程。心智中不仅充满了活动，也展现出了永无止境的变化。如果这个动词性的心智确实是一个过程，那么这些动态的东西、这些精神生活中的活动又是什么呢？无论作为名词还是动词，心智究竟是关于什么的呢？

有学者将心智描述为“信息处理器”。这种描述指出，我们能够对观点和事物进行表征化，并将这些表征进行转换，通过记忆的编码、存储和提取，记住事件。从知觉到推理，再到行为决策，它们都是心智的信息加工过程的组成部分。作为一名科学家、教师和医生，我从事与心智有关的工作已经 35 年了，有这么一种现象让我百思不得其解：虽然上述对心智的描述广为人知，然而在一系列与心智有关的工作领域中，无论是临床、教育、科研还是哲学思辨，居然都缺少一个对心智的精确定义，缺少一种凌驾于其功能之上的、关系到其本质的清晰认识。

作为一名精神卫生工作者，即精神科医生兼心理治疗师，我也惊讶于这样一件事，即这种对心智的工作定义都不明确的现状将会在多大程度上制约我们临床工作的有效性。明确心智的工作定义既意味着我们可以利用它开展工作，又意味着我们可以不断修正它以适应研究数据和个人经验，还意味着我们可以清晰地表述“心智的本质是什么”。尽管我们频繁地听到“心智”这个词，却极少注意到它缺乏清晰的定义。如果在科研、教育、临床实践、个人和家庭生活中都没有关于心智的工作定义，那么至少在我看来，我们对心智的理解和交流中就缺少了某些东西。

只有对心智的描述，却没有对其做出工作定义的尝试，我们真的能定义什么是健康的心智吗？

如果我们仅仅停留在这种描述的层面上，即心智包含思维、感受、记忆、意识和主观体验，那么我们会付出许多代价。例如，如果你反思一下你自己的思维，那么它是由什么构成的呢？你可能会说：“好吧，丹尼尔，当我在我的头脑中感觉到一些词语时，我就知道自己在思考。”我接着可能会这样问你：“‘我知道’‘感觉到词语’的意思是什么呢？如果它们都是信息加工过程，即动态的、动词性的信息加工，那么被加工的究竟是什么呢？”你可能会说：“好吧，我们都知道那只不过是大脑活动而已。”如果上述关于大脑活动的观点是真的，那么你也许会很惊讶地发现，关于你自己的思考的主观感觉到底是怎么从你大脑中的神经元里冒出来的，这事儿没人能说清楚。我们对于“思维”或者“思考”这样常见且基本的加工过程尚无清晰的认识。好吧，是我们的心智对此没有清晰的认识。

当我们把心智看作一种动词性的、展现并涌现的过程而非存在物的时候，或者说，至少不仅仅是存在物或者名词性的、静态的、一成不变的存在物的时候，我们也许就离理解“你的思维是什么”以及“心智是什么”更近了一步。这是我们把心智描述为信息处理器或一种动词性的过程的用意。然而，无论以名词性的心智意指“处理器”，还是以动词性的心智意指“加工过程”[①]，我们对这个信息转换过程包含的内容都一无所知。如果我们能在这些常用的、重要的、精确的描述性成分之外为心智提供一个定义，那么我们也许能更好地理解心智和心理健康究竟是什么。

我在过去的 40 年间持续思考着上述问题。我能感觉到这些问题的存在：它们不仅填满了我的意识，而且在梦境和绘画作品中影响着我的无意识信息加工过程，甚至塑造了我和别人相处的方式。我痴迷于这些关系到心智和心理健康的最根本的问题，我的朋友、家人、老师、学生、同事和来访者都看在眼里。现在你也看到了。不过，就像他们一样，你或许也会明白，尝试解答这些问题的过程不仅本身是充满乐趣的，而且催生出了一些有价值的观点。这些观点可以为我们提供一些启发，从而令我们的生活更幸福，令我们的心智更强大、更坚韧。

本书就是这样一段超越常见描述的、对心智进行定义的旅程。如果我们能够定义心智，那么我们就能以一种更有力的视角解读科学研究的成果，并在此基础上更有效地培育健全的心智。

拥有心智的人类对自身充满好奇

人类对心智的兴趣从我们开始记录思想史时就开始了。如果你也对“心智是什么”充满好奇，那么你并不孤单。数千年来，哲学家、诗人和小说家们一直就如何描述我们的精神世界争论不休。拥有心智的人类似乎对自身充满好奇。这或许解释了我们为何将自己命名为“现代智人”：我们知道，并且知道自己知道。

---

① 英语中的处理器（processor）和加工过程（processing）是同源词，而 process 这个词既能指代“过程”（名词），又能指代“加工”（动词）。作者无疑是运用语言的高手，这使得本书的译稿充斥着大量“文字游戏”。请各位读者明鉴。——译者注

可是我们知道些什么呢？我们又是怎么知道的呢？我们既可以通过沉思和冥想探索我们的精神世界，也可以通过科学研究探索心智自身的特点。通过运用自己的心智，我们究竟能知道关于心智的什么内容呢？

在过去的几个世纪里，对现实世界本质的实证研究试图系统地揭示心智的本质，我们称这种人类的心智活动为科学。不过正如我们将会看到的那样，即便是对心智的本质感兴趣的诸多学科，也尚未就心智的定义达成共识。虽然我们对情绪、记忆和知觉等心理活动有种种描述，却没有对心智做出定义。你也许会觉得这很奇怪，但事实确实如此。你也许会认为到处使用心智这样一个没有定义的概念是一件奇怪的事，但作为一个在学术上很重要的“表示未知事物的占位符”，它还真就没有定义。有些人甚至认为我们不该对心智进行定义，我自己就从一些哲学和心理学界的同行那里听到过这样的观点。他们认为对心智进行定义会“制约我们对心智的理解”。因此，在学术界，虽然人们广泛地研究和讨论着心智，却没有人站出来定义它。这真令人惊讶。

另外，在一些旨在帮助心智成长的应用领域，比如教育界或精神卫生界，人们也极少定义心智。

在过去的 15 年里，我在工作坊中反复询问精神卫生界或教育界的专业人士“是否学过心智的定义”，答案惊人地一致：在全世界范围内超过 10 万名不同流派的心理治疗师中，只有 2% ~ 5% 的人在课堂上学过关于心智的定义。剩下的 95% 的人既不知道“心理”或“精神”的定义，也不知道“健康”或“卫生”的定义[①]。我还问过 19 000 余名教育工作者同样的问题，从幼儿园教师到高中教师，在这个群体中，学过心智定义的人所占的比例与心理治疗师群体大抵相同。

---

① 此句作者在说“剩下的 95% 的人既不知道 mental 的定义，也不知道 health 的定义”，在汉语中，不同工作语境下，mental health 既可以被译为“心理健康”，也可被译为“精神卫生”。通常，心理咨询工作者更喜欢前者，医学工作者则更喜欢后者。——译者注

我们为什么要尝试定义一个在这么多的学科领域中都很模糊的概念呢？为什么要用话语描述一个看起来就难以陈述、难以定义的事物呢？为什么就不能满足于把它当作“表示未知事物的占位符”，并拥抱这种神秘感呢？为什么要用话语制约我们的理解呢？

以下是我对“为什么尝试定义心智很重要”的一些看法。

如果我们能对“心智的本质是什么”给出一个确定的回答，即对心智给出一个定义而非仅仅陈述其特征，比如意识、思维和情绪，那么我们也许不仅可以在自己的生活中更有效地培育健康的心智，而且可以在家庭、学校、职场和整个社会中促进人们的心理健康。如果我们能对心智给出一个可用的工作定义，那么我们也许就有能力清楚地认识到健康心智的核心要素。在此基础上，我们也许就能进一步优化我们个人生活和人际交往中的行为模式，以及我们与所有生活在地球上的其他生命互动的方式。

除了人类，其他动物既有心智，也有感受，还有像知觉、记忆这样的信息加工过程。然而只有人类的心智发展到了一个很高的程度，从而将地球改造成今天这个样子，成为人类命名的“人类时代”。是的，是我们拥有的语言做出了这样的命名。在这个新的、全球性的人类时代里，给出对心智的定义或许能令我们找到更有建设性的、更有利于合作的生存方式，从而与其他人和其他生命在这颗美丽而脆弱的星球上共存下去。

综上所述，无论是从个人还是从地球的角度来看，定义心智都是一件很重要的事。

MIND

心智是我们做出选择和改变的能力之本。

如果要改变地球的现状，那么我们就有理由认为我们需要转变人类的心智。在个体的水平上，如果大脑功能由于后天原因或先天原因受到了损害，那么知道心智是什么就可以更有效地改变大脑，因为许多研究已经揭示了，心智可以对大脑产生有益的影响。没错，心智不仅能够“改造”大脑，它还能以同样的方式影响我们的生理机能和宏观生态环境。心智如何能做到这一点呢？我们会在后面的章节中陆续谈到。

找到心智的精确定义绝不止于学术实践。定义心智或许将令我们能以个体和群体的形式活得更加健康，这样一来，我们就能把这个世界变得更美好。为了达成这些迫切的目标，本书将尝试回答一个既简单又困难的问题：“什么是心智？”

常见观点一：心智就是大脑活动

许多来自生物学、心理学和医学等领域的当代科学家通常会认为，心智纯粹是大脑中的神经元活动的产物。这个一再被提及的观点并不新奇，它已经存在了几百乃至上千年。学术圈里的人一再强调这种观点，实际上是想表明这么一种态度：“心智就是大脑活动。”

看到这么多受人尊敬且富有思想的学者认可这个观点，并且他们不遗余力地为其背书，你也许会自然而然地认为它就是简单且透彻的真理。倘若事实真如此，那么我的那句“你好”留给你的那种内在的、主观的心智体验，就只是大脑中的神经元放电现象了。没有人知道从神经元放电到主观上“知道”的体验之间发生了什么，但上述观点中似乎有个假设，那就是有一天我们将能够计算出物质是如何变成心智的，只是我们此刻还做不到罢了。

就像我在临床和科研训练中学到的那样，科学界和医学界非常关注大脑的核心作用，正是它塑造了我们的思维、感受和记忆中的经验，我们通常把这里的思维、感受和记忆视为心智的内容或其活动。许多科学家把觉察的状态和对意识本身的体验看作神经活动的副产品。因此，如果“心智 = 大脑活动”这个公式确实是关于心智起源的简单且透彻的真理，那么对心智的神经基础的研究，以及对感受、思维和我们所谓的“意识相关神经区”（NCC）[①] 的脑机制研究虽然可能漫长而艰辛，但确实是一条正途。

许多人把身为医生的威廉·詹姆斯（William James）视为现代心理学之父。他在 1890 年出版的《心理学原理》中这样说道：“大脑是心理运作的一个直接身体条件，这个事实现在确实已经得到了非常普遍的认可，我不需要花费更多的时间来对此加以阐明，我只是把它作为一个基本假定，然后继续往前走。这部书的所有剩余部分都将或多或少是对这一假定的正确性的证明。”詹姆斯显然认为大脑是理解心智的关键。

詹姆斯同时也指出，用内省法研究人的心理活动是“困难且不可靠”的。这种观点和研究者在量化主观心智体验时，也就是科学家为运用统计分析而必须进行一些操作时遇到的困难加在一起，导致心理学和精神病学在发展过程中更加注重对神经活动和外在可观察行为的研究。

然而你脑袋里的那团组织，也就是大脑，真的是心智的唯一源泉吗？心智的源泉为什么不可能是你的整个身体呢？詹姆斯认为：“因而，躯体的经历，特别是大脑的经历，必然构成了心理活动的先决条件，它应当成为心理学的研究对象。”詹姆斯和他那个时代的生理学家们都知道大脑寓于身体。为了强调这一点，我有时候会用到这样一个概念：“具身的大脑”（embodied brain）。我那十几岁的女儿认为这个说法很荒谬。为什么呢？她这样回应我：“爸爸，你难道见过没在身体里的脑子不成？”我女儿有一种独特的本事，就是她总能引发我另辟蹊径的思考。她当然是对的。如今我们经常忘记，位于头部的大脑不仅是神经系统的一部分，也是身体这个大系统的一部分。詹姆斯说：“心理状态也会引起血管粗细的变化或者心跳的变化，还有更精细的过程，比如腺体和内脏的变化。如果我们将这些都考虑进去，再考虑到那些由于心理状态变化而

① 即足以产生一种特定的意识感的最小脑区或神经元集合。——译者注

产生的动作，那么提出这样一条一般法则就是安全的，即：心理变化的发生必定伴随着或紧跟着生理变化的出现。”

我们可以看到，詹姆斯明白心智并非局限于颅腔，而是发生在整个身体之中。不过他强调的是生理状态与心智相关联，或生理状态紧随心理状态出现，而生理状态并不引发或产生心理活动。在很久以前，人们就认定大脑是心理活动的源泉。在学术界，心理或者说心智一直都是大脑活动的同义词，即发生在脑袋里而非整个身体中的事件。有一个很有说服力且广为人知的例子，一本现代心理学教科书在其术语表中将心智定义为“大脑及其活动，包括思维、情绪和行为”。

这种“大脑中心论”至少有 2 500 年的历史了。神经科学家迈克尔·格拉齐亚诺（Michael Graziano）说：“人类将意识与大脑联系起来的科学论述最早可以追溯到公元前 5 世纪的希波克拉底……他认识到心智由大脑产生，且在大脑死亡后随之渐次凋零。”格拉齐亚诺接着继续引用希波克拉底《论圣病》（*On the Sacred Disease*）中的观点：“‘人们应当明白，我们的喜悦、快乐、欢笑，以及我们的悲伤、痛苦、哀愁和泪水，一切皆归于脑，且仅归于脑。’……希波克拉底关于脑是心智源泉的观点再怎么强调都不为过。”

在我们的生活中，这种将脑看作心智源泉的视角有助于我们理解精神疾病。例如，我们将精神分裂症、双相障碍和其他严重的精神疾患，如孤独症，视为大脑器质性病变引起的内在功能失调，而非患者父母的行为引发的结果或患者人格中的缺陷，这是精神卫生领域的重大变革。这种变革令我们能更有效地帮助这些患者及其家人。

将注意力转向大脑，可以让医生们转变固有的态度，不再羞辱或责备这些可怜的患者和他们的亲属。精神类药物的发明也令许多人从中受益，人们认为这些小分子能在大脑活动的水平上发挥作用。我之所以说“认为”，是因为研究表明，人们所持有的信念在某些情况下会发挥出同药物一样的作用，我们称其为“安慰剂效应”。由于安慰剂效应的存在，即使一些人实际上并未服药，他们也会在特定的情况下因为“认为”自己服用了药物而表现出外在行为及大脑功能的显著改善。当我们想起心智有时也能塑造大脑时，我们应该认识到即使个体之间的大脑存在差异，对心智进行训练也是可以改善大脑功能的。

这种“大脑中心论”还得到了来自特定区域脑损伤个体的研究证据的支持。几百年来，神经科学家们发现，大脑特定区域的特定损伤会导致某种心理活动，比如思维、情绪、记忆、语言和行为，发生特定的改变。在过去的 100 年间，把大脑与心智联系起来的观点令许多人从中受益，这甚至挽救了不少人的生命。关注大脑及其对心智的影响，这种做法极大地促进了我们对心智的理解和干预。

然而这些研究结果在逻辑上或科学上都不足以证明大脑是心智唯一的源泉。大脑与心智实际上可能并不等同。例如，大量关于心智训练对大脑功能和结构的研究表明，二者可能是相互关联并相互影响的。换句话说，我们不能只因为“大脑可以影响心智”，就认定“心智不能影响大脑”。为了更好地理解这一点，我们不妨从“心智 = 大脑活动”的立场上后退一步，敞开我们的心智，看看更宏观的图景。

尽管我们知道大脑对于了解心智来说的确至关重要，但为什么要把引起、导致或组成心智的东西局限于肩膀以上呢？哲学家安迪·克拉克（Andy Clark）称这种普遍的“心智 = 大脑活动”的观点为“局限于脑”（brainbound）的模型，即“单一大脑”或者“具脑”（enskulled）的论调。这种论调尽管常见，却忽略了一些构成我们心理活动的元素。我们的心理活动，比如情绪、思维和记忆，即使不是直接由整体的身体状态决定，至少也受到它的直接影响。因此我们可以认为心智是具身的，而非仅仅具脑的。还有一个重要的议题：我们与他人的关系，以及我们生活的社会环境，都会直接影响我们的心理活动。那么，同理，我们的关系也可能产生了我们的精神生活，即我们的关系不仅仅“影响”了我们的精神生活，而且是它的起源之一；我们的关系不仅仅“塑造”

了我们的精神生活，还导致了它的出现。因此，从这个意义上来说，我们既可以把心智看作具身的，也可以把它看作关系性的。

语言学家克里斯蒂娜·欧内林（Christina Erneling）在 2005 年提出过这样的观点：

> 学会有意义的表达，即获得某种语义性的沟通能力，并不只是将大脑活动设置为特定模式那么简单。这种学习还要求其他人将说话者讲出的内容识别为一个语言沟通的片段。如果我口头向你许诺了一些事情，那么我的大脑处在什么状态并不重要，重要的是其他人明白我做出了许诺。上述过程不仅需要你我的行为和大脑活动，而且需要一个由意义和规则构成的社会网络。仅仅通过大脑活动来解释人类的心理现象，就像用关于轨迹的物理学原理解释网球这种竞技运动一样……除了用个人行为表现、大脑结构或运算架构等方式分析心理能力，我们还必须将令这些能力成为可能的社会网络纳入考虑。

因此，我们最起码应该意识到，脑袋、身体和我们的社会关系也许不仅是影响心智的情境要素，它们可能也是决定了心智是什么的要素。换句话说，无论心智是什么，它都有可能起源于我们的整个身体和我们彼此之间的关系，而非仅仅局限于我们颅腔里的大脑。难道“心智不仅仅限于大脑活动”的观点在科学上就不可能站得住脚吗？我们就不能把大脑纳入一个更大的体系里，将其看作一个包含整个身体和我们的关系并促使心智产生的系统的一部分吗？这会不会是一种比“将心智局限于大脑活动”更完善、更详尽的观点呢？

尽管心智确实与大脑活动存在重要关联，精神生活却不仅限于，也不能被单一归因于我们颅腔里的那一团物质。是否有这种可能，即心智不仅仅限于大脑中简单的神经元放电？如果这种更宏大的图景确实成立，那么心智中不能被神经元放电解释的、“不仅仅限于此”的部分又是什么呢？

常见观点二：心智是社会建构的过程

如果“我们是谁”包括个体同一性和对生活的主观体验，如果这两者都是心理过程，都是心智的产物和功能，那么“我们是谁”就等于“我们的心智是什么”。在接下来的旅程中，我们将探索有关心智的一切。我们不仅要探索你，或你的心智，或一般意义上的心智是由谁参与的，还要探索它是什么、在哪里出现、于何时出现、为什么出现，以及它是怎样出现的。

我打算从一个已经成为共识的立场出发：心智受到大脑功能和结构的影响，它甚至完全由这两者决定。我在一开始绝对不会反驳上述立场，故而我会完全同意大多数心智和大脑的研究者的看法，并在此基础上尝试将心智拓展到大脑之外。“颅腔中的大脑”这个概念仅仅是我们探索的起点而非终点。当我们逐渐看到更宏大的图景后，我们最终既可能会放弃上述观点，也可能会回到大众认可的“心智仅仅等于大脑功能”的老路上。但现在，让我们先接受大脑对精神生活的重要影响，并让心智保持开放，进而看到一种可能性，即心智或许不仅仅限于大脑功能。我建议你接受的观点是这样的：大脑是一个更大图景中的一部分，这个更大、更复杂的图景及其可能为所有人带来的好处值得我们一探究竟。随着探索的深入，我们需要把自己沉浸其中。旅程的全部目的就在于寻找一个关于心智的更完善的定义。

有些学者认为心智独立于大脑，这些哲学家、教育学家和人类学家认为心智是一种社会建构的过程。社会建构视角的观点出现早于当代开展的大脑研究。这种社会建构视角的观点将同一性，即从内在的自我感知到对外使用的语言，视为由根植于家庭和文化中的社交性互动建构的产物。语言、思维、感受和我们的同一性都来自我们与他人的互动。例如，苏联心理学家列夫·维果茨基（Lev Vygotsky）就认为思维源自将自己与他人对话的内化。人类学家格雷戈里·贝特森（Gregory Bateson）认为心智是社会建构的呈现过程。认知心理学家杰罗姆·布鲁纳（Jerome Bruner）认为叙事形成于一个人与其他人的关系当中。在这些学者看来，我们都是社会生活的产物，即来源于社会建构。

MIND

> 这样一来，我们就有了两种互不相同的心智观，即作为神经元活动产物的心智和作为社会功能的心智。

这两种观点各自提供了认识心智本质的宝贵视角。尽管将两者分开看待的态度有助于进行学术研究，尽管这种态度是可以理解并且是通常不可避免的结果，因为它源自科学家对认识现实的方式所持的特定兴趣或倾向，但是，这种态度却无助于我们看到心智的真正本质：它既是具身的，又是关系性的。

我们如何才能将心智既看作具身的，又看作关系性的呢？同一个事物怎能同时具有两个看起来截然不同的特性呢？

多年来，研究和思考心智的学者提出了两种对心智的描述：第一种认为心智是神经元活动的产物。第二种认为心智是社会化的产物。我们怎样才能调和这两种立场呢？这到底意味着什么呢？既然这两种观点分别代表了对心智的不同认识，那么，二者是否可能各自代表了真相的一部分呢？是否存在一条路径能令我们找到产生心智的系统，而这个系统既是具身的，也是关系性的？这种观点或许有助于将内在的神经活动和人际的社会活动整合到一起。

为什么要写这样一本讨论心智的书

总体来说，我觉得"'心智就是大脑活动'即代表了真理的全部"这个观点有些不对劲儿。在讨论"心智是什么"这个极为复杂的问题时，我们需要让自己的心智保持开放。主观性绝非大脑活动的同义词，意识也绝不等同于大脑活动，深刻的、关系性的精神生活更不等于大脑活动。意识的本质及其内在主观性，以及心智的"人际－社会"本质，都邀请我们做出更多的思考，而非将心智局限于颅腔中那嗡嗡作响的神经元放电现象。

我知道这种探索心智的视角与现代心理学、精神病学、神经科学、医学和精神卫生等领域的主流观点大相径庭。虽然我自己那多疑的心智促使我对此表示担忧，但我所受过的科学训练又迫使我对这些问题抱着开放的态度，而非粗暴地否定各种可能性。

根据我作为医生和精神科医师的受训经验，以及过去 30 多年来作为心理治疗师的工作经验，我的患者和来访者的心智似乎都超越了他们的大脑及躯体。心智既存在于个体内部，在我们的整个身体之内，也存在于人际之间。它不仅存在于我们与彼此的关系中，也存在于我们与大环境，即与地球的关系中。“心智是什么”的问题尚有待进一步探索。从科学的角度看，心智的本质仍是未解之谜。

我之所以写这本书，就是为了以一种直接的、沉浸式的方式向你讲述“心智是什么”。

我恳请你在这一路上以开放的心智看待这些问题。在探索心智的旅途中，当我们深入研究有关心智的信念时，也许我们将不得不重新审视这些信念。我们能否发现一些对自己的生活有益的新观点？但愿如此。但你得自己看看这一路上能收获些什么。在这场探索中，发现的问题甚至可能多过答案。不过，就算我们不认可最终的答案，甚至根本找不到最终答案，我仍然希望这些探索心智本质的经历能对你有所启发。

考虑到推动我们探索下去的这样那样的理由，无论最终我们发现心智是什么，或许都应当对“心智是什么”的问题保持心智开放。心智或许不仅仅限于颅腔中的大脑活动，提出这种观点的目的并非为了否定大脑的地位，而是为其提供补充。我们无意抛弃现代科学研究的成果，而是要进一步探索它，充分尊重它，并试图扩展它，以便在更深的层面上探索心智是什么。我们将以科学的方式展开对话，并邀请科学家、医生、教师、学生、父母，以及一切对心智及心理健康感兴趣的人士一同加入这场讨论。这场心智之旅的目的在于拓宽对心智的讨论范围，加深对心智的认识，并增进对心智的理解。

MIND

> 开启这样一场关于心智和心理健康的讨论或许能令我们更有效地对心智进行研究，从而对临床工作进行概念化，指导我们更好地开展临床工作，组织教育培训，同时为家庭生活提供指导，启发我们更好地理解和践行自己的生活方式，甚至改造整个社会。这场心智之旅可以为我们的生活赋权，令我们了解心智的本质，令我们在日常生活中孕育更多幸福。

尽管现代生活用信息淹没了我们，以数字化的方式轰炸着我们，却也把全世界的人联系在了一起。可同时，我们也日益与世隔绝又备感绝望，日益不堪重负又孤独不已。我们是谁？如果我们不能意识到自己的生活被能量和信息淹没的后果，我们又会变成什么样子？我们比以往更加迫切地需要了解什么是人类生活的核心、什么是心智，并学会培养心理健康核心特质的方法，即了解形成健全心智的关键。

了解心智本质的一种策略是直接找一个新词来代替“心智”，并使用这个新词来澄清人际联系、外在生活、主观体验、内在本质、目的感、意义感以及意识的起源和机制。如果不用心智这个词，那么你会将上述这些人类生活的关键特征称为什么呢？

用一个新概念来表述不完全等同于大脑活动的心智，这也许是一种可行的做法，但探索心智不仅仅意味着从语义的角度讨论术语、定义和解释。如果心智这个术语能够代表我们存在的本质，那么且看我们是否能用“心智”这一个词涵盖这些含义，并看看这种心智，即人之所以为人的本质究竟是什么。不如让我们用“大脑活动”来表示神经元放电，用这个概念表示颅腔里面的神经元活动。这样一来，我们就可以去探索更完整的心智的概念，而不致引发那种我们经常听到的争议了，例如，某些人认为“心智不仅仅限于大脑活动”的观点可能“颠覆科学”。即使心智完全依赖于大脑活动，也并不能说心智就完全等同于大脑活动。

因此，在旅程开始时，我们就继续使用“心智”这个词，且看它会把我们带向何方。如果有必要，之后可以回过头来换个新词。在日常用语中，在我们准备一同前往的旅程中，在此时此刻，我们暂且认可心智有宽泛的含义：它包含了主观性的觉察，充满了有觉察和无觉察的信息流。虽然我们暂时不需要一个新术语，但可以对此保持开放的态度。且看我们如何来澄清心智的本质，以便更深刻地理解它，支持它的功能，并将其引向健全吧！

邀请你加入心智之旅

在我们系统地回顾了已发表的学术作品、临床文献和流行作品后，可以很明显地看到，科学界、临床工作者或媒体很少谈及这种结合了具身（内在）和关系性（人际）特征的心智观。有些人关注内在特征，有些人关注关系性特征，但极少有人两者并重。难道心智就不可能同时具有两方面的特征吗？如果我们能清晰定义心智的本质，我们就能更好地帮助彼此，或者在家庭、学校、社区和社会的层面上更好地互助。因此，看起来是时候提出一种新观点，以便把对心智的讨论推向一个更宽泛的层面了。

尽管我已经写了不少关于心智的学术著作，比如《心智成长之谜》（*The Developing Mind*）、《正念之脑》（*The Mindful Brain*）和《人际神经生物学袖珍手册》（*Pocket Guide to Interpersonal Neurobiology*），我也讨论了心智在临床实践中的运用，比如《第七感》（*Mindsight*）和《正念的心理治疗师》（*The Mindful Therapist*），并在好几本书中探索了公众，包括家长和儿童在日常生活中应用心智的方法，比如《青春期大脑风暴》（*Brainstorm*），与玛丽·哈策尔（Mary Hartzell）合著的《由内而外的教养》（*Parenting from the Inside Out*），与蒂娜·布赖森（Tina Bryson）合著的《全脑教养法》（*The Whole-Brain Child*）和《去情绪化管教》（*No-Drama Discipline*），但我还是需要专门写一本书，以便以一种更直接、更整合的方式专门讨论“心智是什么”这个话题[①]。

“整合”的意思是说，因为心智至少包含我们“活着”的内在主观体验、我们的感受以及有意识觉察的实在感觉，所以一本专门讨论“心智是什么”的书也许最好以一种读者和作者都被充分代表的方式写作，在讨论基本概念时感受并思考我们的主观心智体验。我们需要对内在体验保持觉察，而非仅仅讨论没有内在觉察和主观实质的空洞的事实、概念和想法。通过这种做法，我将邀请你有意识地运用心智探索你的个人体验。观点只有与充分的主观体验相结合时才能产生最大的影响。作为作者，我向你发出这样的邀请；作为读者，你可以选择加入进来。一旦你这样做了，这本书就是你我之间的对话。我负责给你提供观点、科学知识和经验，你负责为自己的心智赋权，选择接受我的沟通，并做出回应。随着你阅读的继续，你自己的心智也将变成探索心智的过程中的一部分。

如果心智完全是关系性的，那么本书就会在鼓励你反思自己的内在体验的同时尽可能地趋向于关系性。虽然你可能正在阅读这本书，但我的初衷是将它变成一种合作的探索，邀请你把你的心智和我的心智一起投入这个旅途中。

换言之，阅读这本书的过程也就是反思这本书内容的过程，即探索“心智是什么”的过程。

如果我们忽略了精神生活具身的一面或关系性的一面，就可能在探索过程中错过心智的本质。怎么能任由这种结果发生呢？对此我有这样一种想法：身为作者，如果我能在本书中既表现出自己的个人风格，又表现出自己的理性思考，那么或许作为读者的你也能做到。如此我们便可以将科学和个人两个层面合而为一，而它们在探索心智的过程中本就难分彼此。

---

① 这些著作中，《第七感》《青春期大脑风暴》《由内而外的教养》《全脑教养法》的中文简体字版已由湛庐文化引进，前三册由浙江人民出版社分别于 2013、2015 和 2017 年出版，最后一册由北京联合出版公司于 2017 年出版。——编者注

以科学的方式思考心智要求我们不仅要尊重实证研究的结果，也要尊重主观性和人际性。虽然这也许不是典型的科学研究的视角，但为了探索心智的本质，我们只能这样做。

这是我对本书的期望，这是一场你我共同探索心智本质的旅程。

如何开启这段旅程

我们活在每时每刻。无论我们是在觉察当前的躯体感觉，还是在以先前的经历反思当下，抑或是在沉浸于回忆，这一切都发生在现在。另外，我们也在此时此刻预期未来并做出计划。从许多层面上来说，我们所拥有的全部就是当下。心智既在记忆中出现，也在每时每刻的体验中出现。这种体验以感官沉浸的方式在此刻展现，并伴随着我们对未来体验的心理表象，我们以此预测并想象未来。这就是我们在当下将过去、现在和未来联系在一起的方式。即使时间并非我们想象中那样，变化仍然是真实的，而且这种作为心智结构的、跨越时间的联系仍然是一种跨越变化、将体验彼此连接起来的方式。心智中充满了永远流动着的、关于变化的体验。对本书的阅读也因此与心智中这些有关变化的体验有关，我们以时间的形式称其为过去、现在和未来。研究记忆的恩德尔·塔尔文（Endel Tulving）称这种连接过去、现在和未来的做法为“心灵的时间之旅”。如果时间是一种心理建构，那么“心灵的时间之旅”就是心智的行为，它是我们组织内在体验和对变化进行表征化的方式。

为了尊重这种核心的、关于改变的心智起源，以及这种心智跨越时间建构自我的方式，我将以“心灵的时间之旅”作为本书的基本框架，即以“过去—现在—未来”的顺序探索心智的本质。为此，我将以编年史的方式写作本书，以叙事的方式回顾过去和现在，并将心智向未来展开。

本书通篇采用概念化的讨论和非虚构叙事相结合的方式，以便将材料联系起来，并帮助你更好地形成记忆。故事是心智最好的回忆方式。我们沉浸于故事时的感受方式影响着我们与自己的体验相处的方式。我邀请你思考如何将你自己体验中的不同成分与本书关于心智的特定讨论联系在一起。你将会读到一些关于我个人的故事，也许这会让你想起甚至写下一些你自己的故事。

为了把过去、现在和未来联系在一起，并且将个人叙事和概念讨论联系在一起，我会把本书的叙事以 5 年为单位拆分开，作为一个章节的叙事内容，以这种方式在时间上和概念上组织我们的心智之旅。请注意，这些按时间拆分的叙事并非总是遵循时间顺序的。你将看到我的自传体式反思、日常经历中对心智的主观体验、每时每刻的反思性沉浸，以及与科学研究结果相关联的概念性思考。这些实证研究结果来自很多学科，我将会把它们进行比较或对比，总结其共有的见解，并通过科学推理将其进行拓展。这些内容将会和实践应用以及心智化反思进一步交织在一起。

随着各个章节的展开，我会邀请你探索自己在此时此刻的主观现实中思考的内容。你可能会发现你关于“自己的心智是如何在自己的生活中随时间推移发展起来的”的自传体式反思逐渐出现，它会成为你注意的焦点。你甚至会以新的方式产生关于未来的诸多可能性的感觉。我邀请你打开自己的心智，来一场内在的“心灵的时间之旅”。当这些关于过去、现在和未来的体验出现时，请你对它们进行思考；如果你愿意，甚至可以将它们写下来，这样做可以深化你的体验。一方面我们是感官动物；另一方面，当我们的心智在每时每刻从对过去的反思和对未来的想象中出现时，我们也依赖于自传体记忆。感官输入、记忆中的反思和想象都是“心灵的时间之旅”中不可或缺的部分，探索它们是很有趣的一件事，这就是“心智的乐趣”啊！

本书的每一章都包括三个部分，它们分别是某一个特定时段的叙事，最后的“邀请你思考”，以及介于两者之间的核心部分。核心部分将聚焦于科学概念，这些概念有助于我们拓展并深化对心智的讨论。在每一章的核心部分，我们会从自传体式叙事和反思中抽离出来，讨论与前一部分叙事相关的核心概念或问题，只有这部分内容是由理性主导的概念建构的。在阅读这些以科学性为主的内容时，你可能会感觉到它们引起了你不同的心智体验：也许感觉更深奥、更遥远，甚至不那么引人入胜了。如果你产生了这样的感觉，那么就随它去吧。虽然我很抱歉让你的感觉发生了变化，但你不妨让这种变化为你提供一些体验，它们也许能教会你一些东西。每一刻都是重要的，无论发生什么都可能是有用的。就让所有的体验都成为学习的机会吧。安塞尔·亚当斯（Ansel Adams）的一句话曾被反复引述："在随时间积累起的智慧中，我发现每种体验都是一种探索的方式。"

如果这些概念性的中间部分起初并不吸引你，那么你也可以选择跳过它们。毕竟，这是你的旅程。尽管如此，我还是恳请你至少试着读一读，让阅读的体验成为一种信息源，从而帮助你了解心智、了解你自己的心智、了解我们如何通过事实或故事彼此联系在一起。且看你会如何"审视"（SIFT）[①] 你自己的心智吧：用你的感觉、表象、感受和思维检验它。就让每一次体验成为一次思考的邀请，以及一个深化我们对自己和心智的认识的机会吧！这是你的探索之旅。

如果你想了解更多的概念化讨论，并寻求一种纯粹基于理论的、相对客观的对意识的讨论，那么你需要阅读其他更"标准化"的书籍，而非本书。本书的主旨是定义"心智是什么"，包容主观性中存在的现实，邀请你探索你自己体验的本质，并试图以科学性的讨论和体验性的反思呈现心智的本质。尽管本书不是一本典型的科学著作，但我相信这种对心智本质的跨学科的探索仍然是科学的。任何对心智感到好奇并有兴趣建构更健康的心智的人都能从本书中获益。对心智的进一步探索不能仅靠吸引人的概念性讨论和科学发现，我们还需要将上述内容与主观的生活体验结合在一起。

---

① sift 在英语中意为"审视""详查"。在本书中，作者以"感觉"（sensation）、"表象"（image）、"感受"（feeling）和"思维"（thought）的首字母组成了一个首字母缩写词"SIFT"，用以表示综合检验自己的心智，以探寻其中有价值的部分。该词在本书中出现时一律译为"审视"。——译者注

对反思性话语的反思之辞

无论是我和你、你通过内在的思维和你自己、你和另一个人进行的反思性谈话，还是我们在日记中写下的自我反思，我们都是用话语进行沟通的。通过话语的使用，我们事实上既塑造了我们对心智的理解，也制约了我们对它的理解。一旦一个词被“给出”供我们分享，即使它还是“在这里”，即在我们内部塑造我们的思维、观点和概念，它也会制约我们的理解。这也许可以解释我之前提到的那件事，即某些学者敦促我不要定义心智，因为这样做会制约我们的理解。只考虑这一点的话，他们也许不会喜欢本书。然而，若没有话语，没有我们内在或外在的语言，我们就几乎不可能分享观点，更遑论解释它们，无论是用日常概念，还是以科学经验。作为一名医生、教师和家长，我认为用话语找到基于真相的定义是值得的，这样做很可能为我们带来好处，只要我们确实承认话语有其局限。

不过且让我们先聊表对话语及其局限的尊重和审慎吧，这是你我从现在起通过这本书彼此建立联系的方式。无论我们怎么做，哪怕我们小心措辞，只要开始说话写字，话语就制约着我们，而且它自有其局限性。哪怕不是讨论心智，只要一项工作是基于话语的，它就对我们提出了巨大的挑战，也许作为说话的人活着本身也是如此。如果我是个音乐家或画家，我或许会一言不发地演奏一首乐曲，或者仅用颜色和对比度创作一幅油画；如果我是个舞者或编舞师，我或许会创造一套动作，以便更直接地表达心智的本质。但我是个使用话语的人，因此现在我只能用话语和你沟通，而这本书起到了媒介的作用。我十分迫切地想要探寻这样一种将你我连接在一起的心智概念：我们所用的媒介只有话语，而它制约着我们，并且有自己的局限性。我们在彼此分享话语的时候既要对彼此多一些耐心，也要对自己多一些耐心。我们需要谨记，话语既可以创造一些东西，又会产生束缚。将这一点牢记于心有助于我们更好地理解这次探索之旅，以及我们可能找到的概念。且让我们尽力用那连接彼此的话语为心智演奏乐曲，描绘画面，翩翩起舞吧！

语言符号是我们要分享的信息的呈现形式，如果能将此牢记于心，那么我们就可以通过话语本身来揭示心智本质的诸多要素。例如，如果我要表达如何“抓住”心智的概念，就会看到我们的观点是多么明晰，我们使用的话语是多么具象化：伸出手去抓握，“伸出”我们的心智去理解。我们既可以通过“抓住”这个动作实现理解，也可以通过“站在那人之下”实现理解[①]。这就是心智的一种本质：它的语言是具身的。话语即信息，信息是某种表意的符号，而非仅仅是能量模式。然而即使是表象，即使是声或光的符号,“抓住”和“理解”这样的词也还是不足以充分表达深层的理解，或触及真相，或看得真切。或许没有哪种东西在脱离了内在的澄澈之感后还能做到这一点吧。

此外，当使用“分享”这样的词甚至用你自己的话来说时，我们的心智还是体现出了其隔离、理性的一面：它既反映在我们的语用、措辞中，也反映在心智自身的内在本质中。海伦·凯勒（Helen Keller）在其自传中提到，在她既盲且聋的状态下，在她将“水”这个词分享给她的老师安妮·沙利文（Anne Sullivan）的那一刻，她感到自己的心智仿佛真正诞生了。为什么分享会令她的心智得以诞生呢？这就是我们要用自己的内在语言和自己秘密沟通的原因吗？当我们用话语理解自身并反思自身的时候，我们在心智中分享的话语就变成了我们在心智中记住的话语。在探索心智的整个旅程中我们都应当牢记，我们所用的语言，我们生活中充斥的语言，既令我们彼此连接，为我们指明了道路，亦同时束缚了我们。我们需要时刻保持高度的清醒状态，以觉察话语带给我们的连接、自由和限制。

起初我们渴望揭露真相、促进更深层的理解。然而，一旦这一长串话语离开了那个难以用话语描述的现实，我们就可能偏离最初的方向，偏离事实本身。这件事很重要，我们在深入探索心智的时候需要将其谨记于心。对我们的探索而言，分享能够帮助我们掌握并共享关于心智本质的话语，它是我们最好的前进方式。我们不仅会讨论科学和概念，也会直接交流我们内在发生的体

① understand 在这里被作者拆分为“stand-under”，字面意义为“站在那人之下”。——译者注

验。虽然话语能部分表述那些体验，但只有话语是不够的，它无法百分之百精确地表达我们的体验。

且让我们承认我们总是会说出这样的话，“好吧，实际情况远比话语所描述的复杂”，或者“并非完全如此”。无论我们用了怎样的话语试图表述，这些表述都是对的，好吧，就是这样，并非完全如此。实际情况就是比话语所能描述的更加复杂，这也千真万确。有时候为了做到精准无误，最好的办法就是缄口不语。而且我们最好不时这么做。不过，也说不定我们真能找到某些超越语言内在制约的话语，以及它们试图描述的想法和体验，这样就可以更接近我们称其为事实真相的那些东西。那些东西是真实的，它们具有预言性的价值，能让我们活得更充实、更真实。从沉默开始是个好主意。话语则是继续旅途、照亮心理现实本质的好工具。话语也许还能帮助我们更好地与那些接收语句的人，甚至和我们自己建立深层的连接，因为我们被邀请进入我们自己的心智正在体验的东西，哪怕没有话语参与，只有真相在沉默中显现其自身。

我们分享的每一句话都会触动你非言语的精神生活。就像把自己“浸入”大海里那样，我们有时候会让自己进入非言语的世界，其中最好的办法就是沉默。因为你有感觉、表象、感受，以及言语和非言语的思维，所以我要请你在这些话语激起你精神世界中的不同元素时进入沉默，以“审视”你自己的心智。

我们只能尽力保持沟通、保持开放，同时不要对终点太过在意。就像心智自身持续地涌现出来那样，这趟旅途是随时间展开的。正因为如此，我们才要探寻时间的本质，以及其在生命中出现本质上意味着什么。

提出这些问题不仅是为了推动探索的进程，也是为了获得启迪，这种启迪就来自提出问题的过程。就像我过去的导师罗伯特·斯托勒（Robert Stoller）博士曾写到的那样，“对澄清的渴望包含了一种乐趣，这种乐趣我直到现在才彻底明了。有时，在把一个句子缩略到极简的时候，我发现它变成了一个问题、一个悖论，或者一个笑话。上述三者可以看作同一实体的不同形式，就像冰、水和蒸汽一样。这令我感到轻松：澄清是一种请求，而非回应”。

你会在本书中看到我着眼于与心智的不同元素相关的一些基本问题，这些问题很有趣，它们仿佛要彼此交织，进而结成一张大网。我们会一路探讨心智的种种特性：它由谁参与，它是什么，它来自何处，它何时出现，它为何出现，以及它怎样出现。这是我们的通用模型，它就像一个由六部分组成的罗盘。我们将用两副眼镜看着这个罗盘来导航。一副眼镜是个人的主观体验：我的体验用于描述，而你自己的体验用于反思；另一副眼镜是科学和概念推理，也就是科学研究的结果及其意义。

我在本书中选定这样一种呈现形式的一个理由是希望你能像我一样，将你心智中的个人体验和你对与这个主题有关的科学研究结果的逐步理解相结合。我希望这种带有你自己好奇心和想象力的“主动阅读”，你对个人精神生活的反思，以及你对心智的科学基础的建构，三者可以合而为一。通过本书，我们可以在探寻心智本质的过程中一起提出问题。本书只是一个开始，甚至只是我们最初的集结点。在接下来的一路上，我们需要超越话语的限制，以理解那些言外之意。

就像我的孩子们经常提醒我的那样，我并不善于讲笑话，不过我想我们在这一路上会发现许多悖论和问题。对心智的本质的思考有时本身就非常烧脑，这令人头痛欲裂，有时甚至让人发疯。有许多书试图告诉你答案，这其中既有严肃的科学写作，也有个人化的思考。我试图在本书中既包含科学知识，也包含个人经验，通过上述二者的整合，再加上一些问题，从而以一种引人入胜、发人深省的方式引导作为读者的你前行。

讨论心智时存在一个难点，那就是我们既需要将心智视为个人体验，也需要将其视为科学上可理解的过程、实体、客体，或者东西。前者是个人化的、无法从外部观察的、不可以量化的，后者是可以客观了解的、可以从外部观察的、可以量化的，二者之间本质上存在冲突。在过去的 100 年里，这种冲突导致对心智的学术研究的主流从对主观体验的内省和反思转到了有条理的科学研究上。心智由谁参与，心智是什么，心智何时出现，心智为什么出现，心智是怎样出现的……为了理解这一系列关于我们精神生活的问题，我们最好在我们的主观生活和客观生活中同时注重心智的主观性和客观性。

我最真诚的愿望就是与你一起澄清心智的本质，揭示我们所相信和不相信的一切，证明心智在生活中的重要性，并为定义心智做一些贡献。这样一来，我们就能进一步探索健康的心智应该是什么样的了。一旦我们能做到这一点，下一步自然就是找出各种方法武装自己，从而为自己和他人培育健康的心智。为了发现、探索、开垦和培育我们的心智，我诚邀你加入这段对心智的探索之旅。

你准备好了吗？让我们就此开始吧。愿你享受这一旅程！

MIND

A Journey to the Heart of Being Human

第2章

心智是什么

流动中的系统

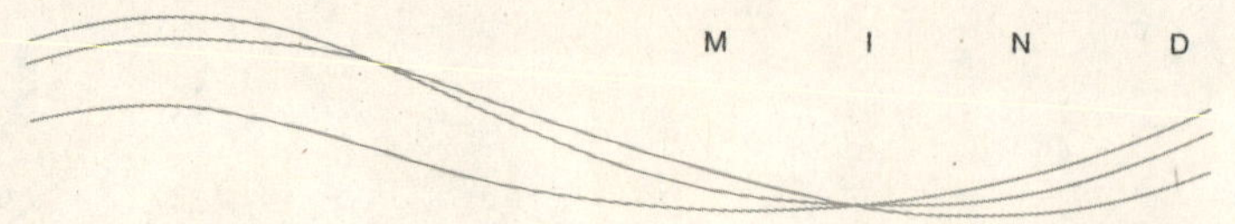

在这一章，我们将深入讨论本书所主张的、对心智某一方面的工作定义：心智是一个由能量和信息流组成的系统的一种产物。这个系统既存在于我们的身体内部，又存在于我们和其他实体，包括他人以及我们赖以生存的大环境之间。这是我们探讨“心智是什么”时一个很好的出发点。

1990—1995 年：海边涌现的心智定义

20 世纪 90 年代被称作“脑的十年”[①]。

我感到自己像一个走进糖果店的孩子，渴望将自己作为精神科执业医师对患者进行治疗的经验和作为研究者从被试那里得到的记忆和叙事方面的发现融会贯通，同时我也在不断尝试将其与当代脑科学的研究结果联系在一起。我在医院的儿科完成了临床训练和实习，之后陆续在成人精神科和儿童青少年精神科担任住院医师。当我在加州大学洛杉矶分校（UCLA）拿到美国国家心理健康研究所（NIMH）的奖学金；开始研究亲子关系对心智发展的影响时，我被委任为加州大学洛杉矶分校儿童青少年精神病临床训练项目的主任。我认真地接下这一重任，设法将我所学到的东西，包括心智发展的综合观点、关于大脑的新知识以及研究关系的科学汇聚起来，以便为下一代临床工作者设计出一门核心课程。与此同时，我与之前的老师和同事们一起在学校里做了一项研究，以便探究一个迫切需要解决的问题：大脑和心智之间究竟存在着怎样的关系？

① 1989 年，美国前总统老布什签署国会联合决议案，宣布 1990—2000 年为“脑的十年”，他拨款了数百万美元用来支持对脑的研究并提升社会大众对脑研究的了解。——编者注

我们的研究小组由 40 个人组成，其中大多数成员是学院派，也有几位医生。组员来自许多不同的领域，包括物理学、哲学、计算机科学、生物学、心理学、社会学、语言学和人类学。我们最初都是被“大脑和心智之间存在何种关联”这个问题吸引而走到了一起。虽然我们能够定义大脑是什么：它是位于头部的、由互相连接在一起的神经元和其他细胞组成的整体，并与整个身体和外在环境发生交互作用。但我们无法定义心智是什么。小组里的神经科学家主张用我们熟悉的“大脑活动”这个简短的字眼来定义心智，人类学家和语言学家却无法接受它，因为他们更关注社会性的心理过程，比如文化和语言。

我在前面提到过布鲁纳教授，他是教我叙事学的老师，我读研究生时是他的助理。布鲁纳教授在课堂上对我们说，叙事并不发生在“个体之内”（within a person），而是发生在“人际之间”（between people）。我在课程论文里对受过创伤的个体的大脑如何加工叙事提出了疑问，即便如此，布鲁纳教授仍然敦促我“不要犯这种错误”，他要我认识到叙事的社会性本质。我们讲述的故事，即那些展现我们的记忆并揭示我们生活的意义的生命叙事，是至关重要的心理过程。在研究小组建立之初，我正在探索关于依恋的研究结果是如何表明“儿童关于家长的叙事是儿童对家长的依恋关系最好的预测变量”的。我们通过细致的实证研究得出，虽然你的个人生命叙事乍一看是独立起作用的，但其实这种作用与儿童和家长之间的人际互动密切相关，这种互动促进了儿童的成长和发展，我们称这一过程为“安全型依恋”。

我学到了这样一点：叙事是一种发生在人与人之间的社会过程。这些叙事将我们连接起来，组成了一对一的关系，例如家庭和社会。我很好奇：心智中除了叙事之外的其他成分，即我们的感受、思考、动机、希望、梦想和记忆，是否也同样深植于关系呢？

我在那时遇到了一些人，与他们的持续对话和交流把我塑造成了今天的样子。我与路易斯·科佐利诺（Louis Cozolino），邦妮·戈尔茨坦（Bonnie Goldstein），艾伦·肖尔（Allan Schore）及玛丽昂·所罗门（Marion Solomon）

成了亲密的同事和朋友。那时我既不知道我们的关系会一直持续到 25 年后的今天，也不知道这些关系能带给我这么多的激励和收获。与上述各位以及其他一些人一路走来的关系成了我生命叙事的一部分。那时我还不知道对我专业发展帮助极大的三位恩师将在这 10 年中相继离世，他们是罗伯特·斯托勒、汤姆·惠特菲尔德（Tom Whitfield）和丹尼斯·坎特韦尔（Dennis Cantwell）。我们与老师、同事、朋友和家人的连接会深刻地改变我们自身。

MIND

关系就像一座大熔炉一样：我们的生命在关系中展开。关系不仅影响着我们的生命轨迹，也塑造着我们的同一性和对自我的体验，它能够促进或者阻碍我们的发展。

“人体既是疾病的源头，也是医学干预的目标”，尽管我 10 年之前就在医学院学到了这一点，但心智的范畴似乎比身体更宽泛。我们从叙事的原发性和社会性中学到的前述内容证实了一件事：我们生命意义的某些重要来源，即那些帮助我们建立关系、理解体验、相互学习的叙事，是植根于“人际领域”的。

当然，上述心智的要素同样可能与大脑功能有关。在过去的一个世纪里，我们已经通过神经病学了解了这些关联，得益于近年来脑成像技术的发展，这种关联如今得到了进一步阐释，变得更加完善了。不过，“依赖于大脑”可不等于“只依赖于大脑”，更不意味着我们曾经抱有的看法即“心智等同于大脑活动”就是对的。

因此，在布鲁纳教授的那门课的结课报告里，我写下了这样的回应：我想了解关系中双方大脑的神经活动如何影响其叙事的社会性。布鲁纳教授冲我摆摆手，脸上挂着失望，也许还有困惑。我随即意识到，在神经科学和社会科学之间架起一道桥梁绝非易事。

后来我学到了一个叫作“融通”（consilence）的概念，它指的是从通常互相独立的多个学科中发现具有普适性的规律。我想，我在还不知道这个概念的时候，就已经开始探索心智的融通之路了。

然而，即使来自不同学科的研究者未能找到学科间的共性，或许现实中仍然充满了这样的融通。也许神经过程和社会过程不像光作用于视神经和社会刺激作用于大脑那样简单，它们可能都属于某种更基础的加工过程，是某种更基础的东西构成的流。那种东西究竟是什么呢？它又能促成什么？比如促成神经科学家和人类学家的合作与对话，这可能吗？

我们刚组建不久的 40 人小组一开始未能达成共识。除了简短的“大脑活动”这个字眼，我们再无对心智的定义，这让我们难以就大脑和心智的关联建立统一的认识，更遑论找到一种有效的、相互尊重的沟通方式了。

我们眼看着就要散伙了。

我们的注意力都集中于《精神障碍诊断与统计手册》（*The Diagnostic and Statistical Manual of Mental Disorders*，*DSM*）中关于精神障碍的疾病模型、声誉日隆的药物治疗手段，以及一句基于科学研究的断言，即“心智只是大脑的输出结果”。于是，围绕心智这一话题的讨论就变得十分尖锐：它“仅仅是”大脑活动，还是意味着更多的东西？

因为大家对心智的本质没有统一的认识，所以工作趋于停滞。作为小组的召集人，我与屋子里的每个人都有私交，他们都是我请来的。我感觉到自己必须得做点儿什么，以便推动这些有思想的个体沟通并合作。

在我读本科的时候，白天我会在一个生物化学实验室工作，以试图找到某种能够让三文鱼从淡水环境向咸水环境迁徙的酶。到了晚上，我又会去预防自杀危机求助热线工作。作为生物学专业的大学生，我学到了“酶是生命存续的关键”；作为心理健康志愿者，我学到了“在危机情况下两个人情感沟通的方式可能关乎生死”。于是我就想，酶和情绪也许有某些共性，三文鱼的生存和人类的自杀也许有某些共通机制。难道大脑和人际关系之间就没有什么共同要素吗？换句话说，如果酶在能量活化过程中启动的分子机制能够让鱼得以生存，如果两个人之间的情感沟通能够让希望不灭，那么生命自身是否可能依赖于酶的能量活化过程和情感连接的能量加工过程这样的基本转变？大脑和关系的本质中难道不能包含某种融通的基础吗？它们难道不能是一体两面的关系吗？这种联系大脑和关系的本质有助于揭示心智的特征吗？这种本质中是否存在着某些能为所有小组成员接受的东西，以免小组因为冲突或缺乏相互的理解和尊重而分崩离析？

在小组成员第一次会议之后的那周，我一个人在海滩上漫步良久，望着不断拍击故乡岸边的海浪，沿着圣莫尼卡湾（Santa Monica Bay）的海岸线一边踱步一边思考。想到海浪拍击海岸的情景，又想到我在这一带沙滩上度过的日子，我忽然感到了某种连贯性，它将彼时与此刻、海与陆联系在一起。我意识到联通大脑和关系的要素就是波，就是能量波。波在不断地改变，它们每时每刻都自发展现出新的形态，显现出一种动态的模式。也就是说，它们在不断地涨落、变化、发生和互相影响。

能量波表现为模式，即能量流随时间的变化。能量的表现形式多种多样，比如不同频率和振幅的光或声。我们也可以把时间关联到能量模式的涌现中去，这正是当代物理学家从他们关于能量和现实本质的理论中新近得出的启示。根据这些新近的观点，来自过去的、固定的能量波影响了现在的波的涌现，并导致潜在的、未来的波的展现。从固定到自发生成，再到开启未来，时间也许与能量在可能性到现实性的连续谱上的变化有关。

物理学家告诉我们，能量是可以做某事的“势”（potential）。这种势可以用概率谱系中从可能性向现实性的运动来衡量，有时我们称这种运动为波函数或概率分布曲线。我们所体验到的这种能量流并非一种充满魔法的、神秘的、非科学的东西，而是我们所生存的世界的基础。著名科学家迈克尔·法拉第（Michael Faraday）在200年前就记述了自己在电磁方面的发现，虽然我们或许无法像他那样看到环绕我们的能量场，但是能量场真实地存在着。虽然我们或许很少将能量的来源感知为一片可能性的海洋，但是我们能够觉察到从可能性向现实性的转变的发生。这既是能量的流动，也是概率函数的变化。

MIND

> 灯灭了，灯又亮了，房间里一片安静，然后你开口讲话，你看到某个人向你走来，原来是你的好朋友，他或她给了你一个温暖的拥抱。这都是从可能性向现实性的转变。这就是我们在生活中每时每刻都能体验到的能量流。

某些涌现的能量流带有一种符号价值，其意义超出能量模式本身。认知科学家告诉我们，这种符号意义就是所谓的“信息”。我如果胡言乱语或胡写乱画，这些东西或许就毫无意义，可是我若写下或说出“金门大桥”，能量就带有了信息，它代表了单纯的能量模式之外的某种东西，从一片可能性的海洋中显现了出来，变成了一种现实性。如果我再说个“埃菲尔铁塔”，从那包含着近乎无限可能性的广阔海洋中就显现出另一种能量模式，它表达的信息是一个语言符号，指代一座位于巴黎的人工建筑。

不过，并非所有的能量模式都带有信息。因此大脑和关系之间的共同要素或许就是能量本身，或者说，为了表述完整，我们或许应该称这种共同元素为“能量和信息”。在被问及这类问题时，一些科学家断言，所有信息都由能量波或能量模式承载；还有一些科学家则认为宇宙本质上是由信息组成的，而能量模式则来自构成现实的基础，即一个由信息建构起来的宇宙。因此，无论从哪种角度来看，信息的表达都是通过能量传递实现的，或者说，将某种可能性转化为一个现实性的存在。这就是“果壳中的能量”了。无论遵循哪种视角，接受哪套理论，能量和信息都可以成为我们思考问题时有用的出发点，特别是当我们将二者合并为一个概念的时候。

每当能量随时间发生变化或者说流动时，能量模式或波就会产生，涌现于当下的每时每刻。尽管某些物理学家指出时间并非如某些人想象的那样，是一个单向度的概念，即时间自身并非一个在流动的世界中独立存在着的实体，而是一种我们有意识地对变化所做的心智建构。但是，“流”这个持续发生和改变的概念很符合我们对精神生活的体验。科学家们一致认可一种观点，即现实充满了变化，包括时间上的变化、空间上的变化和概率曲线上的变化。概率曲线上的变化意味着能量在开放的可能性和实然的现实性之间运动。因此我们可以用流的概念表示时间、空间或概率的变化，甚至表示现实的其他组成部分。流意味着改变。我们可以用“随时间”这个概念代表追踪流的方式或现实中关于改变的诸多维度，比如“随时间流动”。如此一来，我所主张的心智的核心要素就应该被称为“能量和信息流”。

站在那时的我和现在的我的角度上，我们似乎可以认为“能量和信息流”是那个被称作“心智之起源”的系统的核心要素。

这个“心智之起源”的系统是什么呢？它自身是什么，它的边界在何处，它又具有怎样的特点？虽然我们可以认为这个系统的核心要素就是能量和信息流，但是能量和信息流又是从何而来的呢？

在我沿着海岸漫步，看着海浪拍击沙滩时，我忽然想到海岸其实是由沙滩和海水共同塑造的，海岸线的形成源自两者的合力，而非任意一方的单独作用。海岸线既是岸，也是海。

因此，心智会不会在某种程度上既存在于个体内部，又存在于人际之间呢？

MIND

> 能量和信息是在整个身体里流动的，而非只在大脑中流动；能量和信息也会在个体之间以沟通的方式流动；能量和信息还会以个体与自己生活的大环境之间进行连接的方式流动，比如我在本书中写下这些语句，而你又读到了它们。

我们可以认为能量和信息既在我们身体之外的其他实体，即由“他人”和环境组成的世界之间流动，也在我们的身体，包括大脑内部流动。我在“他人”这个词上加了引号，旨在提醒我们它只是一个词：在我们继续探索心智的时候，我们要始终在心智中牢记“自我对他人”这个概念。

如果能量和信息是流动的，它们既在个体内部也在人际之间，且最终形成作为“心智之起源”的系统，那么心智到底是什么呢？你也许会说，心智是感受、思想和记忆。这点不错，你很准确地罗列出了心智的成分或者说活动。虽然我们既会用这些概念描述精神生活中的主观现实，也可以在许多领域找到对这些心理过程的重要论述，但感受、思想和记忆本质上又是什么呢？没有人真正明白。如前所述，在神经科学的水平上，谁也说不清神经元放电是如何产生我们对思想、记忆或情绪的主观体验的。我们就是不知道。

多年以后，在我参加一个为期一周的、有 150 名物理学家出席的会议期间，我和哲学家兼物理学家米歇尔·比特博尔（Michel Bitbol）在散步时进行了讨论。我们一致认为主观性可能只是心智的“基本要素”（prime），它是一种不能再被分解的成分[①]。接着我就意识到，也许作为一种基本要素的主观体验是直接来源于能量和信息流的。虽然我们不知道它是如何起源的，但作为基本要素，我们无法再将它分解成其他东西，或者将其还原到某个特定的部位，比如大脑的神经元放电。尽管如此，找到主观体验及能量和信息流之间一个可能的关联还是为我们奠定了一个基础，让我们能够深化对心智的认识。将能量

① 原文为 prime，在数学中指质数。——译者注

和信息流看作“心智之起源”的系统中的一部分，这似乎是加深我们对心智的认识的一个不错的出发点。

尽管我们同样不知道神经元放电是如何导致我们对主观体验的觉察的，但是这种有意识的体验是否也可能是能量和信息流的一种基本要素呢？换句话说，为了得到主观体验我们必须有觉察，因此，也许觉察及觉察促成的主观体验都是能量和信息流的基本要素。虽然这的确不足以通过任何方式解释心智的这些重要方面从何而来，但它至少为我们的探索指出了正确的方向。

我们还可以跳过主观性这种基本要素，从而直接探讨与我们的思维、记忆和评价性情绪体验有关的信息加工过程。这些心理活动是由什么组成的呢？

例如，如果我问你思维是什么，那么你也许会发现对这种寻常的心理活动的组成元素做精确描述是一件非常困难的事。如果把思维换作感受，让你试着描述它究竟是什么，那么也同样会让你为难。情绪本质上是什么？没人真正说得清。虽然在浩如烟海的书籍和文献中充斥着对“思维和感受是什么”的探讨，然而即使你把这些复杂的科学、哲学和思辨的观点都纳入考虑，抑或直接与这些作者进行讨论，在我看来，思维和感受的实质仍然是含糊不清的。

我们至少可以给心智下一个更具体的定义，将它描述为主观体验到的能量流。这是一个很好的出发点，因为我们开始将能量和信息流视为心智的源起，并认为其位置既在大脑又在其他地方。

因为我们的大脑在我们的身体里，所以它是一个具身的大脑。我们与其他人以及我们的地球之间都存在关系，这是我们的关系性现实（relational reality）。能量和信息流既通过包含大脑在内的整个身体构成的系统在我们内部流动，也通过我们关系中的沟通在人际之间流动。

这样一来我们就澄清了心智系统中可能包含的基本要素是能量和信息流，

而其位置是在个体内部和人际之间。接下来我们要进一步探讨心智是什么，以及它在何处。

我知道这不是人们写书或讲述生活的寻常方式，某种东西竟然既存在于个体内部又存在于人际之间这令人一时难以接受。同时存在于两个地方的观点或许显得奇怪、反直觉。当我在 1992 年秋天准备对我们的 40 人小组讲述这种观点时，我感到非常紧张，因为它看起来怪异且毫无依据。且让我们先看看这种观点意味着什么，看看它会把我们带向何方。

如果这个既具身又关系性的、由能量和信息流组成的系统就是心智的起源，那么心智在这个系统中究竟扮演什么角色呢？我们既主张这个系统由能量和信息构成，而且它们会随时间、空间、概率分布或以其他一些基本的方式发生变化，我们把这种变化称为流；我们也主张这种流既存在于个体内部，也存在于人际之间。

因此，我们距离大体上确定心智“是什么”和“在何处”又近了一步。

心智在这个系统中到底可能是怎样一种存在？也许当能量和信息流在个体内部和人际之间发生时，我们的心理活动就构成了这种流的基本要素。在这种情况下，这个系统就是心智自身的起源。不过在诸如感受、思维、行为等心智活动之外，在信息加工之外，在意识及其基本要素，即主观感觉到的实质之外，心智是否还包括更多东西？我们是否能将心智定义为与这些通常描述之外的能量和信息流相关联的某种东西呢？

为了回答这些重要的问题，我们需要仔细看看我们认为可能是心智起源的这个系统的特点。

这个存在于个体内部和人际之间的由能量和信息流组成的系统有三个特点。它们分别是：

1. 它可以被系统外部的因素影响。
2. 它可能是混沌的，这大致意味着它在不断涌现时可能是随机的。
3. 它是非线性的，也即一个小的诱因可以导致很大的、难以预测的后果。

对数学家来说，这三条标准，尤其是第三条，可以被用于定义一个复杂系统：它是开放的、可趋于混沌的、非线性的。

有些人一听到“复杂”这个词就会感到紧张。可以理解，他们在生活中想要更多的简单性。然而烦冗和复杂性是不同的。复杂性在许多层面上其实是一种优雅的简单。

想想你自己的生活、经验以及你所处的关系吧，你难道不会意识到上述三个特点的存在吗？当我在海滩上漫步的时候，我对自己的生活和自己的心智体验进行了反思，并想象它们是如何开放、可趋于混沌且非线性的。如果你也用同样的方式思考问题，那么你或许也能理解那些不断涌现出的推理，甚至感觉到某种兴奋，最终你会认识到这样一件事，即心智是一个复杂系统的某个方面。

虽然这种想法令人振奋，但我们为什么要关心这种事情呢？上述观点的重要性在于从下列事实和归纳推理中得出的一个推论。一个系统由彼此关联的基本要素构成。复杂系统的一个特点是它包含涌现（emergent）的要素，即系统中的某些成分是由系统中的元素彼此作用而产生的。在心智的系统中，我们提出的核心元素和本质特征是能量和信息。这些元素的相互作用通过能量和信息流的方式得以体现。这回答了“心智是什么”的问题。那么“心智存在于何处”呢？它既在个体内部，在作为整体的身体之内，而非仅仅在脑袋里，它又在人际之间，在我们与其他人、与环境、与整个世界的关系中。

不错，这就是关于心智存在于何处及心智的一部分是什么的答案：某种由能量和信息流自然涌现出的、存在于个体内部和人际之间的东西。

接下来我们注意到，复杂系统自发涌现的过程遵循着某种循环递归、自我强化的路径，这种特征有一个令人费解的名字：自组织性（self-organization）。自组织过程是一个来自数学的概念，它是复杂系统调控自身生成的一种方式。

如果你觉得这种论调很反直觉，那么你不是一个人。它意味着已经产生出的东西会反过来影响产生它的东西。这就是复杂系统涌现的、自组织的特点。

我想，假如心智就是能量和信息流在个体内部和人际之间展现时的自组织特性，那么会如何呢？有些人将大脑描述为一个自组织系统，但如果心智并非仅仅局限于大脑，会如何呢？一些学者认为心智是具身的，如果心智不仅是完全具身的，而且同时是完全关系性的，会如何呢？如果这整个系统并非局限于颅骨，甚至并非局限于皮肤，那么又会如何呢？这个系统难道不可能既完整又开放，是一个可趋于混沌且非线性的、由能量和信息流组成的系统，既存在于个体内部又存在于人际之间吗？如果真的是这样，那么是否存在一种可被数学证明的涌现且自组织的系统，它既发生于个体内部，又发生于人际之间？这个由能量和信息流组成的系统不是在同一时刻存在于两个地方，而是一个系统存在于一个地方，只是不被我们的大脑或身体的物理边界所局限。

颅骨和皮肤都不是可以阻碍能量和信息流的边界。接受心智“是一种既存在于个体内部又存在于人际之间的过程”，这种对待精神生活的态度当时在学者或临床工作者中还不流行，它现在在某种程度上也很冷门。一种过程既分布于个体内部，又在人际之间？虽然乍一看这显得很荒谬，但在“脑的十年”间，在无数人认为“心智等于大脑活动”的年代，它就是在我心中激荡不已的基本观点。

这个观点既超出了心智重要的主观特质，又超出了我们对这种主观性的觉察，甚至还超出了信息加工：心智的某个方面是否可能被看作一个由具身且关系性的能量和信息流组成的复杂系统中的自组织的、涌现的特质？

我从海滩散步归来后，进一步阅读了有关材料，以便为一周后的会议做准备。我震惊了！虽然我未能找到支持我将具身和关系性联系在一起的做法的文献，但将心智部分地看作一个开放的、可趋混沌的、非线性的有关我们生命的系统，这种观点似乎是从复杂系统的数学原理和对心智的反思中得出的合乎逻辑的推论。如果我们将心智的基本元素认定为能量和信息流，那么也许我们就能协作一致，从而找到一条联通神经科学家、人类学家以及研究小组内所有人的通途。一周之后，我对 40 位学者提出，我们可以考虑为心智的一个方面做出这样一个工作定义：

MIND

它是一种具身且关系性的、自组织涌现式的、同时对个体内部和人际之间的能量和信息流进行调控的加工过程。或者，我们也可以扼要地将这种心智的自组织的方面定义为一种具身且关系性的、调控能量和信息流的加工过程。

这种加工过程发生于何处？它既发生于你内部，也发生于你和他人之间。它是什么？我们至少可以将心智的某个方面，不是心智整体而是其一个重要的成分，视为一个自组织过程，它来自个体内部和人际之间的能量和信息流，并对其做出调控。

虽然这种将心智的一个方面定义为具身且关系性的、自组织涌现的能量和信息流加工过程的主张并不能解释主观体验的基本要素是什么，但这个定义或许与主观体验存在关联，只是我们此时尚不知以何种方式进行探究。或者，尽管对生活的主观体验可能是能量流涌现的产物，但它是一种不同于自组织的东西。我们之后还会继续讨论这个问题。

上述观点并未解释意识，即我们觉察并知道自己知道的能力。不过我们在这种意识的内部也会有一种对“知道”的觉知，也许还能觉知到“谁知道”。虽然意识的这些方面就像我们在觉察中感觉到的主观体验一样，可能同样来自能量流，但它不同于心智的自组织的方面。

同理，尽管“调控能量和信息流”在心智的诸方面中看起来最有可能与自组织相关联，但信息加工可能是也可能不是自组织的一部分。我们将对心智的主观性、意识、信息加工和自组织这四个方面之间的关系保持开放的态度。这四个方面中的每一个都可能是具身且关系性的，至于它们之间具体的相互关联是什么，我们会在本书后续的章节中继续讨论。

此外，有一点值得我们注意，那就是尽管主观现实、意识甚至信息加工可能都发生在我们的身体里，甚至主要发生在大脑中，心智自组织的方面仍然可能既存在于身体内又存在于关系中。然而，我们越是意识到云计算和计算机相互连接的方式可以协作促进信息加工，尽管这种信息加工至少部分地受到人类动机的影响，我们就越能够确信心智的信息加工中存在“既在个体内部又在人际之间”的基本成分。我们在之后的章节中会更多地讨论这些议题，包括意识及其对主观性的觉察。

区分出心智的这些不同方面可以帮助我们更自由、更全面地展开我们的探索，并尝试对心智做出定义。另外，这些审慎的区分也有助于减少心智研究者彼此的冲突：他们也许研究着不同方面的心智体验，却未能意识到它们是同一个心理现实即心智的多个方面。语言和审慎的思考或许能做出澄清，从而促进研究者们的相互沟通。

我们需要充分澄清一点，那就是心智的工作定义，即“具身且关系性的自组织加工过程”并未对解释主观现实、意识或信息加工的起源给出任何假定。

尽管如此，这个工作定义却的确为我们深入探索心智的其他方面提供了一个出发点。它主张心智的自组织性天然地起源于个体内部和人际之间的能量和信息流，并对其进行调控。这种主张既澄清了心智的这个方面是什么，也澄清了它从哪里来。

我们通过关系分享能量和信息。大脑或具身的大脑这个概念指的是能量和信息流的一种具身的机制。这种主张意味着心智至少有一个方面是具身且关系性的、自组织且涌现的加工过程，它来自能量和信息流，且对其进行调控。换句话说，能量和信息流是具身的（具身的大脑，或者说大脑）、共享的（关系）、受调控的（心智）。

一些学者听到上述定义后感到极为苦恼，就像一位教授私下里对我说的那样，“能量不是一个科学概念，我们永远不应该用它来定义心智”。如果物理学是科学，那么我们就可以用能量这个词来进行科学讨论。还有一位研究者认为我这种观点既“将心智从大脑中分离出来”，又“导致我们在科学上开了倒车”。尽管我们可能认为上述看法有其价值，但我的主张在我自己看来刚好起了相反的作用。当代的研究视角通常倾向于将不同学科领域联系在一起，而不是令它们彼此孤立，我的主张亦是如此。我的主张实际上并未将大脑与心智割裂，我认为二者存在更深层次的相互依存（inter-dependence）。

MIND

实际上，这个定义向我们展示了人类生活中一个基本的、重要的元素，即我们与彼此的关系，以及我们与我们生存的世界的关系。这个要素时常被科学无视。

大脑、关系和心智是同一个现实，即能量和信息流的三种不同体现。我们可以称这种观点为人类体验的铁三角（见图2-1）。这种观点并未将现实视为彼此独立的碎片，而是承认现实中的不同要素彼此联系。

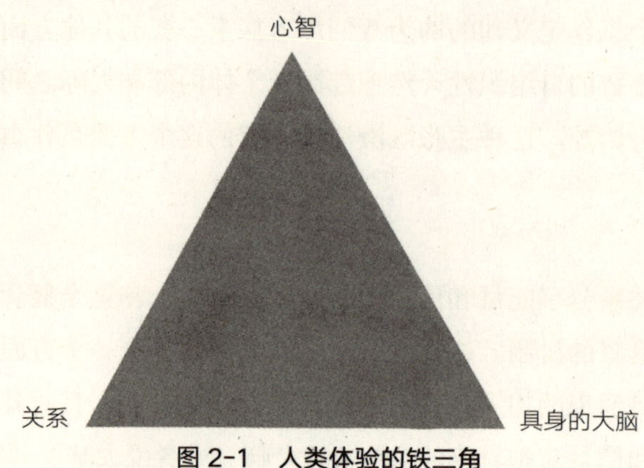

图 2-1 人类体验的铁三角

就像一个硬币的两面和侧边那样，关系、具身的大脑和心智是同一个现实的三个组成部分。心智是一个基础要素为能量和信息流的复杂系统的一部分。这个系统中的现实是能量和信息流，即共享的、具身的、受调控的能量和信息流。

上述工作定义同时也部分阐述了心智的其他一些基本要素：它由谁参与、它是什么、它从哪里来、它如何产生、它为何产生、它何时产生。心智由谁参与？心智是被能量和信息流所塑造的。心智是什么？心智是能量和信息流的共享、具身性和调控。心智从哪里来？心智既来自我们降生后寓居的躯体，也来自将这个躯体与他人和其外的种种存在联系起来的关系。心智是如何产生的？我们会在第 3 章深入讨论这个问题，但在这里，通过上述观点，我们至少能看到心智是个体内部和人际之间某种涌现性的产物。心智为何存在？这是个宏大的哲学问题。不过从一种复杂系统的视角来看，这个问题的答案也许很简单：心智是自组织的产物，它是复杂系统涌现的结果。

那么，心智何时产生的问题又该怎么回答呢？我们对时间的感觉来自能量的涌现，一刻接着一刻，甚至在我们反思过去或畅想未来时也不停息。在经验的某一个层面上，流就是当下从开放到涌现再到确定的不断展开的过程，因此我们将其视为一种重塑过去、现在和未来的方式。若时间像之前我们谈到的那样，它并非一种自身流动着的实体，那么我们也可以把定义中的流简单地看作对变化的表述。不错，某些东西可以随时间变化，变化可以在空间中展开。另外，变化也可以在能量和信息的其他方面展开，比如概率分布曲线上的位置变化。模式的变化、概率分布的变化，以及能量的其他方面的变化，比如密度、幅度、频率甚至能量形式的变化，都是能量流导致的。

故而此刻就是此刻，而变化是永恒的。这种变化既可以随我们所谓的时间出现，如果时间真的存在的话，也可以随空间展开，还可以在能量自身的不同特性中发生。变化甚至能以信息符号化的方式发生。例如，在认知科学中，我们通常认为信息自身会导致进一步的信息加工。心理表征（mental representation）这个概念更像是一个动词而非名词。例如，某种记忆的心理表征的再次呈现会导致更多的再次呈现、更多的回忆，以及更多记忆、反思、思维和感受的涌现。在一个个事件不断展开的当下，心智就是永不停歇的、始终涌现的能量和信息流的加工过程。概率在其中发生着变化，从潜在的可能性变成现实性。

我们之后会进一步深入探讨“心智与时间”这个神秘的话题。至于此刻，我们可以认为心智随每一刻出现的时间性来自一种精神生活不断涌现着的“当下感”。精神生活涌现自能量和信息流，这些能量和信息流蕴含于无穷无尽的可能性的表现形式中，一切变化持续不断地在当下发生。当我们说话或思考时，这种涌现就会发生；甚至当我们在现在的回忆中反思那些已经确定的时刻构成的过去时，在我们畅想开放性的时刻构成的未来时，在我们经历此时此刻、此分此秒和此情此景涌现出的经验时，涌现还是会发生。改变和变化永无止境地在此时此刻涌现着。

现在我们回到本章开头所提及的“脑的十年”的开始。当我们这个小组里这些心智化的个体集合在一起时，就涌现出了关系性的心智。这令我们欣喜不已。因为我们开始对心智有了一些理解，所以你甚至能感觉到屋子里洋溢的那种兴奋。

在我心智不断涌现的当下，甚至是在沉思中，我都永远不会忘记那天我们一起开会的情景。

小组的全部成员都接受了我提出的关于心智的工作定义，那可是来自不同学科的 40 名专家啊！在接下来的四年半里，我们定期会面，交流了许多涌现出的关于心智和大脑的、精彩绝伦的观点。

我们无法时刻预测的心智系统

如果我们将心智看作一个包含我们的身体和大脑，以及我们生存的环境和社会关系的相互作用、相互连接的系统的一部分，我们也许就能理解心智是如何成为一个看上去同一时刻存在于两个地方的系统的一部分的。为了理解这个可能成立的心智系统，我们要对这个系统的科学原理做一番探讨。

让我们从“系统”的一般概念说起吧。一个系统由基本要素构成。这些要素不断变化，相互影响，如果它们组成的是一个开放系统，那么它们还会与周围的世界发生互动。开放系统的一个例子是云。组成云的基本要素是水分子和空气分子，这些分子彼此作用并发生变化，使云改变其形状，并在空间中运动。我们之所以称云为开放系统，是因为它们能够被外部的事物影响。例如，它们既被溪流、湖泊、海洋中蒸发的水影响，也被风和阳光影响。云的形状既受这些外部因素影响，也受其内部的空气和水分子的影响。云一旦在天空中出现，就变化无休。

系统的类型和规模多种多样。有些系统是封闭的大系统，比如宇宙；也有一些系统是开放的、规模有限的，比如天上的云。我们的身体内就有许多不同的系统，比如心血管系统、呼吸系统、免疫系统和消化系统。另外，我们的身体内还有神经系统，它也是一个开放系统，受到更大范围的身体和体外的其他要素的影响，你现在正在阅读的文字就在影响它。实际上，因为组成神经系统的细胞是从胚胎的外胚层分化出来的，所以我们可以认为自己的神经元与皮肤有某些共通的活动模式：它们是我们的内部世界和外部世界之间的交界。作为身体的一部分，神经系统存在于身体这个大系统之内。作为一个开放系统，身体又与更广阔的外部世界相互作用。这里的“内部”和“外部”仅仅是一种空间意义上的指代，我用它们来描述这个在日常生活中不断展现的开放系统中的不同方面。

我们应当对这样一个观点保持开放的心态，即心智系统不仅仅是我们脑袋里的神经系统的“内部”组成部分。正如我们将会看到的那样，这个心智系统还包括更多的东西，虽然我们极少讨论这些东西，但我们可以试着对其进行描述，甚至下定义。

神经系统的一部分位于颅腔内，我们称之为大脑。神经系统在颅腔内的种种活动通过一系列彼此分散的脑区之间的连接联系在一起。每一个神经元以及起支持作用的胶质细胞都是包裹在细胞膜里的微系统。即便是这些微系统也是开放的、彼此连接的，它们能够和身体中的其他或近或远的细胞彼此依存。成簇的神经元被称为神经核，它们联系在一起形成神经中枢，而神经中枢又构成更大的脑区的一部分。一些神经元负责在神经核、神经中枢和脑区之间建立联系，从而形成回路。大脑包括左右两半，位于同一侧的不同规模的神经元簇各自相互联系，构成了大脑半球。

这些不同层级的成分各自都是开放的子系统，它们不断相互联系，从微观到宏观，将各自的结构和功能整合为一个更庞大的开放系统，即神经系统。这种相互连接的特性被称为“连接组”（connectome），它向我们展示了颅腔里的大脑如何自成一体并整合多个彼此连接的部分，以及这些部分如何分工协作。大脑与神经系统的其他部分以及整个身体连接，从而构成了一个整体。我们现在甚至知道我们肠道里的细菌，即我们的“生物群落”（biome）是如何直接影响我们的大脑在日常生活中的运作的。

撇开影响神经元放电的因素，神经元放电究竟是什么呢？一些人认为神经元放电是心智的唯一起源，当我们深入细胞水平研究它的时候究竟发生了什么呢？神经系统的这个子集，作为身体这个大的生理系统的一个子集的神经系统，还有身体这个大系统，都做了些什么呢？你当然可以回答“神经元放电”。那么“神经元放电”的真实含义又是什么呢？

我们已经了解到这样一些事实：神经元是具有活性且彼此连接的，连接它们的是电化学能转换形成的能量流，这是神经元放电的本质。无论我们说这是细胞膜水平上的动作电位，还是在神经元内部微管中的某种能量加工，总归有一些能量的转换在细胞和亚细胞水平上发生。一个动作电位就是一系列带电粒子，即离子在神经元细胞膜上的进进出出。当这种电位，即能量流运动到长长的轴突末端时，一种叫作神经递质的化学物质就被释放到两个相邻的神经元中间的突触里。这些神经递质分子就像钥匙，位于下游神经元树突细胞膜上的受体则扮演了锁的角色，受体接收到神经递质传递来的信息，进而激发或者抑制这个突触后神经元的动作电位。此外，在细胞膜、神经元以及其他细胞内部的水平上，可能还有许多有待进一步研究的加工过程。不过现在我们通常认为大脑活动就是某种能量流，我们称这种能量为电化学能。我们不仅可以用磁或电的设备测量这种大脑活动，我们还能用电磁刺激影响它。这种能量流是真实存在且可测量的。因此，我们至少可以认为，神经元放电与能量流有关。

当这些能量流的模式以符号化的形式表现了某事物时，我们就称其为信息。科学家以一个脑科学的术语即“神经表征”（neural representation）指代一种特定的神经元放电模式，它可以代表自身以外的事物。如前所述，这是一种在某事物本来的样子以外的、对它的“再次呈现”。当谈到心智的时候，我们会使用心理表征这个术语。定义“大脑活动由什么组成”最简单的方式，就是将其视为能量和信息流。

这种大脑活动或者说这种神经元放电是如何变成你的主观心智体验的呢？答案无人知晓。我们之前谈到过，这是摆在全人类面前一个重大的未解之谜，一个很少有人谈起的未解之谜。虽然我们假定有一天人类能解开这个谜题，弄清楚大脑活动如何导致心智的产生，但现在这只是一个猜测罢了。不过，存在一些有力的证据表明，大脑的神经元放电在某种程度上与下列内容有关：意识、对情绪和思维的主观体验、低于觉察水平的非意识信息加工、我们客观的语言输出，以及其他一些外显的、可见的行为。

既然大脑活动确实如我们所定义的那样是能量流，那么让我们看看是否能从这个科学的结论出发，从逻辑上推导出我们对心智的定义。我们先假定存在一些和能量流有关的东西，它能够引起、导致、允许或促使精神生活出现。虽然这是一个很大的假设，也是一种广为流传的信念，不过我们可以先试着从这儿开始，看看它会把我们引向何处。这是一种现代科学的立场，即神经元放电导致心智产生。尽管可能显得有点儿啰唆，但我还是要澄清一点：之前没有人能说明能量流的物理运动和心智对生活的主观体验是如何联系在一起的。没人做到过。许多研究者相信他们正在这么做，虽然他们可能是对的，但目前还没有人确切地知道这种关联是如何产生的。现代科学已经做到的事，就是把“神经活动导致心智产生”的过程死死限定于脑壳里发生的事件。我们就先来检验这个“头部的大脑是心智的唯一起源”的假设吧。

能量和信息流不仅存在于头部的大脑中，作为更大的神经系统的一部分，它也遍布于整个身体中。大脑中密如蛛网的、彼此连接的神经回路中的并行分布式加工系统与分布在整个身体中的神经网络相连接，包括自主神经系统中的交感神经系统和副交感神经系统，心脏中的内在神经系统，甚至可能包括肠道中的复杂神经系统。例如，一系列研究揭示出，我们的肠道内也存在神经递质，比如 5- 羟色胺，它们能够和我们肠道内栖息的生物群落一起，直接影响我们的健康以及思维、感受、意图等心理状态，比如我们伸手去拿什么东西来吃。

我们可以提出这样一些问题：如果这个心智之起源的系统如很多现代科学家所言，在一定程度上与颅腔中的大脑中的神经活动中分布式的能量流有关，那么，为什么不能有一个与整个神经系统有关的更广泛、更基础的“能量流导致心智出现”的过程呢？尽管具体形式仍有待探索，但如果心智确实是能量流的一种产物、一种属性，或一个方面，那么它从这种流中涌现的过程为什么要被局限于颅骨，甚至局限于神经系统？你要知道，这种流可能发生于颅腔之外，甚至我们的神经连接之外。为什么我们会认为大脑是心智的唯一起源呢？上述从能量流到心智的过程为什么不能与整个神经系统有关呢？这种流就不能与身体的其他部位有关吗？难道没有这种可能吗？这个由能量和信息流组成的系统为什么会被限定在颅腔内部？怎么会这样呢？

换言之，如果心智在某种程度上是能量流的涌现，那么它就会发生于颅腔里的大脑中。虽然这件事千真万确，但是心智怎么会以及为什么会被限定在颅腔内部呢？如果能量和信息流在某种程度上是心智的起源，那么这种流就不会被局限在颅腔里面啊！

站在这种更宽泛的立场上，我现在更倾向于认为心智是具身的，而非仅仅是具脑的。

MIND

我们至少提出了这样一个主张，即心智所源自且作为其某一方面的系统是以能量流作为其基本要素的。有时候这种能量代表了或以符号的方式表述了其自身之外的其他事物，在这种情况下，我们认为能量携带了信息。因此，某种与能量和信息流有关的东西可能是构成心智的基础。

尽管下面这个观点可能与通常的看法不同，我们还是可以仔细思考一下它：心智可能在根本上与能量和信息流有关。如我们之前所见，若我们将心智系统的界限延伸到皮肤以外，延伸到单个颅骨甚至单一身体之外，并将其扩展为某种分布式过程，即心智同时也来自我们对能量的社会性交换和彼此之间的信息分享，那么我们就会得到一种对心智本质的更宽泛的认识。我们难道不可以把心智看作存在于我们与他人和环境之间的关系中的事物吗？也就是说，心智不仅是具身的，也是关系性的。这一立场将心智视为既完全具身又嵌入关系的加工过程。我们并非主张大脑单独对来自他人的社会信号做出反应；我们主张的是心智既涌现于这些人际联系，又涌现于身体内部的联系。这些社会和神经的联系既构成了能量和信息流的源头，又对其施加影响。

从系统的角度来说，能量流是不受颅骨或皮肤的局限的。

具身且嵌入关系的、而非仅仅具脑的能量和信息流表明，我们提出的这个更大的系统才是心智之起源。如果这种看法是对的，那么我们就能简单地说心智既是具身的，又是关系性的。

这种“将心智视为关系性的”的观点早已有之，社会学家、人类学家、语言学家还有哲学家都会这样告诉你。然而我们怎样才能将这种对心智的社会性的看法和神经学的看法统一起来呢？当代社会神经科学家也重视关系的作用。不过即使是在这个神经生物学的分支里，人们还是时常将心智看作大脑活动，就像大脑对物理世界的声和光做出反应以便我们能够听到或看到一样，社会大脑只不过是对社会刺激做出回应。在这种通常的观点看来，无论外界刺激是物理性的还是社会性的，大脑仅仅是对它们做出回应的器官。在这种当代神经科学的研究视角看来，心智的起源仍然是大脑活动。

我希望你至少思考一下我的这个主张：心智既不仅仅是大脑的活动，也不局限于社会大脑的活动。心智可能涌现自某种更高水平的系统功能，而非仅仅源自颅腔里发生的事件。这个系统的基本要素是能量和信息流，这些流既发生于我们内部，也发生在我们和他人及整个世界之间。由此我们得出一个观点，即这个塑造了我们同一性的心智系统的位置既不局限于颅腔内，也不局限于皮肤构成的边界内。从这种视角来看，心智既是完全具身的，也是嵌入关系中的。

心智系统由一个复杂系统中的能量流构成。这种复杂系统中的涌现又是如何与对因果关系的觉察以及自由意志、选择和改变等概念联系起来的呢?

对因果关系的研究既令我们获得了新的认识，又为我们打开了一扇门，使我们获得了全新的生活方式，比如就像我此刻正在这架飞机上旅行一样环绕地球飞来飞去。我们甚至还可以离开地球，去到其他地方。物理学中有一个分支专门研究能量的性质，叫作量子力学，它告诉我们，现实由一系列的概率也即可能性组成，而非由绝对的确定性组成，绝对的确定性是经典物理学的观点。量子力学中有一种现象被称为“非局域性”或“量子纠缠”，即对一对处于纠缠态的电子而言，我们可以在这儿改变其中一个电子的自旋，而另一个距离遥远的电子的状态几乎能立即发生改变。这算是因果关系吗?有些人认为是。另一些人则指出，研究结果表明上述规律对物质同样适用，这表明即使我们看不到事物之间的关联，它们还是彼此深刻地联系在一起的。如果事物彼此之间存在密切关联，那么我们就可以假定它们之间存在因果关系：在此处改变一个要素，彼处的另一个要素也会改变。

MIND

> 我们既可以认为心智导致大脑以某种方式产生了神经元放电；我们也可以认为大脑导致心智以一种特定的模式发生。心智和大脑可能是彼此关联且相互影响的。我们至少可以看到有两件事至关重要：一是应当对因果关系的方向保持开放；二是存在一个事实，即因果关系的方向可以改变。彼此关联的事物相互影响。

以乘飞机旅行为例，我们能看到我们尚未完全了解的引力导致了一种力量的出现，它使得较小的物体向较大的物体的方向，比如地球的方向运动。我之所以能乘这架飞机飞行，是因为机翼的形状具有力学特性和结构特性，这使得喷气引擎能推动飞机前进，同时在机翼下方产生比上方更强的压力，从而将飞机向上托起。这是机翼上下方的压力差令飞机得以飞行的因果关系。令这一切成为可能的是人类的心智，这真是惊人至极！

人类的心智还发现，引力和速度一样，都能改变一种叫作时间的关系性过程。没错，引力和速度都会改变时间的相对性。这个发现本身就是惊人的。人类心智中蕴含的好奇心和创造力竟然能引出这样非直观的发现，这个事实太令人着迷了！我们有着多么神奇的心智啊！

正是我们始终好奇的心智导致了我们对复杂系统的理解。不过，当谈到复杂系统的时候，我们并不能再像运用引力和时间那样以线性的方式推导因果关系。

例如，天上的一朵云是由诸如空气和水分子这样的基本要素组成的复杂系统。云之所以是复杂系统，是因为它满足复杂系统的三个条件，即开放性、可趋混沌性和非线性。云受到风、阳光和蒸发的水汽这些外部要素的影响。空气和水分子构成的复杂系统的自组织涌现性是导致云展现出华丽的、变化无穷的形状的原因。既没有所谓的“造云者”为其编制程序，也没有一种单独的力量，比如引力导致云在特定的时刻展现出特定的形状。云不断地以涌现性的方式变换形状。虽然云中的水分子并非完全随机分布，但它们也并非排成一条直线。

云所呈现出的复杂图案源自复杂系统的一个特点，即自组织性。自组织意味着云不依赖于某个创造者或某种程序。换句话说，它不是由任何特定事物导致的，它是涌现出来的。自组织就是复杂系统的涌现性，而这种涌现的特点就是复杂性的函数。作为一种自组织的过程，涌现又以一种循环递归的方式塑造着它所源起的系统。

如果你偏爱线性因果关系的概念，那么你也许会退一步问我这样的问题：“好吧，丹尼尔，难道不是涌现性导致了自组织吗？”如果你建构概念的方式是认为涌现性源自“一个系统是复杂的”的事实，那么你根本没必要提“因果关系”这个概念。涌现性只是自然而然地“来自”这样一种系统的特性。并不是这个系统导致了涌现性，而是涌现性从系统中“出现”。

就像开放的时刻变成涌现，然后固定下来那样，自组织是复杂系统的一种天然的过程，它倾向于令复杂性最大化，导致系统随时间推移表现出更复杂的涌现，进而反过来影响系统本身。

有了自组织的涌现性，我们就不应该再用你或许用惯了的因果关系的概念来理解这种非直观的、递归的特性。原因很简单：能量和信息流可能是导致心智的基本要素，而心智是一种自组织过程，它能够反过来调控它所起源的那个系统。接着这个系统会继续涌现，继续自组织，如此反复不断。到底是何者导致了何者呢？自组织被它所塑造的过程影响。这是一种递归的特性，就像我们体验了涌现，反过来又塑造并改变了关于涌现的体验那样。

因此，心智中可能又以这样的方式蕴含了一个关系到它自身的心智。虽然你可以体验心智，引领心智，但你无法时刻控制心智。就像我们所主张的那样，心智是一种能量和信息流的自组织的涌现的产物，这些能量和信息流既发生在你的内部，也发生在你和他人之间。心智既存在于你身体之内，也存在于你和他人及你生存的世界的关系之中。

虽然我们之后将会看到一系列关于自组织的引人入胜的推论，不过我要先请你考虑一件事，即放下对因果关系的追寻。这是我们接受上述新观点的第一步。自组织仅仅是涌现其自身。虽然我们既可以干扰它，也可以促进它，但自组织只是复杂系统流动过程中出现的一种自发的过程而已。

在我们追寻心智的这个自组织的方面时，请谨记，有时候我们要跳出自己固有的路径，不要阻碍自组织的发生。

MIND

> 从这个意义上来说，当我们让事情发生的时候，就会有一种自发的东西从自组织中出现并引导事情的走向，它既不需要指挥，也不需要程序员，更不需要董事会主席。我们既不需要呼唤因果关系的介入，从而让一个“导演”来全盘负责，也不需要“引起”一个自组织的产生。如果我们跳出自己固有的路径，那么系统就会自然而然地、涌现性地自组织起来。

因此，反思我们对识别因果关系抱有的执念并放下这种执念，这对我们有好处，至少在某些时候如此：它有助于让自组织的天然的本质发生。

邀请你思考：能量与信息流的自组织

这个关于心智诸多方面之一的工作定义既能够令我们在研究小组中深入合作，也能够令我以一种新的视角作为一个临床工作者深入患者的生活。这种新的视角并不意味着忽略主观体验的核心地位或者我们在亲密关系中分享主观体验的方式，它只是指出了另一个有关心智的方面。这个方面与主观性也许有关，也许无关。在我看来，当我们在意识中感知到生活的主观结构时，对觉察的完整体验将超越感受本身。心智包含主观体验、令我们能够知道主观感觉的意识，以及信息加工。这里的信息加工包括在意识范围内和意识之下的信息流。

自组织性与意识及其所包含的主观体验可能有关，也可能无关。如前所述，我们的思维、记忆、对世界的概念化认识、问题解决，以及其他一些东西，都是信息加工过程的一部分。信息加工到底是自组织的一部分，还是另一种不同的事物呢？至少从表面上看来，自组织与心智的信息流的方面在很大程度上是一致的。

我邀请你思考我们已经得出的这些观点。心智可能是能量和信息流涌现的产物。你怎么看待这个观点？你能感觉到你生活体验中涌现出的主观性吗？当能量在你体内流动时，你是否能感觉到其流动，感觉到它随时间发生的变化？这种对“活着”的主观感觉也许就是能量流的一个涌现的方面。当这种流以符号化的方式表达某事物的时候，当它变成信息的时候，你是否能感到能量模式以某种方式对你主观体验中的某物进行了表征化？当能量在每时每刻涌现出来的时候，它是可以进入你的心智化体验的。

正如我们所主张的那样，能量流的涌现产物中既可能包括主观体验，也可能与自组织的数学过程有关。想想你自己的生活吧，在你的一天当中，你是否能感到某种事物在组织你的能量和信息流？虽然你认为自己需要时刻居于主导地位，但其实你并不需要。如果你心智中的某个方面是自组织的，那么它就会在你的生活中自发涌现。

MIND

自组织不需要指挥者，因为某些东西在我们不加限制的时候运转得最好。

因此，我们在一个很基础的层面上识别出了这个系统的核心，即能量和信息流。它们可能是心智的起源。这是我们提出的一个观点。接下来我们即将深入了解它的理论基础。

首先，主观性可能是上述能量和信息流的一个基本要素。其次，意识或许也与这种能量和信息流有关，我们稍后会深入讨论这一点。再次，信息加工与能量和信息流存在固有的关联。因此，心智的上述三种成分，即信息流、意识和对生活的主观体验，可能各自都源起于能量和信息流。

将心智的这三种成分看作能量和信息流涌现的产物，这可以让我们将心智的内在性（发生于个体内部）和间性（发生于人际之间）无缝连接起来。能量和信息流既存在于个体内部，又存在于人际之间，因此从二者中涌现的过程也既是内在的又是间性的。这种既具身又关系性的心智观或许能令我们超越单一将心智局限于大脑活动的观点，令研究文化的人类学家、研究群体的社会学家，以及像我一样研究家庭关系及其对儿童发展影响的心理学家和精神病学家获得一种共通的视角，即心智是如何从关系和生理的、具身的过程中涌现出的。换言之，从这个视角来看，心智就像是一种同时发生在主体内和主体间两个位置的现象，而这两个位置相互连接，构成了一个不可分割的、更大的系统。事实上，它们不是两个位置，而是一个能量系统和其中的能量流。

这令我开始思考突触和神经元细胞体之间的边界，以及自我和社会之间的边界：它们未必符合之前我在医学院学过的“生物 - 心理 - 社会”模型，该模型认为应该基于形态确定这些边界。涌现性的心智观可以成为一个强有力的模型。将心智的一面看作涌现的、自组织的、对能量和信息流做出调控的过程的做法对我们这个小组帮助极大，它使我们这些具备不同学科背景的人得以彼此合作、形成一个团队。这种涌现的、自组织的心智观并不像主流的模型那样将心智看作三个不同的、相互影响的现实，而是将其视为一个由能量和信息流构成的现实。这种能量和信息流既发生于个体内部，又发生于人际之间。

在我们内部，能量和信息流的发生源于生理过程，尤其是包括大脑在内的神经系统协调具身的能量和信息流机制的生理过程。能量和信息流在关系中的发生则源于能量和信息的共享。因此，心智是一种具身且关系性的、涌现性且自组织的、调控能量和信息流的过程。

如前所述，这种将心智的一个方面定义为自组织活动的工作定义既未将诸如意识及其所包含的对生活的主观体验等过程排除在外，也未忽略作为信息加工过程的思维或记忆等体验。可能有一天我们会证明精神生活的这些部分是自组织的，也可能不会有那一天。不过在那个时候，我们这 40 名来自不同学科领域的科学家却都一致认可这一种工作定义，我们得以有力地凝聚在了一起。因为有了对心智可能是什么的共同见解，所以我们得以密切地合作，这种合作关系持续了许多年，并产生了丰硕的成果。

将心智构想为一种涌现的产物，它来自身体的内在生理过程，以及你与世界特别是其他人构成的社会世界的关系，这是否符合你对自己主观体验的反思呢？对某些人来说，涌现性这个概念是反直觉的、不合逻辑的，甚至是怪异的。就像云中的水分子的运动导致了不同的模式那样，只因为系统内的某些元素的相互作用就产生出了某些东西，这个观点可能显得很奇怪，或者看起来并非适用于活系统，尤其是你的生命。你也许会想：是谁居于主导地位呢？我们是在没有自由意志参与的情况下简单地涌现出来的吗？我们难道不能产生意念来驱动我们的自我，而仅仅是“涌现出来”吗？

这些问题以及很多其他的问题将在我们后面的讨论中不断出现。心智涌现性包括你的有意识体验和非意识的信息流要素，对于后者你或许只能看到其在思维、记忆和情绪中的投影，这些成分稍后才会被你觉察到。此时此刻，如果你正专注于我们对心智涌现性的探索，你是否能感觉到在未经你主导甚至在未经任何事物主导的情况下发生的涌现性？

你可以试着想想那些你的心智看似“持有自身的心智”的时刻。例如，如果我们最终证明诸如思维或情绪这样的信息加工过程是心智自组织方面的一部分，那么就像涌现过程一样，你会感觉它们仿佛是自行发生的，既没有幕后的导演，也没有诸如“自我”之类的某个人或物主导全局。这听上去是不是很熟悉？这就是涌现性过程给我们的感觉：在没有主宰全局的指挥官的情况下，它就那样发生了。

MIND

> 换言之，这里没有线性的因果关系。心智自组织的一面来源于其自身，它反过来又调控其自身。这是一种循环递归的过程，它在不断自我强化。这就是心智自组织的方面。

你可能会感觉这种体验好像是单纯地看着生命在你的内部和主体间自行发生一样，而你不必担负乐队指挥或程序员的角色。这就是自组织的作用方式。你会感到自己在观察、留意、认识，甚至有时丝毫不尝试取得控制。你不再挡着自己的路，有些事情就那么自然而然地发生了。

不过你是否能注意到，在其他一些时候事情也会变得很糟糕，因此你需要施加一些有意识的掌控？这可能就是你有意识的意图的源起，我们在这时试图用意识和意图对自己的体验施加影响。在后续章节中会讨论这一点。

虽然意图和自由意志会影响我们的精神生活，但它们或许并非完全控制精神生活。对我来说，这种“主动参与并影响自我”和“等待内在涌现”的倾向的混合能够很好地匹配我对我自己的精神生活的主观体验。你的倾向与你的体验在多大程度上匹配呢？

涌现的、自组织的方面意味着你的心智不仅从能量和信息流中涌现，而且还反过来调控了这些流。那么你可能会好奇，这一切到底意味着什么。这是某种能量模式中蕴含的超乎现实的、难以捉摸的意义吗？当然不是。能量流是一个科学概念，是一种在物理世界中真实存在的过程，它绝对不是什么超现实的、形而上的[①]东西。

为了说明这一重要议题，我想请你看看你的心智是如何发生的：既思考概念性的框架，也以你个人的体验来反思。想想物理学家提出的那些关于能量的有趣的观点吧！在我们审视这些观点时，你可以用你对生活的主观体验，甚至用你此时此刻因阅读这些科学观点产生的感受的主观体验尝试着建构科学概念。对某些人来说这或许有点儿异想天开，所以你不妨坐稳扶好，和我一起开

---

① 作者在原文中用了 meta-physical 一词。该词在学术语境中常译为“形而上的”，按词源解释即为超出物质世界范围的。在本书中，你会看到作者对“能量”一词的使用并未超出物理学的范畴，它不同于主张灵修、玄学、神秘学等非科学理论的人士所谓的“能量”。——译者注

始一段科学之旅吧！

我们不妨以一种更深入、更个人化的视角审视物理学家对能量流这个过程的论断。前面我们说过，很多物理学家认为，能量的物理特性就是能做某事的势。能量能够通过各种形式存在，从光到声，从电到化学变化。能量的频率可能不同，比如声波的音调从高到低的范围，或者可见光谱。我们所看到的红光或黄光都是以光的形式存在的能量，只是其频率不同。能量的振幅也可能不同，从静谧的声和微弱的光，到震耳欲聋的噪声和炫目的光，它们都是振幅不同造成的。振幅和密度都是用来描述能量强度的数量和质量的概念。此外，诸如光和声这样的能量还有形状和质地之类的属性，比如脉冲、颜色和对比，我们可以将其统称为能量的“轮廓”。

因此，我们可以认为能量在一个水平上有一系列属性，包括频率、波形、振幅、密度、轮廓，甚至能量发生的位置。能量流既可能存在于我们的大脑、身体的特定部位、他人和自我之间，也可能存在于我们的身体和我们生存的宏观世界之间。在影响世界的时候，能量随时间在其不同的属性上发生着变化，比如强度和轮廓。当我写下这几行字的时候，能量在我的神经系统中被转换，然后激活我的手指敲下这些话语并将其存入一个文档，它们最终变成了纸面或电子显示屏上你读到的话语，或者播放出的音频，这取决于你以何种形式接收我发送给你的能量。这就是能量的流动。这种流动与变化有关：从我到你的位置变化，以及诸如能量形式或频率等各种属性的变化。

前面我们也说过，一种信息观认为信息是具有符号价值的能量模式。心智中的信息处理器能以许多方式读取能量变化的状况，其中某些变化比其他变化更具有符号化的意义，我们称其为信息。不过从一种将信息视为更基本的过程的视角来看，信息其实是从精神生活中涌现出来的。能量具有的模式和属性可能携有信息，也可能没有。

能量流的模式变化包括轮廓、位置、强度、频率或形式的改变。我们用一个首字母缩写词“断崖”（CLIFF）[①] 来帮助记忆。当我们说可以调控能量和信息流时，我们就是在说可以监控并调节能量的“断崖”，即感知并改变其轮廓、位置、强度、频率和形式。

你既可以调控你体内的能量，也可以调控你和他人之间或你和宏观世界之间的能量。调控包括感知和改变两个过程。骑自行车或者开车是在空间中调控运动的方式，你看着你要去的地方，并改变车辆的速度和方位。当你要调控能量和信息流时，你就是在监控并调整能量，包括你身体之内的能量，以及你和他人之间的能量。对能量的调节是心智自组织的功能中的一个重要成分，它既发生在个体内部，也发生在人际之间。“断崖”是一个简单易懂的说法，它代表的 5 个变量可以帮助我们形成概念，理解心智如何感知并调节生命中每时每刻的能量流。

不过，在思考心智是如何涌现并调控能量流的时候，我们还要考虑能量的另一个属性，虽然它更抽象一些，但它与我们要讨论的问题也很相关。

如前所述，我们也可以把能量看作一种势或可能性的分布。某些量子物理学家将这种可能性视为整个宇宙的基本法则。我们可以将这些势描述为跨越了从“无限的潜在可能性”到“某种特定的可能性的实现”的范围。基于此，我们可以将能量流的现实性，即其如何变化，表述为能量从可能性向现实性的运动，或者从潜在可能性变为诸多可能性中的某一种的实现。当能量的形式变成可能性的时候，能量就可以继续流动。我知道这既抽象又奇怪，所以才要你坐稳扶好，但这就是在许多物理学家看来的宇宙本质。稍后当我们具体探索有意识的体验时，我们会回到这种观点，探讨意识自身可能揭示出的一种激动人心的全新可能性，这种可能性关系到上述观点，即开放的可能性平面和现实性的浮现。

---

① “轮廓”（contour）、“位置”（location）、“强度”（intensity）、“频率”（frequency）和“形式”（form），这 5 个英文单词的首字母缩写即为“CLIFF”。——译者注

我们往往停留在经典物理学的、牛顿式的力学分析水平上，看着宏观的物体和力，比如高速公路上行驶的汽车和天上飞的飞机改变我们的世界。然而在另一个水平上，量子的作用机制却令我们认识到这个世界并非充斥着“绝对”，而是充满“可能性”或“概率”。事实上，当代的许多金融交易和复杂计算都是基于量子理论的。我之所以谈及这些是因为如果我们高度认可“心智源自能量流并调控能量流”的观点，那么我们就需要考虑这种关于能量流的观点到底意味着什么。

MIND

心智的基本要素，即能量和信息流，既比飞机或卡车小得多，也比大脑小得多，甚至比一个神经元小得多。因此，尽管我很确信我乘坐的这架飞机存在于一个由经典物理学法则支配的世界里，而且我们可以相当确定地依靠重力和流体的特性保证我们飞在天上，但我却知道心智的运转并不遵循同样的规律。

例如，一个机械师在这天下午早些时候为这趟航班做准备时，按下了错误的按钮，从而放下了飞机的紧急逃生滑梯。除了滑梯展开时的巨大声音引起的恐惧，航班延误本身也是造成他紧张的一个原因。飞机的巨大尺寸使得其外在结构和内在机制遵循着高度的确定性。此刻飞在空中的我们可以确信那个按钮不会自己被触发，从而在半空中弹开机舱门并展开逃生滑梯。

那位机械师的心智的结构和这架飞机的结构可是大相径庭的。也许他的心智在当时受到了某种干扰，比如与同事之间的冲突，对孩子的担忧，或者任何别的什么杂念，加上几个瞬间的分心，导致了他的走神。注意是心智的基础，它能为能量和信息流指明方向。

正因为如此，在那位机械师的觉察中，他对自己在那一时刻正在做什么的感觉可能没有集中于他对飞机状态进行恰当检查的任务上。他的注意转移了，他的觉察中充斥着其他的能量和信息流，他的手未经思考地、自动地伸向那个按钮，然后在丧失心智的情况下释放了逃生滑梯。我们被吓了一跳，过了一个小时后，我们坐上了另外一架飞机。这是诸多可能性中的一种，这是一种量子物理式的观点。主导心智运作的可能就是这种量子式的或然性，而非牛顿式的“作用力”的法则。将经典物理学原理运用于心智的做法可能引出一种观点，即心智中的某一部分推动了另外一部分，然后产生了可预测的结果，就像我们要求这架飞机必须在 8 000 米高的地方飞行一样，这种可预测的结果遵循确然性。我们希望这架飞机是一台遵循经典物理学法则运转的机器，它可靠、可预测，并遵循已知的行为法则。但心智的运作可能并不遵循经典物理学法则。

量子物理或概率的法则对越小的物体越适用。我们甚至开始发现较大的物体，即比一个原子更大的物体也遵循量子物理法则。那位机械师的心智的基本要素显然比飞机机身小得多，因此不太可能发生的事就变得可能发生了，于是逃生滑梯就被放下来了。我想我们现在可以给这位机械师取个外号，就叫他“量子态机械师”吧。

MIND

能量很小，其产生的效应却很大。

我们不应该把能量看作一种仅仅在经典物理学世界中产生“推动”作用的力，比如空气举起这架飞机。我们还应该意识到，能量可能也能以这样一种方式发挥作用，即从一个可能性的平面上浮现出若干不断增大的可能性高原，然后上升为现实性高峰，而后这种高峰消解，回到高原，最后回到无限可能性的平面，它意味着极低的、趋近于零的概率。换言之，在有千亿可能性同时存在的时候，其中一种特定的可能性发生的概率就极低。这是一片充满无限可能性的大海、一个开放的可能性平面。

之后我会在本书第 9 章探讨这种视角如何帮助我们探索意识。当我们更深入地探索我们对“觉知环”（wheel of awareness）的体验时，我们就能够直接发现量子力学的能量观如何有助于我们深入理解心智的本质。这个练习还将促成我们探讨自组织和对意识的体验之间可能的共性。届时我们还会探索图 2-2 中 X 轴上半部分呈现的关于心智的体验和下半部分呈现的关于大脑的神经元放电过程是如何彼此关联的。此刻我们将探讨图 X 轴的上半部分，即这种理论的心智部分，让它引导我们作如是观：心智并非像路上的汽车或空中的飞机那样运作。在讨论心智过程时，经典物理学或许不是最好用的看待能量的观点。心智可能更像是某种微观的东西：当我们看着这个宏观世界时，我们无法用肉眼找到它，甚至常常无法用概念化的头脑想象出它。虽然肉眼能帮助我们观察客观世界，但若要看到心智，我们就可能需要一种不同的感知方式。

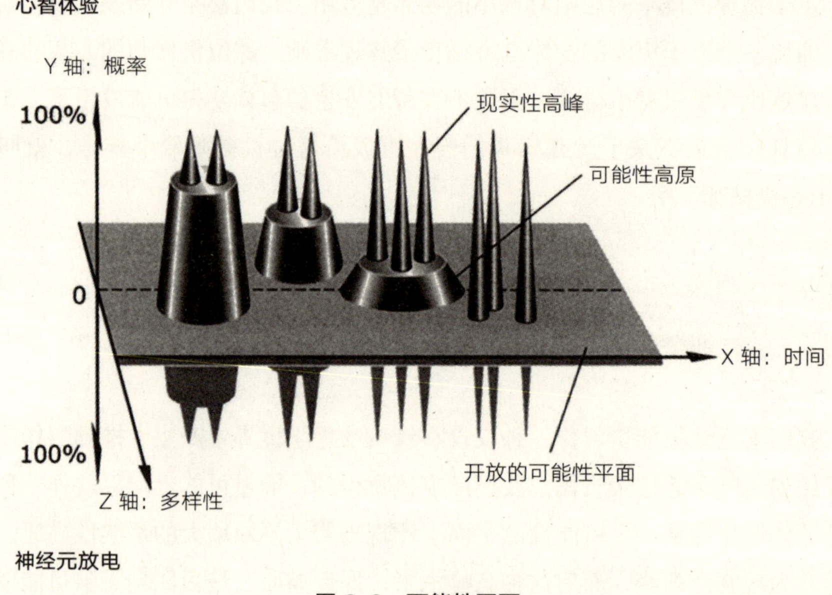

图 2-2　可能性平面

在这一章，我们探索了“从能量和信息流中涌现的心智”的概念。我们了解到，颅骨和皮肤都不能成为限制这种流的边界，因而心智既是完全具身的又是关系性的。至少心智中自组织的一面具备这种涌现性的具身和关系性的特点。如我们已经看到的那样，信息加工可能是上述流的基础，注意则是探测并引导其在个体内部和人际之间流动的过程。意识及其所包含的对生活的主观体验可能是也可能不是涌现性的，它们或许和自组织有关联，或许没有。我们此刻暂且将这些问题留诸开放。

然而，如果能量和信息流确实是心智和自我的起源，且这种流确实既存在于个体内部，又存在于人际之间，那么我们是如何知道“我”来自何方、去向何处的呢？

今天我在日出时散步，在这个冬日里，在大西洋沿岸的一片清冷的海滩上，我感到风吹过我的面颊。我意识到这种对风的感觉影响了我的生活体验，我开始在心智中听到一些问题：这些能量流将止于何处？……风是我的心智的一部分吗？如果我任由这种对风的感觉充满自身，它是否能被视为对我的“自我”的感官体验？这是否属于我的心智中的能量流的一种属性，是它令感觉在我的身体中出现并流过我的身体四周和我的心智？若如此，那么我必须更清晰地界定“我的心智”中的修饰语“我的”，并用某种界限对其加以界定。又或者我们认为“我的心智”是无所不包的？“自我”终于何处？这个开放系统的边界又在哪里？

我习得的概念是我的心智的信息加工成分的产物，它建构了我的思想，并为我从能量流中过滤出信息。“我相信我自己是某人”的感觉帮助我建构了“我是谁”。上述概念和感觉是否会制约我对自己的同一性的体验？在某种程度上，它必然是一种自证式的、自我定义的对自我的感觉。这样一来，它就是一个递归的自组织过程。这种习得的产物是否会递归地自组织我的感官体验，从中产生出关于“自我”的知觉和信念，使得能量流中的信息变成“我”和“我是谁”的符号，又令“我”觉察到并相信我是与风不同的、与世界有别的呢？

这个过滤器通过这样的方式对信息流进行概念化和制约：它既拓展了我对“我是谁”的感觉，又在字面意义上扩展了我的心智，还开启了我的自组织的涌现性，以便容纳一种更大的、归属于这个世界的感觉。我是否能对这个过滤器进行验证呢？

在我们的探索过程中，这个“能量及其边界”的议题将对理解心智和“心理健康可能意味着什么”产生诸多深远影响。虽然上述制约作用中有许多尚不能为意识的反思所触及：它们是自动化的过滤器，它们影响着我们思考自身的方式。但我们也许不是我们的思维告诉我们的那个样子。

MIND

如果我们将自我概念局限于一个与他人和世界隔绝开的身份，那么我们也就限制了自己的幸福。

就像许多研究和古老的智慧传统所揭示的那样，我们需要与某种“超越自我的、更加宏大的存在”建立联系。在最近的一次由 20 多个国家代表出席的会议上，与会代表们深入讨论了自我的本质，以及将我们对自我的感觉扩展到自身之外的需求：这既是为了我们自身的幸福，也是为了全世界的幸福。

也许自我确实是个很大的概念，而我们，即我们内在的、个体的、私人的对心智的感觉，把它局限化了。当我们意识到时间在我们的心智中可能与其平时看起来不同的时候，我们就能够看到将时间的概念植入关于“心智由谁参与”和“心智是什么”的问题中的做法是如何进一步推动我们的讨论的。心智创造出“自我寓于身体”的错觉和“时间是某种流动的东西”的概念，这既令我们被个体的过去占据，也令我们对个体不确定的未来充满担忧。这种对自我和时间的错觉也许同时限制了我们在当下的自由。知道这些可以让我们更加专注于当下，专注于我们可以更充分地实现其可能性的做法。

认识到这种可能性，促成从可能性到现实性的转变，也许就是心智作为从能量流中涌现的产物的全部意义。那么随之而来的就是这样一个问题：哪些要素构成了健康的心智呢？如果心智的一个方面确实源自个体内部和人际之间的自组织，那么什么可以优化这种自组织呢？

MIND

A Journey to the Heart of Being Human

第3章

健康的心智什么样

整合的9大方法

M I N D

在这一章里，我们将基于“心智是从能量和信息流中涌现的产物，它既存在于个体内部，又存在于人际之间”这一观点继续讨论心智的作用机制。我们将继续深入探讨关于心智其中一个方面的工作定义，即“一种具身且关系性的、自组织涌现式的、同时对个体内部和人际之间的能量和信息流进行调控的加工过程”。这种调控是会运转良好并产生幸福，还是会运转不良并导致失调呢？我们将通过一个很自然的问题检验关于什么是健康的心智和我们如何培育健康的心智的观点。这个问题就是“我们如何通过优化自组织来促进健康”。

1995—2000 年：失与得的岁月

这是“脑的十年”的中间点。

我们的 40 人小组会有规律地开会，以便讨论心智、大脑、关系和生命之间的关联。小组里既有合作，也有以尊重为前提的冲突，还有沟通和讨论。这一切都是为了弄清楚关于人的种种议题。在我努力进行学术研究的过程中，我同时也作为一名心理治疗师开展工作，这让我接触到了各个年龄层的、具有不同背景的人。他们带着各种各样令他们在生活中备受折磨的问题来找我，其中既包括严重的精神病性障碍，比如双相障碍和强迫症，也包括亲密关系中的冲突，还包括创伤和丧失后的症状。因为我和妻子那时已经有了两个年幼的孩子，所以我们整天处于一种从早忙到晚的状态。

一天晚上我接到了曾经的导师汤姆打来的电话，他自我在医学院的第一年起就成了我生命中的一位重要人物。汤姆的声音听起来极度虚弱，他告诉我他被查出患有癌症，剩下的日子已经不多了。

我放下电话，久久地凝视着窗外。

汤姆对我而言就像父亲那般重要。我在医学院的第一个暑假是和他一起度过的。那时他正在马萨诸塞州西部的伯克希尔（Berkshires）负责一个社区儿科护理项目，他那儿对我来说就像一个可以逃离波士顿的避难所。虽然汤姆和我是师生关系，但我感觉自己更像他的儿子。在我进入医学院的第二学年后，我遇到过形形色色的医生，不像汤姆那样，他们在对待自己的患者和学生时似乎视他们为毫无心智的人。我其实是想说，他们不会关注对方的感受、思想、记忆或者意义。这些心智的内在成分看起来丝毫不能打动这些医生。后来我才得以了解，这些认真治学的医生虽然关注到了患者疗愈过程中的物理性的一面，却没有关注到位于患者生命中心的心智的主观性的内核。

尽管我是一个受过训练的生物化学研究者，我知道如何思考并测量分子及分子之间的关系，我却从来没有想过我们应当把人当作一个装满各种化学物质的“皮囊”。我们稍后会谈到，我在 20 世纪 70 年代末 80 年代初刚进入医学院时，医学人的社会化的过程仿佛要迫使我们将人视为客观物体，而非内在主观体验的中心，或者说具有心智的个体。

在我读医学院的前两年里，我经历了数不清的冲突。我被一再告知，询问患者的感受或病症在他们生命中的意义，这“不是医生该做的事儿”。在经历了这些冲突之后，我做出了一个艰难的决定：我不想再接受这样的教育。于是我离开了医学院。

在我离开医学院后，我认为我令汤姆失望了。在我的心智中，我原以为汤姆希望我成为一名像他一样的儿科医生，也许他希望我去他和妻子佩格（Peg）居住的小镇定居下来，并和他一起执业。我自己对他们的期待的想象成了束缚我心智的牢笼，并且令我在那些年里疏远了他。后来当我重返医学院，在波士顿完成了自己的训练并选择了儿科时，汤姆和佩格看起来很满意。不过，当我翌年去加利福尼亚州并转到精神科的时候，我又一次感到，也许我会成为他们眼中的“失败者”，因为我放弃了在医学院里的所谓的“真正的医学”，却转向与心智有关的某种“软医学”。就像当时我的同学和某些同事告诉我的那样，

“只有最差的学生才选择去精神科”。

那天我挂掉汤姆的电话后，这些记忆中的场景全都涌入我的意识，并在我脑海里快速地闪了一遍。在受到关于汤姆的坏消息的影响后，这些故事从我心智深处奔流而出，并涌入我意识的剧场。

在 20 世纪 80 年代初，当我第一年的儿科工作结束后，我发现自己痴迷于心智方面的研究，于是就转入了精神科学习。在我住院实习的第二个月，汤姆和佩格正好来洛杉矶看 1984 年夏季奥运会，于是他们整个旅行期间都和我待在一块儿。一开始，我对他们的来访感到十分窘迫，不由得将自己的各种焦虑投射了出来：因为我离开了汤姆所从事的儿科领域去寻找自己的道路，所以我担心他们会对此表示反对。但在我们第一晚一起吃饭时，我就被汤姆的故事震惊了，并因而解除了自己的担心。汤姆在做了 30 年的儿科医生后也“洗手不干”了，他转而做起了心理治疗，用催眠帮助人们处理诸如肥胖和成瘾这样的问题。很显然，是我的心智幻想出了种种剧本，我又将其投射了出去，进而影响了我对汤姆的真实而准确的判断。这些东西本质上是我的恐惧的不实投射，是我的焦虑令我害怕见到他们。

我那思考着的心智以我的记忆和想象为材料编造出种种担忧，又将其交织形成焦虑，进而将其缝合成为叙事。虽然这种关于担心的叙事让人感到那仿佛就是事实，但那次与汤姆的重聚令我放下了那些疯狂的幻想。

MIND

> 这些经历也揭示出，我们自己的心智编造出的关于“他人会怎么想”的故事深刻影响了我们对自我的感觉。

多年之后我们发现，大脑中有一种活跃的、中心化的“默认模式”的回路，这种回路是掌管自我与他人持续性对话的神经中枢。因为这个回路负责调控我们的注意指向他人和自我，所以我称其为“OATS[①] 回路”。在那时，我的“OATS 回路”中充斥着我关于“我会令汤姆十分失望，他会十分排斥我”的焦虑。

在那次重新会面并解决掉我的“OATS 回路”的焦虑后，我和汤姆一起参加了心理治疗方面的学术会议，我感到自己和他们夫妇俩的关系更加亲密了。我们重新建立了关系。在我接受精神科训练的那些年里，我们一直保持着联系，彼此都感到轻松愉快。

此时距离那届奥运会已经过了 10 多年，我的“OATS 回路”中的叙事正在重新建构。在挂断汤姆的电话后，我坐在椅子上盯着窗外，我的心情十分沉重，我感到自己被掏空了，一种深深的悲哀在我体内升起。然后，我整个人瘫在椅子上，仿佛永远都没办法再站起来。

我的另一位导师罗伯特在几年之前死于一场可怕的车祸。现在汤姆也要死了。虽然我正在奔四的路上，但我感觉那些重要的依恋关系，那些我生命中父亲式的人物仍然是我生命中起决定性作用的一支力量。依恋不会在我们长大离家之后结束，我们仍旧需要生命中的重要他人，这样我们就可以从他们那里继续得到指引和安慰。而失去这些依恋对象就会让人感觉仿佛失去了自己的一部分。正如罗伯特的突然去世带给我的哀伤那样，当我听到汤姆的诊断时，我也开始体验到沉重的、拖着我下坠的绝望和无助。

在我得知汤姆罹患癌症之前，我已经决定离开学术圈。我那时在加州大学洛杉矶分校任职，负责儿童和青少年精神病学的培训项目。我向学术顾问进行了咨询，然后我意识到，毋宁说感觉到，我的职业生涯中有些东西需要改变，在我体内的某些东西让我感觉不对劲儿，因此我选择离开。

虽然我一直以为自己会成为一名全职教授，然后在学术圈里工作下去，但

① 即 others and the self 的首字母缩写。——译者注

一切都变了。我对广泛的跨学科概念化所持有的兴趣与现代的研究型大学中的那种理所当然的路径是不相容的。这种路径要求全职教员将高度聚焦的、定义狭窄的实证研究作为其职业生涯的主要目标。尽管我很喜欢新点子，尽管我热爱科学发现并热衷于将实证知识与实际应用相结合，但我并不想只盯着一个领域、一个话题或一个研究项目。因此我决定离职。

从 20 世纪 80 年代后期开始，当我还在接受临床训练并从对记忆的大脑研究转到专攻依恋、叙事和发展的研究员岗位时，我就深深着迷于这样一个问题：心智是怎样在广泛的人及经历的影响下变得健康或不健康的。我那时假定，未解决的创伤实质上是由大脑作用机制的某些特点决定的，这些特点会影响一个人的主观体验及其与他人的关系。离开研究员的岗位后，我答应了若干撰写期刊文章和篇目的邀请，并同意写一本教科书。这些作品都基于上述部分关于记忆、创伤和大脑的观点。除了对我写作的影响，这些观点也渗透在我大学以外的教学过程中。既然我已经离开了学术圈，我为什么还要写学术文章呢？在我热爱照顾患者、认为临床工作既有趣又充实的时候，为什么我不选择只做一名私人执业医生呢？为什么我还要费劲写一本教科书呢？在我接到汤姆的电话、飞回东海岸拜访他之前，这些问题一直在我的头脑中隐约回响着。

在我乘机飞越整个美国大陆时，我脑中充满了关于生命和丧失的表象、感觉、记忆和思考。我手中拿着为这次旅途而新买的笔记本，它是一个绿皮的、无衬里的本子。我开始在上面动笔写。失去汤姆这样一个像父亲一般的角色，我对这样的个人创痛有很多的话想说。作为心理治疗师，我在临床和研究训练中学到过很多关于哀伤和疗愈的东西，它们与依恋有关，与创伤有关，与大脑有关，与心智有关，还与关系有关。

在为期 6 天的东海岸之旅中，我思如泉涌，写下了许多东西。我恨不得把这种感觉描述为“从我体内自然而然地喷薄而出”。每一股喷薄而出的东西仿佛都是一个故事，它与主观体验和我热爱的科学研究结合在了一起。我在那个绿皮笔记本上写下了一整本书的第一版草稿，我给它取名为《从周二到周日》(*Tuesday-Sunday*)，每一章内容都是我的心智在这一趟旅途中挣扎于创伤和丧失的记录。我写到了失去汤姆带给我的大脑的、关系的和个人的创痛，这本草稿包括在医院里探望他的情景，对我们关系的回忆，对我们生活的描述，以及我内在生成的幻想的投射，而这些投射歪曲了事实。我把它们全都写了下来，还与躺在医院病床上的汤姆分享了一部分涌现出的文字。他似乎对自己听到的部分感到很满意，他还用他令人安心的、缓慢的弗吉尼亚腔给予我回应："这么做就对了，丹尼尔！"那是我们在一起时他通常对我表示支持的方式。

几个月后，汤姆去世了。我在那个绿皮笔记本上完成了将体验转换为文字的工作。我将个人的反思和科学的讨论交织在一起，将其变成了一部完整的手稿。我在截稿日之前将它发给了出版商。过了几周，我收到了出版商的回复：你这写的是哪门子的书啊？他们说，这并非我按合约应当交付的教科书，这更像是一部回忆录，而他们要我写的是一本教材。

一种浓浓的哀伤迅速在我心中蔓延开来。这种哀伤和失去汤姆的痛苦令我陷入深深的绝望，这是一种耗竭的、无望的、与世界失联的感觉。汤姆不在了，罗伯特走了，我在学术圈的地位也没有了。我长期以来与内在世界和外在世界、主观现实和客观现实建立连接的驱动力被困在一堵绝望之墙里。我感到自己永远不可能找到一条将个人生活和学术生活联系在一起的路了。个人生活和学术生活，以及主观性和科学性，至少在我能力所及的范围内，只能彼此分裂。这种绝望感充满了我的心智，它令我无法表达哀伤、感到希望、看到出路。我感到无法呼吸，动弹不得。

我在黑暗中独自游荡良久，我思考了很久自己到底能做些什么。我散步的那片海滩在童年时曾给我许多灵感，在我思考心智的本质时曾给我启发，但在彼时的状态下我只能沿着它无望地游荡。我迷失了自己。我决定自己必须要做这么一件事，即把我的个人生活和学术追求分开。在某种程度上，我把自己隔离了，我与世界不再是一个整体。我将心智和物质彼此分裂，在主观体验和客观科学之间划清了界限。

在那段时间里我还在继续接待来访者，这种临床工作不断提醒我：主观现实是真实存在的。我必须对来访者的主观现实进行治疗才能促进他们的痊愈。虽然我受过的科学训练使我确信总有一种方法能连通对体验的觉察和对情绪的认识。科学和主观性总该有一些共通之处才对。我们不一定非得把专业工作和个人生活割裂开。但我还是找不到这么一条路，我没办法在这两个世界之间架起通途。

在那些年里，若干新出版的书籍选择性地根据某些科学研究断然指出，父母除了遗传给孩子基因之外，对他们的成长几乎没有其他影响。作为与汤姆和罗伯特有过重要关系、感觉就像他们的儿子一样的人，作为一名研究过依恋理论的科学家和临床工作者，作为一名父亲和与此事有关的公民，我被这种不实之论激怒了。即便在这些作者明确的表态背后有其支持者的坚定信念，我还是对此感到愤怒。

我自己所受的科学训练和我读过的科学文献都强烈地提醒我，这些作者所持的“父母起不到什么作用”的观点是错误的。在上述图书出版后，一些基于社区的、旨在为高危家庭提供资助的项目失去了资金来源，人们的理由是，既然为父母提供资助对孩子起不到什么作用，只有基因是万恶之源，那么也就没必要浪费纳税人的钱了。这种开倒车的现实促成了我的痊愈，这种对“父母起不到什么作用”的观点产生的愤怒为我注入了最急需的强心剂。我的迷惘一扫而空，我决定为驳斥上述观点而战。

我从柜子里取出那个尘封已久的绿皮笔记本，翻到《从周二到周日》的原始手稿，然后打开电脑。在接下来的若干年里，我开始总结整理一些东西，它们来自我对自己从强有力的实证数据和审慎的科学推理中学到的东西所做的反思。我将这些线索汇集在一起，写成了一部全新的手稿。因为我希望这本书在内容上无懈可击，所以我用科学的方式说明了关系为什么很重要，这里的关系就包括了我们与父母的关系。这本书就是《心智成长之谜》。我很高兴它发挥了一些作用，起码帮助了那些社区项目，包括着眼于帮助高危儿童及其家庭的项目争取回了一些经费。

我之所以在此讲述这个故事，是因为它在我理解心智的过程中发挥了重要作用。学术出版界通常认为个人的内省在一本专业的或科学性的著作中“不合时宜”。同理，在同行审议的文献中提出对精神生活的内在反思也是绝无可能的。一名出版商曾说过，呈现我自己作为治疗师的内在精神生活是一种“不专业的做法”，那些东西只应该出现在我的私人日记里。

如果我们认为公之于众的知识不应基于个人观点而应基于对现象的审慎观察，那么上述人的立场就是有理可循的。实际上，正如我们所见的那样，100年前的心理学界也曾持相同立场。在学术圈看来，主观性显然不是研究心智的“正当合法”的信息源。

可是，如果心智就是正在被科学研究的对象呢？如果主观现实确实是心智的一个组成部分呢？倘若如此，如果我们不深入主观体验，不试图清晰阐述我们体验到的现象，那么我们还能怎么研究心智呢？避免主观性的研究视角难道不会错过心智的某些核心特性吗？忽略对心智来说至关重要的主观性，这样的做法难道不会变成断章取义吗？我们会在第4章中详细讨论这些问题。

在我开始出版作品后，很多人邀请我为家长们开设工作坊，以便让家长们理解有关依恋的研究结果，并帮助他们将其运用于育儿实践。我和我女儿的学前教育主管玛丽·哈策尔不仅一起开办了工作坊，还合著了《由内而外的教养》。作为一本实践指南，《由内而外的教养》曾遭到数家出版商的拒绝。询问拒绝的理由时，我们被一再告知：“读者不需要知道他们多么需要内观和更深层的自我觉察以便成为更好的父母，他们只需要你指出他们的孩子出了什么问题，以及怎样做才能改变孩子的行为。”

玛丽和我深知很多研究结果支持由内而外的教养方式，可想而知，出版商与我们的冲突和对我们的拒绝让我们多么地心灰意冷。研究结果清楚地表明，父母对自身的童年经历如何影响其自身发展的内在觉察，能够最好地预测其子女的依恋发展。虽然对子女的复原力和幸福的健全发展而言，依恋并非唯一的影响因素，但它的确是一个得到实证支持的、强有力的预测变量。我们恪守科学，最终也幸运地找到了一家可以合作的出版商。

MIND

有关心智的科学要求我们将个人体验到的、对现实的内在思考纳入其中。提供解释，创设意义，反思记忆，自我觉察，调节情绪，保持心智开放……上述种种皆是父母的主观心理体验，这些心理体验都能促进子女复原力的发展。

站在实用主义的立场上，上述这些能力都是父母可习得的，它们可以影响子女的发展。正如我们看到的那样，有关心智的科学告诉我们，关系同我们的身体及大脑一样，都影响着“我是谁”和“我能成为怎样的人”。我们可以将此视为心智的自组织特性，它既是具身的，又是关系性的。我们与他人的关系影响着个体内部和人际之间的能量和信息流的方向及特性。这些关系终其一生都在影响我们。

当时出版界对《心智成长之谜》原始书稿的多次拒绝，对我而言是一种直接且熟悉的告诫：他们只要事实，不要感受。可是若我们在对话中排除掉对精神生活的主观体验，又怎能真的就心智这个主题彼此沟通呢？最初出版商要我写一本关于“创伤和疗愈中的心智”的教科书，我没能写出一本既同时包含事实和感受，又能让出版商乐意付梓的书。这次失败似乎加剧了我因丧失而引发的哀伤：我失去的不仅是汤姆，还有我们的关系在这些年来带给我的意义。后来《由内而外的教养》又遭到再三拒绝，这再次勾起了我之前的绝望感。我感到自己陷入了无助之中。

因为我在与汤姆的关系中获益良多，所以失去他给我的生活增加了很多痛苦。通过与汤姆的相处，我不仅巩固了人际之间的连接，也增强了我自己的内在力量。尽管我明白生命中充满了丧失和收获，但是此时此刻我的内心满是痛苦。因为依恋对象令我们成为自己，所以当失去了生命中和心智中非常重要的基石时，我们该如何是好呢？

MIND

能量和信息流不断地在每一个当下发生转换，这种转换横亘广阔的空间，并跨越不断涌现的可能性。生命即在此同时流动着。

我们，即能量和信息流，持续地涌现，从可能性发展为现实性，再回到可能性的海洋，于是我们不断展现出自身。这是不是一种将我和彼时遭遇丧失挚爱的现实引起的痛苦隔离开的理智化防御，哪怕在我此刻写下这些内容的时候？失去你爱的某人，失去那个令你成为你自己的人，这种感受实在很糟糕。

这种感受是真实的。我们永远无法停止每时每刻的能量和信息流。虽然我们可以活得像块石头，什么都感觉不到，并切断和他人的一切连接。但我们栖居的身体并不能永恒存在：我们会失去生命，哪怕活得像块石头也难于豁免。这种想要延长生命的渴望，这种明知人生短暂还是想紧紧抓住我们爱的人和我们自己的生命的渴望构成了一种冲突，它是人类的一种深刻的斗争。我们家的一位挚友、晚年成为诗人和哲学家的约翰·奥多诺休（John O'Donohue）以优雅而精确的方式道尽了这种斗争的本质。在他去世前，他在一次电台访问中被问到还有什么事是令他感到烦恼的，他说，“时间仿佛掌心的一把细沙”，无论我们试图用什么方法紧紧抓住它，都是徒劳的。

就在此时此刻，当我写下有关汤姆的往事时，我仍能回忆起彼时那种不断下坠的感受。对汤姆的回忆引起了我的绝望感，这种感受在我谈论罗伯特和约翰时变得更甚，因为他们的离去都可以被归结为同一种丧失：失去曾经对我很重要且始终很重要的人。虽然人们说哀伤需要时间来缓解，但这不一定对。哀伤究竟带来了什么呢？哀伤让我感觉受困，我有时会被突然侵入的悲伤和有关过去的画面打断。我再也不可能约汤姆见面，再也没有办法和他取得联系了。从某种意义上来说，哀伤中满是安定感的丧失，这让人感觉很糟糕。虽然我不认为这是疾病，但其中确实充满了不安定。我不是有序的，而是非有序的。我有时不能正常运作，处在运作不良中。哀伤让我处在失调且不良的状态中。

心智处在不良的状态意味着什么？我们不妨想想哪些东西构成了良好的状态。“不够良好”到底意味着什么？

你可能会说这一切都是自然而然地发生的，考虑到汤姆的去世，我也许会同意你的观点。“丹尼尔，别跟自己较劲儿，很抱歉你失去了一个父亲般的人。”没错，你是对的，谢谢。但是我不认为这话对我有什么意义。哀伤是否意味着一个机会，一种对健康的暂时的挑战？我们是否能从主观的哀伤体验中学到些什么，让它启发我们找到一种对健康的心智的客观描述？

上述这一切的发生打破了我生活的平衡。几个月过去了，我开始接受这样的事实，即承认丧失已经发生的现实意味着接纳：过去的每时每刻，我和汤姆在现实中的联系，这些东西的失去已成定局，无论谁、无论做什么，都无法改变。这让我感到一些安慰。这是我发自内心地感受到的真实。哀伤和原谅意味着接受“自己无法改变过去”。尽管我既不能令汤姆死而复生，也不能再飞去看望他，但经历这个过程要求我放开一部分受到汤姆影响的自我，允许一种能够珍视汤姆和人际之间的连接的新的“我”的出现。

那些年里的写作的工作也意味着某种真实，它是一项比“个人化的自我”更宏伟的计划。我的内心涌现出了一整套全新的写作计划，那是我从对失去汤姆的反思中学到的新东西。它们关系到我和汤姆的关系以及我们的科学视角和社会视角，即有关我们是谁、我们被哪些东西塑造赋予意义。所有这一切似乎都是由某些共通的东西交织在一起组成的。

不过，到底发生了什么呢？我的哀伤让我学到了关于心智的哪些东西呢？

为我们的生命、关系和内在体验赋予意义似乎要求我们考虑现实的许多方面。我们似乎要留意过去，将它与现在交织，以帮助塑造我们的未来。这些由心智建构起来的关于时间的表征影响着我从我的心智向你的心智表达这个观点的方式，其中伴随着我们通常对时间的认知，即它是一种不断流动的存在。如果只有“当下”，那么完全存在于当下就不仅意味着完全感受到此时此刻的现在，而且意味着对已经过去的当下，即那些已经确定的、我们已经觉察到的、被我们称为“过去”的时刻可能产生的反思保持开放。同理，还有那些开放的、我们可以期待的、有待于接下来变成“当下”或“现在”的、被我们称为“未来”的时刻。

那些绝望、丧失、无助和无望的感觉封闭了我对未来和开放性的觉察。看起来我要么是被一种找不到未来出路的感觉困住了，要么是被侵入性的关于过去的记忆占满了。我处在一种奇怪的两极摇摆中：要么刻板，要么混乱。这两个极端都充满了哀伤，以及一种不安定且不堪重负的感觉。

在我苦苦思索“什么能够引起健康的心智”这一问题时，我回顾了所有我见过的患者，以及我自己所有的经历。失去汤姆对我来说意味着什么？无法将个人和专业、主观和客观、内在和关系的内容加以整合，这究竟引起了怎样的痛苦？那种既存在于个体内部又存在于人际之间的、既在健康人身上也在不健康的人身上发生的、既见于安定也见于不安定的过程会是什么呢？我将自己的心智观从 40 人研究小组扩展开来，因为我试图为这种寻找意义的过程找到更深一层的意义。

我从关于复杂性的数学理论中得到了极为有用的启示。如我们在第 2 章所述，数学这门学科对涌现性和自组织做了更深层的探索，我们也会在下文中继续讨论这一点。从个体内部和人际之间出现的叙事能够帮助我们建构起自身生命的意义，这是我们体验自组织性的一种方式。

MIND

哀伤是一种深刻的、建构生存意义的感官沉浸，而意义建构则是我们的叙事心智的驱动力。

教我叙事学的布鲁纳教授曾说，当我们的期待得不到满足时，我们的生命叙事就会出现。丧失就是这样一种对我们期待的违背。哀伤则是心智与这种对期待的违背进行角力的尝试。布鲁纳还曾告诉我们叙事是如何勾勒出行为和意识的轮廓的。在我们的课上，我们曾讨论过这种勾勒如何作用于事件的物理层面，以及事件中角色的精神生活。所有这些叙事，这些讲述故事的过程，都是在以一种由内而外的方式建构我们生命的意义。

当我的意识被失去汤姆的主观体验充满时，我就被一种叙事的驱动力占据了，它不受我的控制，将我内在发生的一切向外表达出来。有时我感到我的叙事不是真的由我写成，而是通过我写成。那个绿皮笔记本成了这种叙事驱动力的储藏库，它为发生在我心智中的、在我之内的和与他人之间的一切建构意义。

我不断地感到这种叙事是借助下面一系列事件的影响将自己写成的，包括在汤姆去世之后，在《从周二到周日》的手稿被拒绝、该书的写作计划从纯个人作品变成意义更广泛的作品之后，以及在一种学术写作的需要产生的时候。通过这种学术写作，我需要以专业的方式将一些科学研究结果告诉读者：父母的教养很重要。我们的关系不仅影响着我们童年期的发展，也影响着我们终身的健康。我之前从未有过这种被书稿带着走、被激情燃烧的体验，这些感受正是上述叙事出现时我体验到的。我感觉我的叙事仿佛是借助我作为媒介把它自己写下来，而非我写下自己的个人体验。我的叙事仿佛属于一个更广阔的现实。

现在想来，这就是布鲁纳所说的“叙事是一种社会过程”吧。虽然我不知道该如何对它详加阐述，但我觉得这就像是说我自己的精神生活是一个更大的过程的一部分，而非仅仅是发生在我身体内部的过程。在我被拒绝了那么多次之后，朋友们问我为什么还要继续时，我只能说我不是在写这本书，而是这本书注定要被我写出来。没错，这个叙事过程和这个故事是我内在的、个人体验的产物。我感到自己被一种驱动力推动，要为那种对预期的违背建构意义，也许还是为人们对一个重要真理的违背建构意义：那些主张“父母无足轻重”的言论导致有需要的孩子得不到资金支持，我认为这是一种对社会责任感的违背。我无法停止自己的写作。我不知道还能用什么其他方式描述这种“故事通过我写就而非被我写出”的感觉。我仿佛成了一种超越了个人的、自私的“小我”的力量的仆人。秉持着生命科学家的天性，我知道这听上去很荒谬，但我的主观感受就是如此。在此刻的反思之下，作为一个浸淫心理治疗的专业工作者、一个受过科学训练的精神科医师，我在有人违背我理性的期待时对正在发生的事情进行陈述是非常重要的。科学和心理学专业工作者群体以及父母和整个公众都需要认识到关系的重要性。这些事实和真相或许在我这副皮囊内部引起了一种感受，即心理健康工作者需要对心智的意义做出建构，这种需要与我对失去汤姆的意义做出建构的需要强度相当。

哪怕出版商要求我将自己分裂为“专业我”和“个体我”，我也没有进行这样的自我分裂。不过，我还是选择将个人和专业两个世界分开了。我的一种叙事驱动力是以科学的方式描述主观体验在依恋关系中的重要性，另一种驱动力则是我留给自己的个人反思。我将两个世界划分开，并化解了二者之间的冲突。

那段丧失与获得的岁月是疯狂的，它伴随着痛苦和激情。我深切地感觉到自己生而为人，并生动地领悟到作为科学家和医生的真谛。我长出了一口气，将个人笔记中的参考文献全部删掉，并以一种科学的方式写完了《心智成长之谜》，这与出版商的期待一致，也许还与学术圈的受众，即潜在读者的期待一致。

不过，我们如何才能把科学和同等真实或许更加真实的、被我们称作主观现实的内容整合起来呢？这种整合会是怎样的呢？我想这就是完成一本书的写作之后在我体内涌现出的叙事驱动力吧。

在我看来，在悲哀出现的时候感到悲哀是一件很好的事。为什么我们不能大大方方地承认这一点，保持开放的心态，就作为个人和专业人士共有的现实做一些交流呢？哪怕是写书给别人看，我们也可以全然地作为人，活在当下，专注于生命，专注于彼此的交流，不是吗？在需要澄清的时候，通过问题、笑话或悖论的形式来利用能量和兴奋，不也是很好的吗？同理，适度冒险，实事求是，伸出手接触他人，也是很好的呀！一本包含主观性的科学作品，尤其是讨论心智的作品，也是可以被接受的，难道不是吗？

我通过种种方式得以认识到，那些年来自己走过的路乃是一条自组织斗争的生活之路。建构心智的意义就是驱动着我前行的力量，我想弄清楚它是什么、如何发展，我们如何彼此帮助、获得健康的心智并一路成长下去。

区分与联系：整合是为了形成健康的心智

心智是多面的，它包含许多过程，如意识及其主观性，以及信息加工。对心智的另一个方面做出定义，将其描述为一种自组织过程，这不仅能为我们深入讨论心智提供一个出发点，也能让我们探讨健康心智的构成要素。

如果我们仅仅停留在通常的定义水平上，将心智活动划分为感受和思维等，我们真的能说清楚健康的心智是什么吗？健康的意识又是什么呢？广义地来说，我们该如何描述“健康的主观生活”呢？如果我们不知道作为信息加工过程的思维和感受究竟是什么，又怎能说清楚思维和感受的“健康形式”是什么呢？

如前所述，自组织或许与意识、思维和感受等都有关联，也许未来我们还会发现它与主观感觉的本质也有关联，但我们也可能发现上述这些东西彼此之间全无关系。无论这些常见于心智定义的要素最终是否能被真正归于自组织，我们至少都能够探讨心智中这个已经被定义的、调控性的部分。心智不是单向度的，对此各位应当已有共识。尽管我们已经看到自组织能无缝连接起内在和外在世界，使二者共同成为心智的起源，但是我们仍然假定它只是心智的诸多方面之一。

至少，将心智的这个方面定义为“一种具身且关系性的、自组织涌现式的、同时对个体内部和人际之间的能量和信息流进行调控的加工过程”，不仅为我们提供了一个可供讨论的工作定义，也有助于我们更进一步讨论健康的心智是什么。如果心智是一个自组织过程，那么理想的自组织从何而来？问出这个问题，就这种心智观进行探索，能够令我们得到对精神生活和心理健康的全新认识。

早在我听说复杂性理论之前，早在我体验失去汤姆的感受之前，在我作为医师受训和执业的那些年里，有一种模式一直困扰着我，如今它已经变得清晰起来。我观察到的现象是这样的：

MIND

> 患者前来求助时要么带着一种刻板的体验，即许多事物都是可预测的、令人厌烦的、了无生气的；要么带着一种混乱的体验，即生活是突然变化的、不可预测的，令人厌烦的情绪、记忆或思维不停入侵。

无论是作为创伤后体验的一部分，还是作为内在的扰动，刻板和混乱都是常见的问题模式。这两种模式似乎“组织”了患者的生活并令他们感到痛苦。我好奇的是这种混乱或刻板究竟来自何处。

在我的临床经验与科学研究合而为一之后，我就一刻不停地思考着这样的问题：心智是什么？健康的心智应该是什么样的？为什么处在不安定、不舒适、不堪重负或运作不良状态下的人都表现出了混乱或刻板的模式，或二者兼具?

当我在“脑的十年”之初邀请 40 名科学家共襄盛举时，我并没有意识到敦促组员就“心智是什么”进行讨论将对定义“健康的心智是什么”产生关键性的推动作用。当我提出的定义，即“心智是一种自组织涌现式的、具身且关系性的、同时对能量和信息流进行调控的加工过程”被组员们接受时，作为一名临床工作者和一名科学家，摆在我面前的问题就变成了这样：理想的自组织是怎样的？混乱和刻板是否也是自组织的一部分？

于是我深入阅读了很多学科的文献，并与数学家和物理学家讨论了复杂性和系统科学，最终我明白了复杂系统并非“理想化”的自组织，它倾向于向两个状态之一发展：或混乱，或刻板。这真是太棒了！

我阅读了精神病学的“圣经”，即美国精神病学会的《精神障碍诊断与统计手册》。我那时查阅的是 1980 年的第三版（*DSM III*）、1987 年的第三版修订版（*DSM III-R*）和 1994 年的第四版（*DSM-IV*）。如今这本书已经有了新的版本，即 2000 年的第四版修订版（*DSM-IV-TR*）和 2013 年的第五版（*DSM-V*）。我要阐述的模式仍见于这些新版本。我发现手册中所有障碍中的每一种症状都可以被重新解读为混乱或刻板的例子。真惊人！例如，罹患双相障碍的患者带有混乱的躁狂和刻板的抑郁。罹患精神分裂症的患者表现出混乱性的幻觉入侵和令人动弹不得的刻板，即被称作妄想的固着的错误信念，以及被归为阴性症状的社会孤立和退缩中带有的情感麻木。经历过未解决的创伤的个体，即罹患创伤后应激障碍的患者，可以被认为既表现出混乱，比如侵入性的躯体感觉、表象、情绪和记忆，又表现出刻板，比如回避、麻木和失忆。

无论来自内部，还是由压倒性的、被称作创伤的外部经历导致，精神障碍带来的痛苦似乎都表现为混乱或刻板，或二者兼具。

我想，如果我们能深入一个人的大脑，以寻找自组织受损的迹象，那么我们会发现些什么呢？我们能在功能的层面上看到这种迹象吗？通过阅读文献、与不同领域的科学家交流并深入反思这些体验，我认为我们可以通过揭示一个核心事实将复杂理论转换成大众可以理解的语言：

MIND

当系统中有两种相互作用的过程同时发生时，理想的自组织就会出现。一种过程是系统对不同的元素进行区分，令这些元素各自独立可见；另一种过程则是系统将不同的元素联系起来。我们可以用一个常用的词来表示这种将区分开的元素联系起来的操作：整合（integration）。

整合使得理想的自组织成为可能，因而一个系统在运作时就表现出灵活性、适应性、一致性（意味着统合为一个整体且有弹性）、能量和稳定性。我们可以用一个首字母缩写词来表述这种“整合一致的流”，即FACES[①]。就像一个合唱团有不同歌手的区分，这些歌手又以和谐的音程一齐演唱一首歌一样，具备 FACES 的整合流能够带来和谐。你应该知晓以和谐的方式聆听或演唱一首歌曲时的感受，那是令人喜悦的。

我想到了一个关于整合的、产生和谐效果的好隐喻：位于中间的水流被两岸束缚着，河岸的一边是混乱，河岸的另一边则是刻板。

健康是否可能涌现自整合呢？或许罹患精神障碍的个体对他们的身体和功能与他们的关系的整合功能受到了损害？无论其精神障碍由内因还是外因导致，我们能否通过调节其大脑的整合功能，使其学会优化自组织以实现“整合一致的流”，从而实现健康的目的呢？虽然我暂时不能回答这些问题，但它们

① 即“灵活性”（flexibility）、“适应性”（adaptability）、“一致性”（coherence）、“能量”（energy）、“稳定性”（stability）5 个英文单词的首字母缩写。——译者注。

的确在我的心智中迫切地等待着答案。

我对自己写作时曾出现的挣扎以及多年来的临床实践做了一些科学反思。循着一条长长的推理链条，我现在得以明确，自组织通过两种相互关联的机制，即区分和联系，以试图实现极大复杂度。使得系统复杂度达到极大的正是将彼此区分开的要素联系在一起的状态，即“整合一致的流”。自组织是复杂系统朝向极大复杂度的驱动力。

很多人不熟悉“极大复杂度”这个术语，他们甚至将其视为不祥之兆。你也许会想，我希望我的生活变得更简单，而非更复杂。但事实是，我们通常希望自己的生活不要太烦冗，这和“不要太复杂”大相径庭。如前所述，复杂性事实上是一种优雅的简单。最优的复杂度会催生和谐的心理感觉和物理现实。它随时间、空间和概率，即从此刻到下一刻的流变化，并伴随着“整合一致的流”。“整合一致的流”在字面意义上体现为合唱团和谐一致的歌唱，它仿佛个体的声音以和谐的音程彼此区分，然后又因齐声歌唱联系在一起。整合带给人的感觉是彼此联系、开放、和谐、涌现、善于接受、高度投入、全然理智、富有激情、充满共情。很明显，我十分偏爱首字母缩写词，因此我在这里也用一个首字母缩写词 COHERENCE[①] 来代表“整合一致的流”带给我们的一致性的感觉，在此我对那些讨厌这种单词记忆工具的人深表歉意。

极大复杂度通过将区分开的要素联系在一起而得以实现。尽管数学家从未以这种方式使用这个通常的概念，我们却可以这样做，这个概念就是整合。整合就是自组织跨越时间创生出整合一致的、和谐的流的方式。

顺便说一句，数学家之所以不这样使用这个术语，是因为“整合”在数学中意味着“加法”，即将所有要素加总形成一个累积在一起的整体。在这里，

① 即 connected, open, harmonious, emergent, receptive, engaged, noetic, compassionate, empathic 这 9 个英文单词的首字母缩写，中译如上文。——译者注。

我们使用“整合”一词表示各个要素保持着它们彼此有别的状态，且在功能上彼此联系在一起。我们所说的整合意味着整体大于部分之和。一个与之有关但不那么特定的概念是协同（synergy），即各个要素彼此联系，它们为了结合成更大的某种因素而做出了各自的贡献。由于不受限制的自组织会天然地涌现出整合，我们可以在心智展现并自组织能量和信息流的时候称其为“涌现式协同”。

整合可能就是健康的基础。如果整合就是自组织创生“整合一致的流”的方式，那么这是否可以作为“健康的心智”的一个工作定义呢？整合是否见于我们的关系性生活中？我们是否能在大脑和身体构成的整体中见到整合？也就是说，彼此区分开的要素构成的整体协同一致，运作良好。

随着新千年的技术进步，后来的研究结果支持了整合是健康的基础这个假设。例如，华盛顿大学圣路易斯分校的马库斯·赖希勒（Marcus Raichle）及其同事在一项研究中发现，在罹患发展中的内因导致的精神障碍，如精神分裂症、双相障碍或孤独症的患者中，大脑中一些彼此应当存在特定关联的重要脑区事实上并未很好地整合在一起。这或许说明患者大脑中的区分或联系，或两者均未能在结构或功能的水平上建立起来。哈佛大学的马丁·泰歇（Martin Teicher）的研究表明，即使是后天经验，比如儿童期虐待或忽视，而非个体内在原因导致的精神障碍，患者受到这种发展性创伤影响的主要区域仍旧是负责在不同脑区之间建立关联的区域，包括负责将彼此分散的记忆脑区联系在一起的海马，将大脑两个半球联系在一起的胼胝体，以及负责将身体上部和下部彼此联系、并与社交世界联系起来的前额叶。

这些后来出现的研究结果都支持我们的基本假设，即整合是健康的基础。回到那个技术手段尚不能令我们窥视大脑内部的时候，我们面对的基本问题是这样的：无论是令人痛苦的外部经验，还是某些内在原因，这些因素导致的精神障碍是否都可以被视为对自组织的破坏？如果理想的自组织，即允许一致性和“整合一致的流”涌现的自组织以整合为基础，那么整合是否就是心理健康的基础呢?

MIND

> **我们的观点是，整合就是健康。健康的心智在个体内部和人际之间创生出整合。**

从我们一开始提出这个观点到现在，已经过去了20多年，迄今为止的很多研究结果支持了我们的观点。因为支持只是一种形式而非证明，所以我们此刻只能说这个假设还在继续被不断出现的、来自各个领域的研究结果支持，包括对大脑的研究和对关系的研究。

这里有一些关于整合的有趣的影响因素。整合既是一个过程，又是一种结构特性：我们既能看到来自不同区域的能量和信息彼此联系起来，也能看到不同部分之间的结构关联。例如，如今我们既能通过计算机脑电图或功能性血流扫描，比如功能性磁共振成像（fMRI）在大脑中看到彼此区分开的部分在功能上的联系。我们也能通过一系列揭示连接组的新技术看到大脑中不同的功能区，它们的数量空前地增加了。人类连接组计划（Human Connectome Project）的一项新研究表明，更具整合性的连接组事实上与积极生活特质有关，而互相连接较少的连接组与消极生活特质有关。不过，在当时，这些先进技术中的一部分还只停留在天才神经科学家的想象中，我们也并无这些激动人心的实证结果来支持我们关于"整合就是健康的基础"的观点。

除了内部的整合，我们也可以研究关系中的整合。我们尊重差异并在此基础上培养富有慈悲心的沟通，并以此建立联系的做法就是一种揭示整合的关系的方式。例如，我们既可以把安全型依恋建构为代表整合的关系的概念，也可以把富有活力的恋爱关系看作一种关系中的整合。

就在我审阅《心智成长之谜》的第二版时，发生了一件让人难以置信的事，那就是已有的研究结果普遍指向了一个可能正确同时也简单得要命的观点，即整合的关系能够刺激大脑中整合的产生。到目前为止，我们能通过已有的研究认识到，大脑中的整合是自我调节的基础，自我调节则是健康和复原力的核心。我们调节情绪、思维、注意、行为和关系的方式取决于在大脑中整合在一起的神经纤维。大脑中的整合令不同的脑区可以相互协调、平衡，也就是被调控。通过这种方式，神经水平的整合成了自我调节的基础；同时，大脑中的整合又是可以被我们关系中的整合塑造的。

为什么会这样呢？我们之后还会对此做更多讨论。能量和信息是在个体内部和人际之间流动的，且整合以这种方式发生在心智之处：既在个体内部，也在人际之间。整合就是优化个体内部和人际之间自组织的方式。

MIND

在复杂系统的内部，自组织有一种将系统中的各个部分彼此联系起来的自发的倾向。这意味着我们天生就有向健康发展的驱动力。

这种趋向整合的驱动力既发生在我们内部，又发生在我们的关系中。让我来帮你回忆一下，产生心智的系统既在个体内部，又在人际之间。这个系统并非在其中的一个或另一个位置，也并非真的同时出现在两个不同的位置；它既在之内，又在之间，它既是一个系统，又是一种流。能量和信息流是不受颅骨或皮肤局限的。我们生活在一个充满能量和信息流的海洋中，它既发生于我们体内，也发生于我们的身体间，以及更广阔的、由其他人和环境组成的世界中。

虽然这个将已经分化出的不同部分联系起来的过程，这个令自组织朝向极大复杂度、优化复杂系统的调控的过程，没有得到数学家的专门命名，但是我们可以简单地称其为“整合”。整合是心智这个复杂系统中的天然驱动力。这就是自组织从复杂系统中涌现出来并调控其所来之处时所“做”的事。也许这就是为什么我感到是这本书“写了”我吧，因为自组织通过为叙事建构意义的方式推动了我的整合。我的哀伤引发了一种混乱和刻板的状态，这表示我未能实现整合。叙事的驱动力通过对我的体验进行意义建构以实现整合，从而将我的生命带回和谐的状态，"我"就涌现自生命这个系统。对作为个人和专业工作者的我来说，整合在同一时刻发生在许多层面上。它既在我的内部发生，也在我与他人的联系中、在我和世界之间发生。

在我第二次去看望汤姆的时候，我的心智在我既没有刻意努力也没有做出决策的情况下，仅凭其自身就开始为我的人生、我与他的关系、他的疾病和将至的死亡赋予意义。这种赋义来自心智中最根本的动力，即整合我们的"之内"和"之间"，整合我们关于过去、现在和未来的感觉。我们现在可以将其视为自组织自发的力量，它希望将我从刻板和混乱的状态中拉出来。根据复杂理论，系统在没有实现最优自组织时就会进入这两种状态。当我处于急性的哀伤时，我的刻板的耗竭状态或混乱的记忆、情感侵入状态表明，我的整合是受损的。

从哀伤中疗愈的过程包含通过自组织的整合对丧失状态所做的转化。当我们处于被淹没或卡顿的状态时，我们就没有将从可能性到确定性的广泛的分布彼此联系起来，而在我们改变、涌现和流动的时候，我们是会这样做的。哀伤令我们不断回到自己与失去的人最初的联系状态中，而他或她已经不复存在于斯，于是我们的涌现便推动我们朝向刻板和混乱。当疗愈过程开始时，我们便开始向着作为健康和疗愈本源的整体性前行。达到整体性意味着将不同的部分彼此联系在一起。因此，疗愈来自整合。

在一个更宏大的尺度上，这种整合的感觉中自有一种整体感。物理学家大卫·博姆（David Bohm）在其经典著作《整体性与内隐秩序》（*Wholeness and the Implicate Order*）中说道："'内隐'（implicit）源于动词'暗指'（to implicate），意即'向内折叠'。因此我们也许会被引向这样一个观点：从某种意义上来说，每一个领域内都包含一个被'折叠'在其内部的完整结构。"他称其为折叠的或"内隐的"秩序。博姆进一步假定："既然整体的内隐秩序存在于任何时刻，它以一种这样的方式存在，即在描述内隐秩序中生长出的整个结构时，都无须着重考虑时间的作用，那么结构的法则就只是一个将内隐性的不同方面与不同程度联系起来的法则。""所谓是者，恒为整体之全部，俱在一起呈现，以一种有序的、分阶段的折叠和展现的方式出现，彼此交缠、相互渗透，遵循空间整体中通行的法则……如果这一过程中的整体情境发生变化，那么就会有全新的显现方式诞生。”正如我们之后将要看到的那样，这种观点令我们得以更深地进入现实层面，虽然这层现实并未被经典物理学窥见，却在过去 100 年间被量子论视角照亮。博姆断言：“相比传统的机械秩序，内隐秩序在宏观上提供了一种对物质的量子属性的更加一致的解释。我们所主张的乃是内隐秩序应当被视为基础。”

世界的整体性和内隐秩序从许多层面上都邀请我们从系统角度思考基本的元素相互作用、产生涌现式的现象的方式，而非让我们认为一个部分与另外一个孤立的部分彼此影响。这种系统的视角并非一开始就易于理解，但从数学的观点来看，整体性的概念能帮助我们发现自组织的涌现性为何仅能通过感知其折叠或内隐的本质加以理解，因为这是复杂系统涌现整体性的一个基础属性。

让我们回到“脑的十年”，那时有许多关于自组织的疑问：我们最终是否能在那些心理健康受损的人的大脑中看到动词或名词形式的整合所遭受的损害？我们是否能在大脑中促成整合，并且在干预前和干预后的评估中对其进行定位？我们是否能用关系引导人们重塑大脑回路以实现整合？我们是否能用心智促进我们关系中和大脑内的整合？

一些初步的研究结果开始表明，这个来自科学推理、临床经验和个人思考的基本观点可能确实得到了实证研究的支持：整合是健康的基础，而整合受损是疾病和障碍的基础。这些来自数学理论和关于记忆、情绪的科学研究结果的初步论述支持了我们提出的观点，即整合受损与幸福的受损有关。不过这些论述只是为我们指出了大致方向的路标。我们还需要更多的研究，尤其是更先进的技术手段，以便验证我们的观点是否成立。

我们将心智定义为具身且关系性的自组织过程，并将健康定义为整合。有了这些定义，我们似乎就能在现实世界中提出一些假设，以便用个人的反思式体验、开放的临床干预和审慎实施的实证研究来验证之。来自精神卫生、神经科学和其他学科的研究者可以对这个“健康心智涌现自个体内部（我们的身体和大脑）和人际之间（我们与他人及这个星球的关系）的整合”的观点进行检验。我们可以通过上述诸多方式了解更多人类现实的本质。这些关于心智和心理健康的定义为我们提供了一个广阔的平台，令我们可以继续探索并体验幸福之道。

邀请你思考：寻找混乱与刻板的源头

请你思考一下刻板或混乱从你的日常经历中产生出来的时刻。也许是你和你的一个朋友起了争执，你感到对方没有听到你说的话，然后强烈的情绪就出现了，这吓了你一跳；也许是你期待的某件事没有发生，你感到浑身不对劲儿，没办法恢复常态；还可能是你的心情就是变糟了，你无法清楚地思考，你的心智无缘无故地发生了改变。这些偏离“整合一致的流”的状态也许是暂时的，它可能持续几秒钟，几分钟，或者几小时。你觉得自己不够灵活、适应性下降、一致性被削弱、精力减退或变得不够稳定。在我们的日常生活中，这样的事时有发生，虽然它会导致上述这种暂时性的、朝向象征性的整合之河的两岸的变化，但我们不会卡在这种变化中太久。虽然我们会经历一段时间的混乱或刻板，但我们不会被束缚在河流之外太久，不会无休止地被卡在外面。这种偏离和谐之流的状况是一时的、短暂的。我们的日常生活中不时充斥着这种状态。

在你生活中的其他一些时刻，你也许会发现自己长时间地卡顿在由爆发的情绪、记忆或行为构成的混乱的洪流中；在另外一些时刻，你可能会遭遇刻板，你感到自己无法从某种重复的思维或行为中逃脱，比如成瘾，或者你感到心神不宁、丧失了生活的乐趣，比如情绪低落、绝望或抑郁。如果这种持续的状态反复发生或持续时间过长，就说明你生命中的某些部分不再是整合的。

MIND

整合能带来“整合一致的流”，整合受损则导致混乱或刻板。

整合能够将分化的各个要素联系起来并构成一个一致的整体。如前所述，整合引出了一个重要的观点，即“整体大于部分之和”。这是你的诸多组成部分的功能的涌现式协同，它既发生在你的身体内部，包括大脑的许多脑区，也发生在你与他人和你生存的更广阔的世界的联系中。当你进入一种整合的流时，你会有一种整体感，你会感到完整、自在、敏锐。因此，整合是和谐体验的来源。

当整合发生的时候，各个要素的独特性并未就此消失。联系并不等同于相加、融合或混合；整合也不意味着同质化。

MIND

整合更像水果沙拉，而不是水果奶昔。

如果缺少区分和联系二者中的一个，那么整合就会受损，你也许就会体验到刻板或混乱。例如，如果你生命中的某些部分之间的差异被忽视了，那么区分就会受损；如果你生命中的不同部分未能自由关联，那么联系就会受损。这些对整合的破坏可能是短暂的，我们在一段时间内可能走向甚至掉进混乱或刻板的状态；这些破坏也可能会长期持续，于是混乱和刻板便成为我们生命中的常态。它们频繁发生，经久不散。找到这些整合受损的部分是回归健康的第一步。下一步则是加强区分或联系，视哪一部分受损而定。

当整合受损在我的生命中出现时，我发现思考这样一个问题是很好的出发点：“在我生命中的此时此刻，导致这种刻板或混乱的源头是什么？”我们至少有 9 个整合的领域可供探索，因而可以列一个清单，以便审视一下自己的生活中发生了什么，然后再考虑如何从整合受损的状态回归整合未受损的幸福状态。

我想用一个简短的例子说明一种简单的干预方法。当与我关系密切的继父尼尔·韦尔奇（Neil Welch）去世后，我的心中充满哀伤。当我开始意义建构的过程时，我只是让悲伤和丧失充满我的觉知。在接下来的几个月里，耗竭和沉重的感受来了又去。在他去世一年之后，我感到轻松了许多，并变得更有活力了。但某天早晨我醒来时了又想到了他，我感觉相当沉重。到底发生了什么？我决定运用一种简单的整合技术。我思考了所有我可能感受到的情绪状态，包括丧失觉察，然后试图为情绪命名，以便驯服它们。我一边说着这些词，一边双臂交叉、轮番轻拍我的两个肩膀。我尽可能覆盖了自己能想到的会在此刻出现的情绪，而且为了尽可能完整，我还以字母表顺序将其呈现。我从以“A”开头的消极情绪开始：愤怒、冷漠、预期焦虑。然后是带有一些积极色彩的情绪：敬畏、感激、依恋。如此进行下去。尽管我没想出以“Z”开头的情绪，但我还是努力想了想。我就这样把不同的情绪状态区分开，再把它们有意识地联系起来，同时伴随着具身的拍打。到最后，我真切地体会到了喜悦。那一天我过得很好。

你也可以试试这种做法。无论作为理念还是作为应用的手段，整合这个概念最令人惊异之处在于其相当简单直接。混乱或刻板表明整合遇到了困难。每个人的区分和联系都可能受损，我们要做的就是重建整合。在回归整合时，你会感到具有一致性的“整合一致的流”涌现出来。你不妨尝试一下这种做法，来看看自己会体验到什么吧！

从“脑的十年”至今，很多整合的领域已经从我自己的临床实践中涌现出来。在个人领域，我与失去汤姆的痛苦作战；在科学领域，我与我的 40 人心智研究小组争论；在临床领域，我力图解决“如何将这些涌现性的、关于心智和心理健康的观点与我的患者结合起来”的难题；在教育领域，作为加州大学洛杉矶分校临床训练项目的负责人，我努力教给儿童和青少年精神病学项目的受训者一种全新的方法，以便他们能够评估和治疗自己的患者。此刻回过头去想，我看到了一连串的斗争。当遭受痛苦的人们来找我的时候，他们普遍表现出的模式似乎除了混乱就是刻板，如何才能帮助他们呢？有了这种“具身且关系性的自组织过程”的全新心智观，我得以将健康的心智构想为理想的自组织。如何才能实现它？那就是促进整合。在何处实现它？我的答案是在个体内部和人际之间。

作为一名教育工作者和临床工作者，我是否能启迪人们重构其大脑、身体和关系，以便实现整合？如果父母和孩子之间的依恋关系能促成大脑中神经纤维的整合生长，那么心理治疗师和来访者或患者之间的治疗关系是否能滋养这种在我们看来构成疗愈核心的整合性成长呢？

带着这些对心智的看法，我开始帮助前来寻求心理治疗的人们。我的工作始于评估他们的混乱和刻板，而非仅仅将其归入一种可能构成限制的诊断分类。然后我会试图评估这种整合受损可能存在于他们生活中的哪个部分或领域。一旦这种评估能够发现整合受损的本质，我们就能聚焦于这些需要区分和联系的领域来进行特定的治疗和干预。在“脑的十年”中令我感到震惊的是，无论之前是不是我的来访者，那些在之前的心理治疗中未发生改变的人，在我用了上述新的工作方式之后都有所改善，他们不仅变得更健康，即更具灵活性、适应性、一致性和稳定性，也更有能量了。这种符合整合一致的转变是聚焦于活力和幸福的。我们可以把心理健康看作从整合中涌现出一致性：彼此联系、开放、和谐、涌现、善于接受、高度投入、全然理智、富有激情、充满共情。传统的治疗目标仅仅是为了消除症状，它没有“朝向”，只是“逃离”；如今这种以整合为目标的视角却为我们提供了一个有关健康的工作定义，它值得我们努力以达成这个目的。

有了这些心智中涌现出的领域，基于个体在每个生活领域如何区分或联系而为其提供特定的治疗手段就成为可能。在区分不足的情况下，我们就需要通过治疗区分并发展该领域中尚未妥当成型的部分；在联系不足的情况下，我们就需要专注于通过创造性的方式在特定领域中已经分化的部分之间建立联系和合作。治疗干预因而成了一种刻意的、策略性的工作，它旨在培养有助于促进幸福的整合的涌现式协同。

以这种整合视角作为框架，我就能与个体、夫妻或家庭协作，我会设法评估他们当前混乱或刻板的状态，辨别需要工作的领域，并着手促进整合。这种视角的一个优点在于其基于健康。我们总是在实现整合的路上前进，这条路永无止境。以这种方式，我们在一条终生探索和发现的道路上找到了普遍的人性。

MIND

整合是一个方向而非目标。这种基于健康的视角对人们做了赋权，令他们能找到自己内在的方向。我试图教授给人们的技术是能够持续一生的，它们能够为人们带来幸福。整合就是赋权。

在我们探索这些领域之时，我邀请你思考如何将它们联系到你自己的生活经历中去。你可能会不止一次地反思那些混乱和刻板主宰你生命的时刻。在那些时刻，你个人内部或人际之间的精神生活中有哪些部分未经区分且之后未被联系呢？在反思这些时刻时，你是否能感觉到当时在你生命中可能有些未被整合的东西呢？仅仅对混乱和刻板的源头有所体会也是一个很好的出发点，我们可以从这里出发，探索整合在日常生活中发挥的作用。就像我上面介绍过的那种有觉察地整合情绪状态的例子那样，有些干预手段非常简单；其他一些干预手段则可能更精细，它们需要我们采取更多步骤、花费更多时间。

将现实概念化并将其划分为不同部分的方式有很多。在综合了我的来访者所面临的议题、我的同行陈述的议题，以及我个人经历过的议题后，我将它们划分为 9 个领域。你可能会觉得分成 9 类太多，你更喜欢将整合视为一个覆盖范围甚广的整体；又或者你觉得应该分成 28 类。那都是你的选择。在过去的 20 年中，我只不过用了一种有用且涵盖面较广的方法罢了。

有一点要注意，任何时候我们谈到一个整合的领域时，我们都可以先思考在生活的这个方面哪些东西可以被区分出来。然后，一旦我们在概念上清楚地做了区分，我们就可以继续询问这样一个问题："我们该如何将这部分生活中的这些要素彼此联系起来呢？"要通过区分和联系来完成，也就是整合。虽然要做到这一点并非总是轻而易举，但它本身却非常简单。将分化的要素联系起来，和谐就随之而来；阻碍这种整合，混乱或刻板就接踵而至。那么我们就来看看这 9 个领域，看看它们在你的生活中是怎样呈现的吧！

1. 意识整合

意识整合（integration of consciousness）即我们在意识中将“觉知的内容”（known）和“觉知的动作”（knowing）分开，之后随着我们聚焦于“内容”的不同成分，我们又将二者系统地区分并加以联系。这些不同成分包括前五种感觉[①]，我们内在的“第六感”，即内感觉，我们关于自己内在的思维、感受和表象等心理活动的“第七感”，以及我们关系性的“第八感”，即对我们与他人和我们生存的世界的关系的感觉。虽然描述意识是很难的，更遑论定义意识了，但将它理解为我们觉知的方式也许是最有效的做法。我们对“觉知的动作”和“觉知的内容”都有主观体验。以这种方式，我们可以在意识中区分出对“觉知的动作”和“觉知的内容”甚至觉知者的感觉，我们之后在探讨“觉知环”的时候会深入讨论这些感觉的细节。觉知环是一个帮助整合意识的直观产物，它实际上是我办公室里的一张桌子，我在“脑的十年”期间设计了它。它的中央是透明玻璃，配备着厚木板做成的桌边，并以桌腿呈现出辐条的效果。来访者可以围着桌子观看，以此作为对心智的一种实体化隐喻（见图 3-1）。

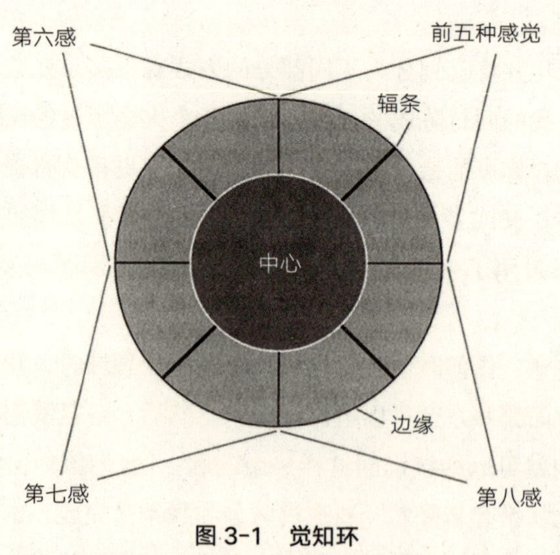

图 3-1 觉知环

① 按作者的理论，前五种感觉分别为触觉、味觉、嗅觉、视觉和听觉。参见本书随后的“觉知环”模型。——译者注

在你的生活中，如果你发现自己“迷失在边缘”，即感受、思维或记忆占据了你对自己的觉知，令你失去了来自中心的更广阔的视野，你的意识整合可能就会失衡。当整合受损出现时，混乱或刻板的感受、思维或记忆可能就会主导你的体验。在这种情况下，意识整合的训练或许有助于你回归生活的幸福和平和。

2. 左右半球整合

左右半球整合（bilateral integration）即我们将大脑的左右半球彼此区分并联系起来的方式。尽管大脑两个半球在相同的加工过程中都有某些相同的神经活动，但是两者的差异导致了加工过程中不同模式的存在。我们之后会详细讨论这些差异，不过在这里我要说，左半球的逻辑、言语、线性和字面的加工模式与右半球更加情景化、非言语、受身体影响、更情绪导向的加工模式是有明显差别的。尊重这两种加工模式，并将其联系在一起，就能实现左右半球整合。胼胝体是连接大脑两个半球的主要途径。虽然研究表明，发展性创伤会影响这一整合区域的生长，但是，研究者也发现正念冥想能刺激这一区域的生长。

审视我们一分为二的大脑和彼此分化的信息加工模式的方式有很多，不过最简洁的方式是这样的：右半球的模式充满特定的能量和信息流，这种流基于情境和身体感觉，以一种特定的方式被感知，这种流传递出关于眼神接触、面部表情、声音、手势、体态及反应的时间和强度的非言语信号，并为这些信号赋予意义。与此相反，左半球对因果关系的逻辑式搜索和对言语的运用会以截然不同的方式影响你的体验。虽然左右两个半球都很重要，它们都发挥着神经系统的功能，但两者都是独特的。你也许会发现两种“加工模式”之一在你生活中占据主导地位，或在某些特定时刻如此。例如，某些人应对压力的方式是令左脑模式占据主导，他们将自己和难以忍受的情绪或身体状态远远隔开。这种应对压力时的“左倾”或许会被体验为刻板。另一些人的做法可能刚好相反，他们让自己被不受调控的、右半球占主导的感觉组成的混乱淹没，以此作为应对问题的方式。整合这两种模式需要尊重它们的差异，并促进二者的联系。

3. 垂直整合

垂直整合（vertical integration）即我们与自己的身体建立联系，以允许内在的感觉流动起来，并自下而上进入由大脑皮层控制的觉察中。在科学上我们将这种内感觉，即感知身体内部的能力称为第六感。基于躯体的疗法和正念训练会用到内感觉，它是垂直整合的一种重要形式。

你也许会注意到，如果你像很多人那样，在学校的经历会强化你“用脑子活着”的做法，那么你就会很少让自己沉浸于躯体感觉中。垂直整合就是要邀请你允许来自身体的信号，比如来自心脏和肠道的感受进入你的精神世界，进入你的意识，而且你要将其视为身体智慧的重要源泉。也许你在自己无法调控身体信号的时候会感到极为混乱；也许你切断了来自身体的感觉，于是陷入了刻板状态。与之相反，实现垂直整合的状态意味着对身体的智慧保持开放，接收这些重要的内感觉信号，却不被它们淹没。

4. 记忆整合

记忆整合（memory integration）即我们接收内隐记忆的不同元素，比如感知、情绪、躯体感觉、行为计划、心智模式和引导，并将其联系在一起形成外显的事实性记忆或自传体式记忆。对内隐记忆的编码始于生命早期并贯穿终生。外显记忆的编码通常在一周岁之后出现，它允许我们将内隐的要素整合为更大块的记忆拼图，然后我们就可以看到关于生活经历的更大的图景。海马是记忆整合的重要区域，我们成长过程中受到的创伤会损害海马的生长。总体而言，创伤可能会损害整合功能。虽然创伤不会破坏躯体感觉和情绪的内隐编码，但会使其无法被整合。其结果可能是在丧失现实感的情况下产生对上述感觉或情绪的侵入性回忆，即感觉不到这是对过去某事的回忆，这表现为一种随波逐流的混乱形式。即使这只是一些内隐记忆，这种混乱也会令人相当困扰，仿佛某些事件此时正在发生。通过将这些内隐记忆整合为外显记忆，可以令我们将这些回忆识别为自己过去经历的事件，这可能是整合的重要部分，它对处理创伤至关重要。

你是否曾经被某种难以理解的情绪或行为反应占据？在某些时刻，这种未经整合的内隐记忆被激活后可能令人感到困惑，甚至陷入痛苦；在另外一些时刻，这种被激活的记忆会切断你与新经历的联系，令你陷入封闭。将这些状态识别为潜在的、未经整合的内隐记忆可以释放你的注意，令你得以聚焦于这些记忆的激活，从而使你可以不被其影响。写日记是一个很好的出发点，无论你的内在体验的来源可能为何，你都可以通过开放的心智对它们做出反思。

5. 叙事整合

叙事整合（narrative integration）即我们通过将关于生活的记忆中的不同要素组织起来，以便为生活赋予意义，并在之后通过这些反思提取意义。如我们已经看到的那样，叙事可能是一种内在的整合过程，它会利用其他领域的整合，比如记忆整合、意识整合、垂直整合，甚至左右半球整合，即将左半球旨在寻求事物因果关联的逻辑线性叙事序列的驱动力与右半球占据主导地位的自传体记忆结合起来。叙事会利用我们自我中的许多内容以实施意义建构过程。

你或许会发现你有一个关于“我是谁”的确定的故事，虽然它让你感到熟悉和舒适，但这或许也会限制你的发展潜力。如果你开始反思你自幼以来走过的路，你也许就会发现你的生命叙事并没有太多变化。写日记同样有助于探索你对自我同一性的叙事感结构的认同。你或许会为浮现出来的东西大吃一惊。让你的叙事接受新的输入吧！哪怕这种输入来自对你自己的思考的反思，它也会极大地助力你心智的解放。如果我们有勇气从熟悉且可预测的内容中跳出来，那么我们就可以通过许多方式获取新的生命叙事。

6. 状态整合

状态整合（state integration）与心智的多种状态有关，我们每个人都有这些状态，它们是经过区分的存在方式，随后还可以彼此联系，以构成在时间中连续但非同质的自我感，在一个给定的心智状态内或在多个心智状态中创造出心智的一致性。这里的“状态”即多种功能结合在一起形成存在方式的途径。状态可以包含叙事、记忆、情绪和行为模式。如果这些东西一再出现并塑造了我们的同一性，那么我们就可以称其为自我状态。

例如，你的自我中可能有反复出现的、喜欢社交的一面，同时，“另一个你”却享受独处的时光。这两种状态都定义了你。在选择与人共处或是独处的时候，你是如何处理这两种状态之间的冲突的呢？状态整合表明，我们可以通过承认这两个不同的方面，或者说我们异质性的自我内部的不同成分[①]，来尊重它们各自的差异并促进彼此的联系。另外，我们也可以在一个给定的状态内实现整合。例如，作为成人，你可以允许一个如孩子般活泼好动的部分持续存在并发展完善。状态整合赋予了你一种权力，令你能够在体验的许多层面上觉察正在发生的事，接受存在的不同方式，从而促进自己的内在沟通。同时，你还可以因此习得一种外在的行事流程，从而更好地以富有慈悲心的方式尊重你各部分那些不同的、经过分化的需求。

7. 人际整合

人际整合（interpersonal integration）即我们在关系中尊重彼此并维持彼此的差异，同时通过礼貌、善意和富有慈悲心的沟通促进彼此的联系。我们有许多种不同的关系，从密切的一对一关系到从属于家庭、学校、社会、文化等更大群组的关系。无论我们沟通的维度为何，整合促进幸福这一原则似乎都是适用的，这不仅可以作为构想健康关系的方式，也可以作为有效地培养健康关系的方式。

当你思考自己现有的关系时，你如何理解这一基本的整合过程，即尊重彼此的差异，并促进富有慈悲心的连接？回溯到你的童年，你的关系在那时是怎样的，它是否有助于以一种整合的方式与他人相处？尝试体会他人的内在世界并尊重他人的主观体验，这能让我们在亲密的人际关系中实现整合；尊重种

① “异质性”意即我们的“自我”并非铁板一块，其内部有不同的成分，各种成分彼此有别，就好像住在我们内心里的不同的小矮人，也可以是小动物或其他人格化形象那样，它们加在一起构成完整的“自我”。——译者注

族、性别、性取向、学习方式、经济地位和教育经历等方面的差异，这能让我们在社会和更广阔的文化层面上促成整合，并提升整体幸福感。

8. 时间整合

时间整合（temporal integration）即我们如何看待生命的存在性议题。这些议题既来自我们的心智，也来自以大脑皮层为中介的对时间的感觉：面对不确定性时对确定性的渴望；面对短暂的现实时对永恒的追求；面对死亡时对延长生命的向往。我们对时间的体验或许来自对变化的觉知。我们具备一种可以将这些变化以概念化的方式呈现为过去、现在和未来的能力。当我们把这种能力作为存在的基础时，我们就可以想象作为人类如何面对这个根本的挑战：我们在明知生命短暂的情况下，要如何获取内心的平静，并找到生活的目的？

这些有关存在的议题此刻对你产生了怎样的影响？它们在你年少时曾经对你产生过怎样的影响？我们如何应对这个基本的议题，即在这个脆弱的、快速发展的星球上做一个清醒的、有觉察的人？这或许是你在时间整合的过程中要面对的挑战，而你从青春期开始就已经面临这种挑战了。做人是不容易的，找到一条路来接纳这些相反力量的冲突，包括既渴望确定性又接纳不确定性，既追求永恒又接纳短暂，既向往延长生命又接纳死亡，是整合的关键。反思这些问题可以帮助你实现整合，你需要掌控并尊重人类存在中的这些冲突，理解这样做的重要性，并学着从中获取力量。

9. 同一性整合

最后还有一种整合，我们可以称其为“蒸腾式的”（transpirational）[①] 的整合，也可以称其为同一性整合（identity integration）。这种整合涌现自我们“跨越”其他 8 个整合领域的呼吸，由此涌现出一种更宏大的、关于我们在自己的生命中和整个世界中“是谁”的感受。同一性整合有这样一种含义，即我们既

① transpiration 本意为植物的蒸腾作用，作者在这里应当是借此表达全人类同呼吸、共命运的感觉，进而表述个人与群体的某种关系。——译者注

有作为个体存在的内部一面，也有作为人际存在的外部一面。这就是“在个体内部”和“在人际之间”。在个体内部和人际之间、在个人层面上和人际层面上尊重个体的独特性，这是同一性整合的出发点。

你是否能在自己的生命中既感觉到一个私人化的我，又感觉到一个相互连接的我们？如果我们在自己的生活中只发展出上述二者中的一个，我们的生活也许就会充满混乱或刻板。当你反思自己的同一性在最近一段时间里作为“我”和“我们”是如何展开的时候，你是否能感觉到心智中有一块空间可用于创造新的、整合的同一性，即将一个经过区分的“我”联系到一个独特的“我们”，从而构成一个“在我们中的我”？

随着这个“在我们中的我”不断参与我们的讨论，这9个整合领域或许能作为一个有用的参考框架，从而帮助我们思考具身且关系性的心智影响终身幸福的诸多方式。这9个领域还可以通过许多方式在实践层面上提示我们能量和信息流如何在幸福状态下以一种整合的方式运作，或者如何在不幸福的状态下以非整合的方式运作。

此刻，我回想起了很久以前的那段日子，我意识到在我处于哀伤状态时，自己的每一个整合领域都受到了挑战。伴随着丧失，我们有些时候会迷失在觉知环的边缘，我们充满了属于“觉知的内容”的表象、情绪和记忆，并且与位于中央的更加灵活的、宽阔的“觉知的动作”隔离开来。当我们的右脑模式被自传体记忆占据，且习惯于外部聚焦的左脑同时徒劳无功地尝试与逝者建立联系的时候，我们的左右大脑半球就都对解决问题无能为力了，因为它们丧失了彼此之间的联系和协调。在垂直整合中，身体感觉，即来自内脏的感觉和来自心脏内部神经系统的信号构成的洪流令我们感到胃部痉挛、心痛如绞。失去依恋的对象后，我们的大脑皮层意识到丧失的现实，于是与亲密关系有关的边缘系统变得不安宁了。其他的所有整合领域，包括记忆、叙事、状态和关系整合的领域，也都无法包容随后会联系在一起的区分的状态。于是，我们体验到了侵入性记忆。我们对哀伤对象的叙事中的“过去—现在—未来”的整合出现了错误。我们的一些内部状态不再是整合良好的，这些状态能够为我们的依恋对象或“自体客体”（self-object），即那些定义我们是谁的人提供基础。我们的人际连接也受到了破坏。就我们有关生与死、短暂与不确定的时间议题而言，面对丧失就意味着对我们生命中这些最深层的存在性议题提出挑战。在同一性整合的层面上，我发现当汤姆活着的时候，我关于“自己是谁”的感觉是完整的；当汤姆患病、面临死亡的时候，我的自我感变得支离破碎了。即使我们每年只联系几次，他的死还是在一定程度上改变了我的自我感。我仿佛变成了另外一个人。

急性的哀伤中充满了混乱和刻板。为了整合和促进区分或联系的需要而设法识别出那些整合受损的领域，这或许对处理哀伤至关重要。当新千年即将到来时，我尝试着修通自己的哀伤，接受学术出版界的现实，处理发生在我们的社群和诊所里的事，并且将所有这些关于“自组织和整合等于健康”的理念整合在一起，使之变成能在某种程度上发挥作用的产物。我试图尽我所能地在自己的生活中开辟一条通向整合之路。

在“脑的十年”的最后几年里，我全身心地投入这项事业，在丧失和失联的感觉之上努力，在被拒绝和无望感之上努力。同时，我设法表达了一些对真相的感觉，我觉得这种真相存在于上述一切事物的相互关联中，包括科学和主观体验、大脑和我们的关系。与同行会面，与患者工作，反思我的个人生活经历，写作，上述每一件事都令我沉浸其中，如今它们已经交织在一起，形成了一种坚实的感觉，这令我感到真实。我感觉到我们的内在主观生活既不能与关于心智的科学研究彼此割裂开，也不能与为那些在心理障碍中经历混乱和刻板的患者所提供的干预彼此割裂开。

MIND

除非某些事物阻止了整合，破坏了区分或联系，否则我们无须刻意创造整合。关键在于我们不能让阻止区分或联系的力量破坏趋向整合的内在的驱动力。

整合既发生于我们内部，又发生在我们的关系中。有时候，这仅仅意味着“给你自己让路”，以便让整合自然而然地发生，而不是“做些什么来使整合发生”。不过有时候，我们确实需要识别阻止整合的力量，并有意地将其消除、释放、移走。有时候，我们需要刻意做出一些区分，随后“让整合发生”就仅仅意味着让自组织自身的驱动力在字面意义上涌现。整合就是一个复杂系统中那些与生俱来的、自组织涌现性的、将区分开的部分联系起来的方式。通过这种方式，整合，即和谐、健康、复原力可以被视为我们生命的天然驱动力。这些整合领域及其所依赖的自组织性表明，我们的精神生活和幸福既可以来源于个体内部，也可以来源于人际之间。

如果我们思考我们此刻在旅途中身处何处，那么或许我们值得在此时依赖一个奇怪的观点，即整合是健康的基础，这听上去很疯狂。别说是你，就算是我第一次听到这个观点，也会觉得它很唐突。如果整合是健康、复原力和幸福的基础，甚至是创造力和人际连接的基础，那么整合就可以通过许许多多的方式展现其自身。因而这既不是一种建议你“活得快乐些”的做法，也不是一种关于如何去爱、如何去和其他人相处的精确的操作方法，它实际上是为我们提供一种自组织和整合的立场，以供我们在探索心智的过程中时时借鉴和参考。

自组织做到这一切既不需要指挥也不需要程序，它是复杂系统的一个本质特征。如果我们能看到心智的一个方面就是能量和信息流组成的自组织过程，它既发生在个体内部，又发生于人际之间，那么我们的心智的目的自然而然地就是整合。我们可以通过相互支持以解放这种天然的驱动力，以便实现整合性自组织。这是否可以成为我们生命的一个目的，一种初步的、审慎的建议，一种我们可以带着开放的心智在前行过程中思考的可能性？这是一个建议而非最终结论。在所有这些独特的模式和展开的互动之下，在这个世界上促成更多的整合，也许是我今生今世活着的一个重要理由。

如果我们为这种个体的赋权体验再加上一个焦点，专门着眼于我们与地球母亲，即我们共同的家园的关系，那么我们就可以思考一下，以某种方式将健康视为我们活着的核心理由，这种做法或许既有助于为我们的个体生活带来意义感和目的感，又有助于促进我们生活的世界的整体幸福感。整合引起整合。整合令我们的生命充满温暖和友爱。对自己、他人和世界的善意和慈悲，就是大写的整合。

MIND

A Journey to the Heart of Being Human

第 4 章

谁是不可或缺的心智要素

通往关系的主观性

现在，我们的旅程来到了世纪之交，即新千年的开始。我们已经探索了关于精神生活的两个重要概念：一是“具身且关系性的自组织”；二是“作为健康的基础，整合既是自组织的天然驱动力，又是对能量和信息流进行的优化”。在我们走进新千年，探索那段时间涌现出的事物之前，我们要先回到 20 世纪 70 年代末和 20 世纪 80 年代初，看看我们的心智之旅中有哪些内容源于那段岁月。就让我们从 1980 年的新年庆典开始吧！

1980—1985 年：适应一个“丧失心智”的医学界

那是 1980 年的元旦。当时还不到 23 岁的我正在医学院读二年级，我打算再过一阵儿就退学。虽然我曾以为从医很有意义，但我自己在医学院的第一年却特别没意思，此刻我颇有一种与初衷渐行渐远的意味。恰逢寒假，一位高中时的朋友邀请我回洛杉矶参加一个聚会，我们一帮十七八岁时就认识的朋友聚在一起，听着音乐一边享受家庭美食，一边闲谈。我在这座城市长大，在这里度过了童年和青少年的时光，接着又在这里读大学。于我而言，待在这座城市就像待在家里。在这次聚会中，我认识了一位名叫维多利亚的年轻女士，我们一见如故。我们不仅聆听了彼此的故事，也谈论了各自在做什么，还试图描述自己是怎样的人。我们不仅谈论了彼此生活中有意义的事，还聊到了推动自己前行的价值观。这一番讨论和相处激起了我体内的一种鲜活的感觉，这种感觉在之前的一年中、在新英格兰冰冷的冬日里仿佛一度消失殆尽。那一刻我感到活在当下、重归自我，我的心智仿佛完全觉醒了，我浑身充满了力量。我和维多利亚边走边聊，我们穿过清晨仍在沉睡的城市。维多利亚一边在加州大学洛杉矶分校学舞蹈一边教人跳芭蕾舞，我对这一点十分着迷。这让我回想起了自己高中时对舞蹈的热爱，在大学参加交际舞社团的经历，以及在医学院为年度文艺演出编舞的场景。这些经历在我的校园生活中鲜活而真实，它们把我和他人强烈地联系在了一起。然而，在医学院学习的过程中，我体内的另外一些东西却发生了变化：我感到仿佛找不到自己了，某些东西仿佛快要在寒冬中冻死了。

1980 年年初的寒假结束后，我回到波士顿继续自己的学业。第二学年的课程是“临床医学导论”，其中包含更多的临床工作。我刚进入一年级时曾经渴望的那种临床经历来得并不尽如人意。我最初接待的患者中有一位罹患严重肺病的年轻女士，我坐在她旁边就能感到她有多么悲伤，她因为要面对接二连三的治疗的折磨而满脸绝望。当我向我的临床督导（一名主治医师）报告患者的既往史时，我描述了患者的情绪状态，说着说着我就哽咽了。我的临床督导是一名儿科医生，她认为我“过于情绪化”，于是要求我专注于患者的症状而非他们的故事。我告诉她我尽力了。临床督导看着我，脸上写满了怀疑和不屑。一个电话打断了我们的会谈，我不知道接下来自己该说些什么。当她接完电话把注意力转回我身上的时候，我开始解释我的祖母刚刚去世，因此我非常难过，那简直是……然后电话又响了，我坐在那儿，想着接下来该怎么办。她回来后坚持认为我应该表现得更专业一些，于是我就走开了。

接下来的一周，我重新开始下午的医院轮岗。我见到了一位和我年龄相仿的患者，他说自己得了一种罕见的骨溶解症，身体变得像一块海绵。虽然他希望成为一名医生，但他无法想象自己在罹患这种疾病的情况下要怎样去读医学院。他感到既无助又恐惧。我试着不去想自己是一个他“永远也成为不了”的医学院的学生。我做了笔记，查阅了他的实验室数据，对他的病史做了小结，并阅读了有关这种疾病的资料，然后又一次走进了我的临床督导的办公室。我极度冷静且有条不紊地向她汇报了这个病例，这次我只专注于事实，通篇只有临床细节。我感到自己的心死了，与躯体感觉丧失了联系，对胸中的感受麻木不仁，与那个年轻的患者远远隔开了。临床督导笑着对我说：“做得非常好。”我记得我看着她的时候充满了怀疑。虽然她教会了我如何适应环境，如何切断自己的心智和患者的心智的联系，如何与自己的人性保持距离，但我认为，如果我变得像她一样就意味着我失败了。这似乎是个吊诡难解的困局：要么适应环境而自觉失败，要么另辟蹊径但被判定为不合格。我打心底里感到恐惧，便再也不愿去见她了。

在我结束医学院第一学年的学习后，我受雇成为汤姆的助手。这位儿科医生后来成了我的引路人。在被情绪上的困惑弄得筋疲力尽之后，他的工作简报听得我精神为之一振。他希望有学生去伯克希尔从事一份暑假工作，即在他的指导下帮助贫困家庭获得医疗和社会支援。能和汤姆一起度过这个暑假令我十分兴奋，我想看看自己能否重新获得最初对医学抱有的热情。后来我意识到，汤姆那时候大概也很兴奋，因为他是和妻子一起开车到当地的公交车站来接我的。我们在那个假期里建立了密切的工作关系。我在汤姆的办公室里观察他如何工作，并走访了田野乡间的家庭，这些家庭每逢入冬就只能藏在自己的家里，由于没有医疗和社会方面的支援，不敢出门。正如我在上一章所言，我和汤姆的关系不只是"密切"，我们简直就像是父子。汤姆教给我的最重要的东西之一就是他的那句老话："照顾患者的方式就是对他们表示关心。"汤姆是个十分有感染力的人，他对年轻时背过的诗句信手拈来，他的眼神中带着一点儿小调皮，他还有极强的幽默感。无论是在家还是在工作时，汤姆总能从一项任务快速地跳到下一项，比如从烤馅饼跳到搬柴火。我们有时一聊就能聊上几个小时，有时就在他的花园里默默地劳作。他总是很善良。就算我不小心"修剪"了他的三角梅，将其当作杂草连根除掉，他也只是长叹一口气，然后对我说："丹尼尔，意外时有发生，下次注意点儿吧。"当我在秋天离开伯克希尔返回波士顿的时候，我希望自己能把汤姆教的东西记一辈子。

1979 年秋天，我回到波士顿开始第二学年的学习。这时我们离开学校教室，转而进入医院学习临床知识。随着时间的推移和"临床医学导论"课程的展开，我很高兴能进入一种更加以患者为中心的工作状态中。我同时也很喜欢课堂里的学术气氛，毕竟，作为一名科学爱好者尤其是生物学爱好者，我十分热衷于了解更多关于人体的知识。但我一个二十出头的小伙子，还处在青春期的顶峰阶段，大脑还在经历当时还不为人知的结构重塑，因此我觉得当时的自己还没有开始学习"如何活"。

MIND

绝大多数我已经学到的东西都是关于人“怎样死”：死亡有各种方式，有外因也有内因，比如死于疾病，死于与其他人失去联系，甚至死于与我们自己的内在生活失去联系。

死于疾病和死于与其他人失去联系，这两种情况无处不在。1980 年春天，在医学院二年级快结束时，我见到了一名非裔美国男青年患者。他的兄弟在几年前死于镰状细胞贫血症。我们发现这位患者的抑郁、绝望和无助感部分来自他自己的信念，即镰状细胞特质可能会导致自己死亡。我花了两个小时与他讨论病症的意义。我聆听了他的故事，并从他的用词表达、腔调和体态中读取了他的言外之意。虽然话语是重要的，但是它们在讲述“我们是谁”的故事时只传递了其中一部分信息，一个人的非言语信息同其故事文本一样表达着生活情境中的意义。我既试图帮助这名患者意识到，在医学进步后，他的状况有望得到改善；我也试图帮助他意识到，镰状细胞特质本身并不致命，这和夺去他兄弟生命的镰状细胞贫血症是不同的。很显然，从未有过谁这样耐心与他交流，我不仅对他的恐惧感同身受，还用医学知识和人际沟通技巧澄清了他的困惑。他说和我谈完后感觉好多了。我觉得，如果这是医生该有的样子，那么我读医学院的决定就是正确的。

1980 年，在我的第二学年将要结束时，正值欣欣向荣的春天就要到来之际，我终于等到了和其他二年级学生一起加入主治医师团队的日子。组内的其他人都在报告病人的既往史、症状、检查结果、实验室数据回顾和病例综述……这是我们在一年级时学到的做法。每个人的讨论都聚焦于患病的器官，我们中的绝大多数人处在医学人的社会化的过程中，除了在病房中，我们也会在休息室里讨论同样的内容。一些同侪会这样讲话：“我今天看到了一个很棒的肝脏！”或者：“真是个不错的肾！”他们并不是在说笑。他们构建认知时似乎围绕着疾病和器官，而非人和他们的生命。在这里，心智很快就消失得无影无踪了，它已经被一种对物理结构和躯体功能的关注取代了。这些医者虽然关注到了客观的、可观察的、物理性的躯体的真实性，却将主观心智的真实性忽略、无视了，只是因为主观心智既不像甲状腺或肝脏那样看得见摸得着，也不像心脏或大脑那样可以被扫描。对我来说，即使是春天灿烂的阳光也无法驱散那些日子里的黑暗。

此刻我终于明白，患者究竟经历了怎样的去人格化的医学人的社会化过程。对于患者而言，也许还包括医生和医学生自己，与其跟心智体验中的痛苦和折磨打交道，不如测量体液，这着实要简单许多，且在情绪上更安全。去人格化在这里意味着从医学的焦点里移除心智。人类的心智虽然能看到物理世界，却对心智视而不见。在这个过程中我们究竟失去了什么？无论是患者还是医生，人的核心在物理世界的光芒中都消失殆尽了。这才只是我们学医的第二年呐！

一天下午，作为组会上最后一个作报告的人，我开始介绍那位有镰状细胞特质的青年的病历。我谈到了患者的恐惧和绝望感、他与他兄弟及其他家人的关系、他所处的发展阶段，以及疾病对他生命的意义。我的老师要我留了下来。我想他也许会问我，是如何学会要像这样聚焦于获知患者疾病的意义的，以及我是如何与患者进行沟通的。虽然医学院的教育并不遵循这种方式，但这是我认为医学应有的样子。此外，我还一厢情愿地觉得，将意义和心智带回医学领域的做法能得到承认和尊重。

“丹尼尔，”临床督导开口了，“你是想做一名精神科医生吗？”我回答“不”，并告诉他我只是一名二年级医学生，还没想好要专门从事哪一科。我当时真正想过要做的只有儿科医生。“丹尼尔，”他把脑袋歪向一旁，“你父亲是精神科医生吗？”我一边回答“不是”，一边想到我那智力超群、身为机械工程师的父亲。不仅他不是精神科医生，我认识的人里也没有精神科医生。事实上除了汤姆，我根本不认识其他医生。“好吧，询问病人的感受、他们的关系和他们的故事，这不是医生应该做的事。如果你想这么干，那么就去做社工吧！”

那天下午，我查阅了附近学校的社会工作专业的资料以及心理学的专业项目，我想，从医学院转学未见得是个坏主意。到了二年级的最后一个月，即使寒冬已过春天已至，我还是感到如坠冰窖。从前每逢周三，我都会参加坎布里奇的学生和社区居民们在河畔组织的名为“自由舞蹈”的活动。在活动中，大家伴随音乐即兴起舞，既有人自己跳，也有人和舞伴跳，还有人成群结队地跳，大家都情绪激昂、手舞足蹈，展示着来自世界各地的舞步。跳舞的乐趣从我生活中消失了，沿着芬威公园大道散步的乐趣也从我生活中消失了。我变得麻木了。我在洗澡时甚至无法感觉到沿自己身体而下的水流。

插一句题外话。多年后我才得知，米奇·阿尔博姆（Mitch Albom）那本著名的《相约星期二》（*Tuesdays with Morrie*）的主人公莫利（Morrie）也曾在“自由舞蹈”活动中跳过舞，一张他在我们的大厅里跳舞的照片就印在那本书的封面上。我在汤姆去世后完成的回忆录名为《从周二到周日》，这似乎是一个奇妙的巧合：两本书的主题都是作者自己的导师面临的死亡。

如果说身体就像一口充满真相的智慧之井，那么我的井在当时就干涸了。虽然我不仅忘掉了舞步，也丢尽了意义感，还失去了对未来的全部希望。但我逻辑性的头脑却觉得“一切还不错”。虽然我的成绩很好，我在医学院的课程进展也很顺利，但我的心却空空荡荡的。我的心智中充满了冲突和困惑。我到底该听从自己逻辑性的头脑，还是情绪和躯体感受，即我的直觉性的智慧之井呢？

到了1980年的春末，在我第二学年的第二学期结束时，我参加了“临床医学导论”这门课程的期末考试。我的患者是一位白发苍苍的年迈绅士。“你好啊，医生。”他一边和我说着话，一边颤颤巍巍地走进屋子，然后他轻手轻脚地坐在了椅子上。当我问他在这个美好的春日感觉如何的时候，他告诉我他那天早晨试图自杀。我在预防自杀危机求助热线所受的训练一下子全都派上了用场。在那个能俯瞰南加利福尼亚大学（USC）校园主过道的小阁楼里，我曾学到过这样的东西：帮助处在危机中的个体保存希望的关键是让自己深入对方的内在体验，并聚焦于对方的感受、思维和生命叙事。如第1章所述，我们称这种做法为“审视”心智，即聚焦于感觉、表象、感受和思维，这些内容在任何时候都是我们内在体验的基础，它们既是构成“我们是谁”的核心，也是赋予我们意义之物，还是内在的主观现实。

因此我“审视”了那个人的心智，并和他一起探索了究竟是什么将他置于一种试图结束自己生命的危机状态。很快，我的注意力被临床督导吸引过去了，他在我肩膀上拍了一下，脑袋贴在我的耳朵上方，就像发牢骚一样，以充满恼怒的耳语对我发号施令：“只做生理检查就行了！”于是我做了生理检查。也就是在检查台上，我第一次目睹了癫痫的大发作。我的督导看起来丝毫不感到惊讶，在癫痫平息下来之前，他只是扶着患者，不让他摔到地上。然后他对我说：“把检查做完就行了。”当我完成操作后，我问督导能否把患者送去精神科诊室，他同意了。当然，把我的督导一起送去也说不定是必要的。

“那些醉鬼就是如此，他们会经历癫痫发作，并尝试自杀。你不应该花这么多时间跟他谈他自己的生活经历和感受的。不过你的生理检查总算做得不错，所以你的考试通过了。”

如我后来在《第七感》一书中谈到的那样，我那年轻的、想要在医学世界里找到某种意义的心灵被上述经历彻底判了死刑：医学界似乎对心智视而不见，他们根本不在乎意义。我感到既恐惧又困惑。我的身体变得麻木。我注定要成为像这位督导一样的人吗？我到底在治什么病呢？难道就没有哪个医学领域是聚焦于我们的内在世界的吗？难道医学就必须要忽视人心吗？我感到理想破灭了，自我彻底迷失了。

虽然我的逻辑性头脑继续告诉我，我正在读医学院，我正在读哈佛大学，我一定能从那些知名教授那里学到东西，我会学会融入圈子，并走上医者的正途。但逻辑无法告诉我为什么我会体验到麻木；逻辑也无法解释我不断觉察到的那种生理上丧失联系的感觉，或是我渴望跳上一列火车逃走的表象，或是我绝望的感受，或是我那种“这一切都是大错特错”的思维。如果我那时能清晰地“审视”自己的心智，那么我就会意识到某种深层的、令我困扰且迷失的东西正在浮现。

我把那些感觉、表象、感受、思维以及一些高年级学长友善的敦促统统纳入考虑范围，做了一番激烈且痛苦的思想斗争，然后做出了退学的决定。这甚至用不着思考，真的。我的决定是自己跳出来的，我丝毫没有对此感到困惑。

表面上，我其实格外困惑。经过一番思考，我觉得我不能再这么疯下去了。我去见院长的时候，她建议我不要退学，而是休学一段时间。我告诉她我实在不想重返这么一个让人变成非人的地方。她说：“你怎么知道一年以后自己想要的是什么呢？”我停了下来，看着她的眼睛，告诉她我确实不想再回来。“但是，”她温和地重复自己的观点，“你怎么知道你之后会想要做什么呢？”她是对的。我当时确实迷失了方向，根本不知道自己当下该做什么，更遑论一年以后了。因此我接受了她的意见，即我并不知道未来会发生些什么。这一点我很确信。

“很好，”院长说，“那么，你现在需要写一份说明材料，告诉我们你要做什么样的研究。”我问她“研究”是什么意思。“因为我们是一个科研机构，所以你只有在做研究项目的情况下才可以申请休学。”我呆了半晌儿，心想，还不如就退学算了。但我最终决定休学。看着她温暖而赞许的目光，我要过一张白纸和一支笔，然后写下了我的一句话说明。我还记得我写在纸上的那句话：“我要申请休学一年，以研究我是一个怎样的人。”

她看了看我写的话，笑着说：“写得好。”

我在休学期间尝试了许多不同的东西。我开始上芭蕾舞课和现代爵士舞课。我接触了舞蹈编导的训练。我启程前往加拿大，乘坐列车穿越秋天的落基山脉，一路西行直到温哥华岛。我有生以来第一次允许自己不被他人的计划限定，第一次让意义从自己内心涌现，而非被来自外部世界的期待管束。如前所述，我曾在大学里研究过鱼类的生物化学机制，我对三文鱼能从淡水迁徙到咸水而不死的机制深感着迷。它们是怎么做到这一点的？在大学的实验室里，我们发现了一种或许能够解释三文鱼的生存机制的酶。允许三文鱼生存和适应的酶，以及我们在预防自杀危机求助热线学到的、能够防止危机个体自杀的移情式沟通，二者之间或许存在某种关联。

MIND

> **我想，我们的生理世界和心理世界或许能以某种方式共存，二者或许都源自某种相同的本质。**

然而在那个时候，我还不知道该如何清晰地表述这些问题。虽然表面上看我踏上旅途是为了寻找太平洋的三文鱼，但其实我是想找到我自己。

那段时间涌现出的诸多发现之一始于一个既无法预测又没有提前筹划的巧合。我回到洛杉矶时，正赶上维多利亚在她的后院举办野餐，在那儿我遇到了她的一位邻居，此人正在教授一门课程，所用的教材是贝蒂·爱德华兹（Betty Edwards）刚刚出版的一本书，叫作《用右脑绘画》（*Drawing on the Right Side of the Brain*）。这本书的写作是基于她对心理学家罗杰·斯佩里（Roger Sperry）的“裂脑人研究”的访问，在那之后不久，斯佩里就荣膺诺贝尔奖。裂脑人研究揭示了大脑左右两半球的不同加工过程。尽管今天的技术发展令我们得以看到大脑两半球之间的很多共性，但这项研究整体上还是令人信服地证明了大脑两半球之间的区别。虽然这项研究放在今天会引起争议，但是彼时我的体验却是极为清晰的：爱德华兹的训练方法令我得以把自己浸入一种全新的世界观里。我不再仅仅分析、归类、命名、组织事物，而是开始在一个新的世界中看到它们的细节和冲突，这个世界在先前并非我觉察到的经验的一部分。我不再把世界分解为各种组分，而是开始以一种伴随着清晰和生命力的整体观看待它。我仿佛换了一双全新的眼睛看待整个世界。另外，时间仿佛也变得不同了：在我沉浸于观察和绘画时，两小时不知不觉就过去了，而我却根本没感觉到时间的流逝。以这种方式进行感受不仅意味着弱化了时间感，它还令我感到与周围的世界重新联系在了一起。

那时，维多利亚正和她的朋友们在加州大学洛杉矶分校拍摄关于艺术表演的影片，我很快也参与其中，并负责用麦克风收音。手拿麦克风杆的时候，我觉得自己能听到的声音细节更丰富了。虽然这种感觉直到现在都难以言喻，但在我直接的、个人的体验中，有些东西确实发生了深刻的变化。我感到自己更有活力了、与世界联系更紧密了，我仿佛成了一个以全新的形式活在这世上的人，我变得更有深度了。我结识了来自诸多领域的新朋友，从舞蹈家到诗人，我的生活也变得丰盈起来。

有了这些体验生活的新方式后，我感受到了某种清晰，这足以让我思考下一阶段的教育该是什么样子的。我该把我的能量、时间和生命聚焦于何处呢？虽然我热爱舞蹈，且身为拍摄舞蹈和其他表演的剧组中的一分子，但我很快意识到，我最为之着迷的其实是内在体验，外在的舞蹈形式并不能引起我多大的兴趣。意识到这一点之后，我很清楚如果我选择舞蹈作为职业，那么无论是做舞者还是做编舞师，我都很可能饿死。在休学的这段时间里，我也顺便照顾了我的祖父，并陪伴他在洛杉矶度过了生命中的最后几个月。我开始感到躁动不安，我已经准备好开启人生的新篇章了。

从我大学时在预防自杀危机求助热线的经历到我在医学院的挣扎，我所经历的这一切看上去都关系到我们的内在世界和我们的心智。在休学的那一年里，我造了一个新词“第七感”，我将其用于描述我们看待心智的方式，以及我们觉察和对待自己或他人心智的方式。无论漫漫长路将把我带向何方，我都需要某种持久的清晰感、某种强有力的观点、某种语言符号，来作为一种可供依赖的信息，以便在这一路上保护自己。我决定重返医学院。如果我再一次陷入医学人的社会化过程，第七感这个概念将会保护我免遭吞噬。

MIND

第七感由三种能力组成，它们分别是形成洞察的能力、形成共情的能力，以及形成整合的能力。

每个人大概都具备第七感的潜能，只是每个人的能力发展水平不尽相同罢了。这里的洞察意味着觉察个体的内在精神世界；共情意味着感知他人的内在世界；我们在前面谈到过整合，它意味着将区分开的要素联系在一起以形成一致的整体。对心智来说，整合意味着善意和慈悲：我们尊重彼此的脆弱之处，并帮助他人应对其遭遇。第七感的三个要素是如何一同起作用的呢？通过洞察，我们对自己保持善意和慈悲；通过共情，我们以尊重和关心的态度看待他人的心智。这就是第七感涵盖洞察、共情和整合三要素的方式。第七感是一个既深刻又具支持性的概念，它给予我重返医学院并面对医学人的社会化过程的勇气，而且带着一种全新的力量及承诺。

我需要知道我们是谁、我们是怎么变成这样的，并确信心智是真实存在的。在我一路走来，尤其是在这段没有外部结构塑造、没有他人计划和期待的时间里，在这段我被允许接触自己自由涌现出的心智的时间里，有一件事变得非常明确，即心智的主观现实是真实存在的，这件事千真万确。通过洞察，我们能够一窥自己的内在精神世界；通过共情，我们能够一窥他人的内在世界；通过整合，我们能够带着慈悲和善意，在尊重的前提下将彼此联系在一起。即使当代医学的文化价值或老师们的看法构成的外部世界仿佛把内在世界当作虚幻的、不真实的或不存在的，第七感的概念还是能令我牢记一件事，即我们可以在用肉眼看到物理世界之余，用另一种不同的眼睛看到心智的世界。我们可以有不同的感觉和不同的眼光，而第七感就是一种理念和能力，它能够帮助我们看到自己和他人的心智本身。多亏了第七感，我才能在面对医学人的社会化过程时保存自己“正常的”一面，而大部分人的做法就是认为心智并不存在。即使医学界丧失了其心智，第七感还是能帮助我在未来若干年的医学训练中保全关于心智的现实。

健康和疗愈中的第七感

几十年后的研究结果将会表明，即使医生对短期就诊的患者，哪怕只是因感冒就诊的患者的内在主观体验表示关注，这种做法也有助于引起一种具有疗愈作用的人际互动。在这种互动中，患者的免疫应答会变得更强，其感冒病程可缩短一天。仅仅做出表示共情的行为，即我们可以称之为“对他人的内在主观体验表现出第七感”的做法，就可以直接影响我们的生理机能。

研究将会表明，教给医生关于心智的知识和用心智化的觉察训练调节其情绪的技能，这种做法有助于帮助医生保持共情并降低工作倦怠的风险。研究还将表明，共情是可以被教给医学院的学生的，而且这将有助于他们成为更好的助人者。

然而，当我还在医学院的时候，我听到的是重复不变的腔调：共情，也就是站在他人的角度理解他人的感受、思维、记忆和意义的做法，并不适用于临床医学工作。我被反复告知，共情不仅对医学生来说是错误的、是训练过程中的歧途，而且对患者来说也是一种次优的治疗手段。虽然现在我们对此已经有了更科学的、更好的了解，我们的“新”发现验证了关于“好的治疗”的传统智慧，但现代医学的社会化体制在追赶这些“新”发现时仍嫌太慢，这些“新”发现认为照顾患者的方式就是对他们表示关心。我们正是通过第七感体验并传达这种关心的。

上述研究结果的一个重要意义在于我们应当支持这样一种看法：主观现实不仅仅是真实存在的，而且是非常重要的。

这是为什么呢？为什么聚焦于一个人的主观的、不可测的、无法从外部直接观察的内在现实对幸福来说如此重要？我们需要探索的内容是，一个人将注意集中于另一个人的内在主观体验的做法为什么对健康和促进健康的关系而言很重要，以及这种做法是通过何种方式起效的？

为什么聚焦于主观的、内在的现实很重要？对这个简单的问题存在一个简单的回答：当我们感觉到他人的内在世界时，我们可以将一个人和另一个人真正地区分开，然后，在试图了解其主观体验时，我们就彼此联系在了一起。因此我提出这样一个观点：

MIND

> 聚焦于主观性是促进人际整合的通途。当我们注意、尊重并分享主观体验时，两个不同的存在或两个个体之间就建立起了联系，构成了一个彼此关联的系统。

通过调谐到主观体验来建立联系，这种做法会导致整合。而整合就是我们优化自组织的方式。然后，当我们在共享的焦点注意中尊重主观性的时候，我们会因此感觉更好、想得更清楚，我们的躯体功能也会得到改善。

用数学的语言来说就是，当两个人共享其内在的主观体验时，相比于两个人毫无感情地交谈或一个人忽略另一个人的内在状况的情况，这两个人组成的系统的复杂性上升了。我们可以用数学上的复杂度极大化来描述复杂系统自组织的内在驱动力。用一种更容易理解的方式来说就是，一个人对另一个人的共情开启了人际整合的大门，而这能催生出一种和谐的状态。这就是为什么洞察、共情、善意和慈悲这么有力量，因为它们与整合同时出现，而且是理想化自组织的成分。

主观体验不仅是真实存在的，它还是人际间进行连接以及与他人进行整合的门户。正因为如此，我想对你说，一段关系中的共情既能提升免疫系统的机能，也能加深你的幸福感。当你的主观体验被看到、被尊重，且你能收到关于这种共情的信号时，就像两个区分开又联系在一起的个体那样，你和另一个人就会建立起连接。这种人际整合既会提高你的整合水平，也会带给你良好的感觉，还会带给你其他好处。用复杂性科学的术语来说就是，你们在一起实现的整合水平高于各自单独所能实现的水平。这就是整体大于部分之和的观点。正因为如此，主观性就显得极其重要。关注他人的主观生活会促进整合，从而增进和谐与健康。

在之后的章节中，我们会始终从第七感的角度看待心智在我们调谐后的关系中的工作机制。我们很快就会谈到，当第七感允许一个人的内在状态与另一个人的内在状态保持一致时，这种联系就可能对这两个互相连接的个体组成的系统产生深远影响。共情式的调谐使得两个区分开的个体被连接在一起。这种共情式的联系就是整合的一种形式。

为了了解这种联系的积极效果，我们可以像之前一样，站在科学的角度将心智看作一个宏大系统中的一部分：这个系统不仅延伸到了颅腔之外，也延伸到了皮肤之外。因为将彼此的心智联系起来的做法可以改造我们的身体，所以我们可以在与他人的联系中获得成长和疗愈。很显然，人际联系并非只在我们以物理的方式握手时发生，它也发生于我们调谐自己的内在主观体验来与他人建立联系之时。

MIND

这种内在主观体验是很难用肉眼看到的，我们必须用第七感来感知它。第七感是社交和情绪智力的内在机制。知晓他人的心智是内在幸福和人际幸福的基础。我们是在调谐和共情的前提下通过沟通联系在一起的。

在这种联系中，被连接在一起的实质性成分究竟是什么？如果作用于分子结构、改变其形状和功能的东西是酶，那么在情感沟通中连接在一起的又是什么呢？

对上述问题的一个回答是能量和信息流。如果我们能意识到能量和信息流是如何在个体内部和人际之间出现的，那么我们就能通过整合来理解幸福：将个体内部和人际之间的区分开的要素联系起来，就会产生幸福。同时，当我们考虑到主观体验时，我们也能意识到这就是由能量和信息流涌现出的特质。我们在前面谈到过这一点。

站在哲学和科学的立场上，我们将其称为“系统”。这在某种程度上是一种一元论的主张，而非一种将心智和身体分隔开的二元论。斯佩里在写于 1980 年的一篇文章《心智主义，而非二元主义》（*Mentalism, Yes; Dualism, No.*）中有如下论述：

> 根据我们当前的“心智－大脑”理论，一元论必须将主观心智成分看作因果实存。这与物理主义或唯物主义不同，它们很明显是心智主义的反面，其传统是将心智现象从因果建构中排除。我称自己为一名“心智主义者”，这意味着我坚持认为主观的心智现象是原发的、有力的因果实存。作为被体验到的主观性，这种心智现象不同于其生理化学成分，它既不局限于它们，也不能被还原为它们。与此同时，我将这种立场及作为其基础的“心智－大脑”理论定义为一元论的，并以其作为反驳二元论的有力武器。

斯佩里在下文中继续探讨了这种对主观性的重要之处的论述是如何建立在坚实的生物学观点之上的。这种生物学观点完全可以为医学领域所接受：

> 一旦从神经事件中产生，更高水平的心智模式和程序就拥有了自身的主观性质和进程，其运转和互动遵循其自有的因果律和法则，这些法则既不同于神经生理学法则，也不能被还原为神经生理学法则……正如生理学超出了细胞、分子、原子和亚原子范畴那样，心智实体也超出了生理学的范畴。

我们可以把这种“主观心智生活源自神经活动并能影响神经活动”的观点与我们的立场，即“主观性在我们的内在生活和人际世界中都是原发的”联系起来。一旦我们采纳了这一建议，即主观体验和自组织都是由能量流涌现出的特质，那么我们就能在主观性，即原发的心智体验和整合，即心智的原发的自组织的流之间建立连接。让我们转向一个已经存在的科学领域：积极心理学，它或许能为我们提供一些相关的实证研究结果。以整合的视角看待积极心理学领域时，我们可以得出这样的观点：

MIND

> 积极的情绪，比如快乐、热爱、敬畏和幸福可以被视为提高了整合水平，它们因而让人感觉良好；消极的情绪，比如愤怒、悲哀、恐惧、厌恶和羞耻可以被视为降低了整合水平，它们因而让人感觉糟糕。当这些消极情绪的持续时间增加、程度变强烈时，我们的整合水平就会在较长的时间里处于较低水平，我们就倾向于进入刻板或混乱状态。

上述观点的基础源于我在作品中阐述过的发端于 20 世纪 90 年代的基本主张。我们可以把情绪视为整合中发生的改变。当整合水平发生变化时，我们就感受到了情绪。如果整合水平提高，那么我们就会体验到积极的情绪，并感觉良好。积极的情绪具有建设性，它们提升了我们的整合水平。如果整合水平下降，那么我们就会体验到消极的情绪，并感觉糟糕。这些负面情绪可能具有破坏性。通常，在遭受威胁时，我们会切断与他人和自己的连接。

我现在很想知道，医学人的社会化过程是否会令年轻的医学生甚至他们的主治医师无法感受到他人的痛苦。他们也许都无法感受到自己的无助。在缺乏合适的训练和支持的情况下，我们可以理解他们为何采用以生存为导向的适应方针，简单粗暴地封闭自我，以避免有意识地体验到自己内在的绝望。尽管最终对谁都没有好处，这种自我封闭的策略却是一种可以理解的、绝望的、通常无意识的做法。这些个体只是为了让自己活下去，以避免被汹涌的负面感受压垮。所幸，有了第七感的相关技术，如慈悲和共情，有了社交方面的训练，有了心智化的觉察和自我了解，这样年轻的医生们就可以为与他人建立善意且富有慈悲心的连接做好准备。患者和医生都能从这种训练中受益。

我们接下来将会讨论沟通，即共享能量和信息如何能令两个区分开的个体联系起来，从而成为一个整合的整体。我们所谈的内容或许关系到如何及为何对他人的主观体验进行共情，即运用第七感感知他人的内在生活，能够促进健康。如果整合就是幸福的内在机制，那么尊重彼此的主观体验就将导致人际整合的发生并有利于健康。第七感能够促进整合。我们不仅可以将医学领域中的第七感看作促进健康和疗愈的至关重要的工具，也可以在日常生活中运用第七感。

邀请你思考：主观性的核心地位

你还记得能从淡水环境迁徙到咸水环境的三文鱼吗？在你自己的生命中，你生活的世界是如何环绕、影响甚至塑造你，并将你送去一个方向，从而从前方无尽的可能性中为你开辟出一条特定的路径的呢？这种在所谓的“社会场域”（social field）中的沉浸可以影响你的心智的作用方式，甚至是在未经你觉察的情况下。一些人或许会将社会场域视为心智所源自的情境的一部分；另一些人则会认为是环境塑造了个体。我们可以说社会场域是塑造了个体内在海洋的外在海洋。第七感允许我们看到这种心智的海洋，是内在的海洋和外在的海洋共同将我们塑造为现在的模样。

我们在很大程度上是社会性动物。如果我们之前从未意识到外在环境从早期就开始持续影响着我们的内在体验，那么在这个现实面前忽然觉醒就可能会对我们造成强烈的冲击：环绕我们的、外在的心智海洋塑造了我们内在的心智海洋。

MIND

因此，我们不能仅仅将社会场域看作塑造我们精神生活的模具，而应将其看作心智的一种本质源起。

我们的存在是由内因和外因共同塑造的。如果我们之前从未对精神生活的这种起源抱有觉察，那么意识到上述现实有时候就可能令人感到大吃一惊。我们或许经常想当然地以为自己能拥有自己的心智，或者至少想过要拥有它们，并想当然地认为我们是掌控者、是自己的生命之船的舰长。如果我们仅仅认为心智源于身体里的大脑，或者仅仅将心智延伸到由躯体定义的自我内部，那么我们就可以实现那种“掌控”或“拥有”的目标。站在这个立场上来说，心智是从身体内部的某个地方发源的，它源自我的大脑，源自那个被我称为“我”的、被皮肤包裹的躯体内部。但更完整的现实或许是这样的：至少在一开始，我们的心智和它对自我的感觉不仅涌现于我们的内在生活，也涌现于我们的主体间生活。这对某些人来说或许是个令人沮丧或令人恐惧的事实。

如果我们精神生活的外在要素，即存在于我们的躯体自我和环绕着我们的、更大的“社会－物理”世界中的能量和信息流，会导致种种阻止整合的情况出现，那么，保全自我感甚至让自己不至于发疯的关键也许就在于，找到一条路径将我们从这种外在的限制中解放出来。对我来说，我在医学世界里经历的情况就是如此。如果没有某种长远的目光，那么我就会单纯地尽力适应那种训练。当我拉开距离，以一些心理空间和第七感这样的言语符号支撑我的体验，即认为“心智是真实存在的”的时候，我就能重新回到医学界，并坚守住我那些不见于外在社会场域的内在价值。

那种能帮助我们将自身从塑造我们甚至有时可能束缚我们的人际要素中解脱出来的力量究竟是什么？我最近在罗马尼亚讲课时看到了墙上的一张海报，它传达着这样的观点：让自己适应一个有问题的世界显然不是心理健康的标志。一句被认为源自克里希那穆提（Jiddu Krishnamurti）的话也表达了相似的观点：“在一个明显病态的社会中适应良好，这不能代表你很健康。”我认为这话说得对极了。那么，我们如何能从这种不健康的、在此时此刻塑造着我们的外部力量中脱身呢？

MIND

> 根据我们已经建构起的框架，当混乱或刻板开始主导我们的体验时，我们能意识到这意味着整合受损。无论外在社会环境的指针会将我们引向何处，如果我们有了“整合等于健康”的观念，如果我们明白了每个生命都有获得幸福的权力，那么我们就应当将整合视为真正的罗盘。

你是否曾经身处一种社会环境，其中的社会互动和群体行为显得很不健康？你此刻在外在的心智海洋中看到的非整合成分中是否包含了混乱或刻板？你在专业工作或个人生活中如何应对这种失调的状况？即使你改变体制的尝试失败了，或者你根本无力改变它，在混乱的风暴或刻板的沙漠中拥有一个内在的罗盘仍然很有帮助。如果无法促成改变，那么有时候我们就需要离开这个世界，之后再带着一种全新的清晰感回来，并引导其往更加整合的方向稍微改变一点儿。

你有没有面对过内在感受和外在现实之间的冲突呢？你当时或现在是如何解决这种冲突的呢？你是如何将价值观置于你内在的罗盘中，并利用这种内在的导向帮助你区分有意义和无意义的事的呢？

作为复杂系统，我们都受到诸多内在条件和外在条件的制约，它们都影响着我们的涌现。我们认为心智至少部分地体现为由能量和信息流涌现出的特质。也许觉察及其主观性也是由能量和信息流涌现出的特质。按照其定义，从能量流中以符号的形式涌现出的信息加工过程显然也是上述流的一部分。心智同时也是在个体内部和人际之间的流的自组织产物，它既是具身的，也是关系性的。基于这个假设，我们就能认识到理想化的自组织是如何产生的，即我们将区分开的要素联系在一起，以便创造出整合一致的灵活性，以及和谐。

第七感令我们能够反思生活中那些内在和外在的要素，正是这些要素令我们得以做出区分和联系。第七感就是洞察、共情和整合。哪怕我们面临着内在或外在心智海洋中的各种内在和外在的影响，它们也能帮助我们选择前行的方向。有了这种来自第七感的反思，我们就能有意识地调整我们的航向，而非毫无觉察地随波逐流。

在医学院时，我给了自己时间来远离那些别人要我做的事，这种举动是我在其他一般情况下不会做的。只有当我面临痛苦的体验时，即一切事情都进展不利，我感觉糟糕且陷入麻木时，我才能最终做出那样的决定。我当时还不懂得此刻我认识到的观点，即医学界那时对主观世界，即患者的、学生的或我的内在体验缺乏尊重的做法体现出一种刻板的状态。医学丧失了其心智，我则一度迷失了自己的方向。

外在世界如何塑造了我们？也许没有逻辑性的语言能回答这个问题，只有一种失联或不满的内在感觉展现着其自身，展现的方式则是梦境、表象和潜意识的愿望，即我们想要摆脱我们希望压抑或忽略的事情，直到它们自行消失在意识之下，不再打扰我们为止。它们从意识世界的消失并不意味着它们造成的骚动就此终止了，它们也许只是暂时从我们清醒的头脑中销声匿迹了。它们仍旧蛰伏于我们的无意识中，伺机以更直接的方式展现自身。信息加工并不需要意识参与就能对我们产生影响，而心智的疆界更远超意识之所及。

一个新的议题由此出现：虽然主观体验是心智的一部分，我们可以把这种生活的主观结构体验为觉察的一部分，但心智同时也可以是在觉察之外的，也就是没有主观特质的，是这样吗？如果我们将主观性或主观体验定义为生活的主观结构或诸如此类的概念，我们难道不需要通过觉察就可以体验到主观特质吗？我们能在意识之外拥有主观性吗？如果不能，那么我们就可以自然而然地认为主观体验不同于觉察之外的信息加工，信息加工已经通过一系列广泛的实证研究为我们所认识。这意味着意义之类的体验甚至可以在我们没有觉察的情况下发生。

对某些人来说，就像意识到心智部分来自不受个人掌控的社会场域那样，认识到我们的意识体验之外的东西能对我们产生强大的影响，这件事也是令人恐惧的，因为这些东西显然不受我们的掌控。因此，无论这种影响来自内部的无意识因素，还是外部的社会因素，对那些热衷于处于掌控地位的人来说，接受无意识心智和社会心智的存在都意味着危险。这些内在和外在的心理现实意味着我们不是自己的主宰，我们不能全然掌控一切。心智自身可能有其思想存在。一些人或许在十几岁时就第一次认识到了这一点。

我们在青春期时通常会有机会思考一下自己的人生。我们开始意识到，我们面前的世界不见得就是我们渴望见到的那样。对许多人来说，当他们从童年和成年之间的、以寻求新奇事物和创造性探索为标志的青春期离开，并承担起随后生活中的责任时，他们就将那种躁动不安抛在脑后了，他们将其归咎为一种不成熟或青春期叛逆，并将其从自己的生活中彻底驱除了出去。在《由内而外的教养》一书中，我为青少年或任何曾经年轻过的成年人提供了一种途径，以用于探索这些人生关键阶段的重大挑战和机会。在将这些理念教授给青少年时，有一点令我感到特别欣慰，那就是他们在思考这些关于"心智由谁参与"和"心智是什么"之类的深刻议题时，表现出了高度的开放性。

在我们寻找自己活在世上的方向并适应他人的期待时，这种涌现出的情绪闪现或这种生命中的激情并不必然要被生活的责任感压抑下去。作为成年人，意识到这一点也是有益的。青春期的"精髓"（ESSENCE）意味着"情绪闪现""社会参与""寻求新奇"和"创造性探索"[①]。因为青春期是大脑发育和重塑的时期，所以青春期的"精髓"也是我们作为成年人得以保持大脑终生良性成长的"精髓"。这种大脑重塑会一直持续到 25 岁或接近 30 岁。

从你的生活中挤出一点时间吧！你可以在一天中用几分钟或几小时独处，你既可以利用周末的空闲时间，也可以在平时某天多休息一会儿。请你给自己一个机会，反思此刻你在何处，以及你的心智以何种方式渴望澄清、渴望一种全新的生活。我的反思是在 20 岁出头时作为一个学医的年轻人做出的。当然，无论在任何年纪，花这样的时间重新思考自己的生命轨迹都是非常重要的。我们的生命里总有那么一处强有力的、向内反思的空间，就像我们从来自他人和自己的期待造成的压力中挤出时间给自己一样，我们也需要把时间留给它。我们需要找到一种新的方式与自己的生命相处。

正如我们从这一连串医学院的故事中看到的那样，有时候，"醒来"并非

① 原文为 emotional spark, social engagement, novelty-seeking, and creative exploration。作者取每个英文单词的首字母构成"精髓"（ESSENCE）一词。——译者注

基于逻辑推理的决定。有时候，对清晰感的渴望可能来自我们身体智慧中涌现出的困惑，可能来自我们内心或内脏的感觉，可能来自我们自发涌现的表象或感受，还可能来自那些看起来或许不理智的、被直接忽略掉的想法。

MIND

> **将注意转向这些非理性的信号，并探索它们可能的含义，也许将是你所能做的最理性、最重要的决定。**

这并不意味着你要变得刚愎自用，这只是意味着你要对自我质疑和自我探索保持开放。也许这种自我质疑就是你青春期旅途中至关重要的一部分。我们的青春期充满了各种冲突：一方面我们渴望归属，另一方面我们又想找到属于自己的道路。我们如何能既适应环境、成为某团体的一分子，同时又在某种程度上是个自主的个体呢？我们既想融入集体，又想脱颖而出。当我们在家庭和朋友之上的、更大的世界中找到出路时，我们就得到了一个机会，即超越他人的期待，并弄清楚我们自己是谁。为了了解自己，我们可以有意识将注意转向我们的感受，转向我们的内在主观生活。若不能深入我们的内在世界和我们的内在海洋，我们就无法发展出内在的罗盘，从而无法借助它找到自己的道路。

尊重我们的主观体验是拥有整合生活的关键。哪怕这些主观体验无法被其他人觉察，它们也是真实的。从这个意义上来说，主观体验并非可被他人客观观察到的东西，因此我们才用主观一词来描述这些体验：它们只能被主体理解。有这样一种经典的观点：哪怕你看到了红色，我也看到了红色，我们还是无从确定你体验颜色的方式和我是否一致，因此知觉以及其他心理活动最终都是主观的。

我们可以将这一章整个看作一种邀请：邀请你意识到自己拥有的选择，为自己的生活创设一个心理空间，在这个空间中尊重自己的主观性，孕育个人成长和表达的自由，并尊重那些塑造了你的内在世界和主体间世界。我们不该在我们的主观精神生活这个核心事实面前装睡下去。

13 世纪的神秘主义诗人鲁米（Rumi）在他的诗作《早晨的微风》（*The Breeze at Dawn*）中告诫我们："你此刻既清醒，万勿再度睡去！"

早晨的微风向你述说秘密，
万勿再度睡去！
你当问自己所求为何，
万勿再度睡去！
人们来来往往，
跨越横亘两界的门槛，
大门往复开启，
万勿再度睡去！

这首诗中的"两界"，也许就是以物理意义上的眼睛感知到的客观世界，以及用第七感感知到的主观世界吧。

若要让自己变得清醒，唯一可行的做法就是留意自己的主观现实。就像医学院之于我那样，也有可能存在一种生活或一个世界，它只关注外在的、物理的、可观察的现实。这种生活或世界只能通过逻辑或他人的期待被建构，因为它将心智排除在外。我们只能用肉眼看到我们眼前的客体。某些领域中的社会化过程迫使我们用肉眼的物理视界适应它，并学习那些控制可见行为的外部规则。聚焦于这种可观察的外在世界的做法与聚焦于心智的主观现实中的内在世界和主体间世界的做法是大相径庭的。

物理视界有时统治着我们的生活，虽然它很重要，但它既不充分也不完整。我们有时可以在其基础上更进一步，即我们可以同时发展出第七感，以聚焦于我们生活中的主观现实，至少以"审视"心智的过程作为开始。让自己开始觉察身体内在的感觉的丰富性吧！这些感觉是否帮助你对生活中所发生之事进行了更深入的洞察？当表象出现时，你是否能听到内在的声音，感觉到它传出的信息的含义，以心智的眼睛看到细节丰富的具象化的场景？表象可以通过多种形式出现，去觉察这种有时以非言语方式呈现的表象的做法，能为你打开一扇透视内心的重要窗口。当情绪出现时，你是否能感受到它们在你内在精神生活中的情感谱系上的起伏涨落？如果你将情绪看作整合中发生的一种改变，那么当整合度下降时，你会感受到混乱或刻板，而当整合度上升时，你会感受到联系及和谐。以及，当思维出现时，这些言语或非言语的意义是如何充满你的觉察的？思维只是丰富而复杂的心智中的一部分，它可以帮助我们了解观点，将我们从当下的即刻性中解放出来，这样我们就能反思自己的过去，并计划自己的未来。

我们可以通过上述种种方式“审视”心智，将其作为探索自身和他人主观世界的一个出发点。当我们带着善意和慈悲触及这些主观感觉时，我们就为他人和自己带来了整合。这就是为什么联系让人感觉良好，因为联系意味着尊重他人脆弱的主观现实并尝试与其进行调谐，这创设了一种更整合的生活方式，它比我们原来的生活方式更和谐、更富有生机、更健康。这样一来，我们就能用第七感来帮助自己更加自洽和幸福。

此刻你的躯体感觉是怎样的？当我们探索至此时，你体验到了怎样的表象？你的感受如何？你想到了什么？

主观现实，也即对生活的主观体验，它是真实存在的吗？尊重它在我们自身和他人内部的存在，确实是有意义的吗？

MIND

A Journey to the Heart of Being Human

第 5 章

谁创造了心智

导管和建构器的二重奏

M I N D

在明确了“心智是自组织过程”“心智有天然的驱动力以趋向整合”“整合意味着将系统内区分开的要素联系在一起以优化其功能”等观点之后，我们的探索之旅仍在继续。我们已经了解到，促进整合的方式是聚焦于自己和他人的内在主观现实，并尊重这种主观现实。自组织、整合以及主观性是心智的基础。在这一章里，我们将聚焦于“我们是谁”，并以此继续探讨“心智是什么”和“心智如何产生”的问题。答案或许并不像我们想象中那么简单。

1975—1980 年：丧失同一性的 24 小时

我刚上大学的时候正值青春期，就像许多同龄人那样，我从那时开始感觉到一股内在的驱动力，它驱使我探索世界，并尝试用不同的方式体验现实。那时我还在学习生物学，我希望通过在实验室里深入研究生命的分子机制，来寻找我在上一章谈到过的那种酶，它有助于解释三文鱼从淡水到海水的迁徙。我着迷于我们的生命，着迷于我们生存、呼吸、互动和繁衍的种种奇迹。到了晚上，我会去预防自杀危机求助热线工作，在那里，我注意到情感沟通能够在接线员和打电话的人之间建立起联系，从而阻止处于心理危机中的人自杀。我利用暑期在生物实验室工作时选择学习了一些道家思想，我从太极拳中学到了其哲学传统在物理学意义上的体现。太极拳是由一系列无休止的运动组成的流，练习它需要我们不断平衡手掌的上与下、朝向的左与右、姿态的开与合，这似乎是一种生成和谐感的有力方式。那种具身的、保持清醒的、活在此时此刻的做法与幸福的本质带给人的感觉相似。后来，我参加了大学里的交际舞社团，我曾在礼堂的地板上起舞，也曾于橄榄球比赛中场休息时在体育场的草皮上起舞。那种状态下的心流很像某种关系性的连接，它仿佛某种真实存在的东西，某种处于我们生活中心的东西，某种充满幸福感的东西。那是令我完全沉迷于其中的时刻。

酶、情绪、运动、意义和联系似乎都与某种共通的本质有关，这是一种我无法言喻的东西，它关系到生命、爱和整体性。现实的这些层面深深吸引着我。当我从实验室走向预防自杀危机求助热线，或者从太极拳馆走向舞蹈室的时候，我感觉自己仿佛切换到了另一种同一性，但它们又始终具有一些共同的内核，不仅与“我是谁”有关，也与“生命是什么”有关。因为我不知道这种内核由什么要素构成，所以我只能将这种奇妙的混合体记录下来。

大学毕业前夕，我在墨西哥参与了一个由世界卫生组织发起的关于民间医生的研究项目。我工作的地点位于墨西哥城以南的米格尔·阿莱曼（La Presa Miguel Aleman）大坝，这座现代化大坝的建设推动了当地社区及其医疗服务的变革。一天早晨，我骑着马去采访一名民间医生，这是我工作的一部分。此时我的马鞍松了，而我的一只脚还卡在马镫里。我掉在满是砂砾和岩石的路上，被马匹拖行，头在奔跑着的马蹄间被撞来撞去。后来别人告诉我，我被马拖着跑了大概 100 米。当那匹受惊的小马最终停下来时，与我同行的人都以为我死定了，或者至少会弄断脖子。我不仅弄伤了牙齿和鼻子，也伤了一条胳膊。同时，我头部受到的冲击还引起了持续近一天的暂时性完全遗忘症。我虽然清醒，但完全不知道自己是谁。

在那 24 小时里，日常事物带给我的感觉完全变了。例如，对我来说，喝水变成了一种狂野的体验。它始于凝视着闪亮的杯子里上下跃动并闪烁的光芒，继而是冰凉的触感。随后，液体流入头部的空腔，越过那些顶端呈锯齿状、边缘光滑的、我们称其为牙齿的突出物，还带着一股清爽、流动的感觉。再然后，液体继续向下，化作由各种味道构成的、运动着的整体，进入身体内部，一股清冽的感觉在我体内扩散开来。于我而言，杧果不再是杧果，它的颜色也不再是“芒果黄”。它那圆圆的形状很诱人，虽然它的表皮光滑且质地透亮，但顶端又有一点儿凸凹不平。它不同层次的色调是不同的，它的香气飘进我的脑袋里，令我沉醉。它里面的部分带给我一种爽滑的感觉，与充满我口腔的甜美交织在一起。

我在这一天里丧失了同一性或者说身份认同。不知道自己是谁并没有把我吓住，反倒让我拥有了一种全然地沉浸在每时每刻的感官体验。我什么都没有错过，哪儿也没去，也没有要做什么，我只是任由自己的体验流动。在我的身体和体验之间再无阻隔。我只是全然在场。

当作为“丹尼尔”的自我同一性逐渐回归、我能回忆起自己的过去的时候，它在我心中的权重或重要性已经不如从前。这就好像由叫作“丹尼尔”的社会惯例组成的外部结构的意义发生了改变。虽然我在那 24 小时中完全保持了觉醒，却并非作为“丹尼尔”存在。我在应对外界刺激的时候，既没有那些关系到我个体同一性的记忆相伴，也没有透过我的过去体验审视自己此刻体验的世界。对于自我感，对于什么是心智，我有了一种全然不同的体验。如果在脑袋上敲几下就能把一个人关于“我”的感觉敲掉，同时这个人还保持着充分的觉察和清醒，那么“我”到底意味着什么呢？

即使在你的个体同一性及其全部的历史、知识、判断和知觉过滤机制都消失的情况下，或者，至少在你并未将其作为存在的全部指导方针的情况下，你也能够保持清醒，甚至是全然的清醒。

对我来说，那没有同一性的一天是完全沉浸于此时此地（now-here）的。当作为“丹尼尔”的同一性回归之后，我将连字符向前移动了一格，产生了一种疏离的体验，仿佛不知身在何处（no-where）[①]。水显得疏离了，芒果又变回了芒果。比起体验这个水果的整体，我更多地是在语言的边界内体验它。

后来我得知，我在墨西哥从马背上摔下来之后产生的这种“宛如初见”的知觉状态的改变与致幻剂的作用效果相同。一些研究表明，对罹患创伤后应激障碍的个体以受控的方式应用致幻剂会产生积极的治疗效果。我们之后会谈

① 连字符的位置变化使得“now-here”变成“no-where”。作者在这里借英语的文字游戏巧妙地表达了自己感受的变化。——译者注

到，正念冥想或其他一些干预手段或许能将个体从焦虑、抑郁或创伤后障碍中解放出来，其作用机制就是改变原有的、固着的同一性和知觉模式。

这次事故带给我的体验让我有机会了解到，个体同一性、个体信念和个体期待之下存在着另一个认知水平。我不知道该如何描述这种在“我”的内部发生的改变，因此我从未与任何人谈起过它，只是将其归于某种存在性的唤醒：经过这次事故，我意识到生命是十分脆弱的，我应当对自己脖子还能动、人还活着、还清醒且有觉察心存感激。虽然在当时我还没有觉察到这次事故的影响，我也不觉得这是我生命中的礼物，但现在的我能意识到，作为某种突然而至的体验，它是我人生的转折点。

重返校园后，我迫不及待地想要了解那些体验。头部创伤和同一性，三文鱼和自杀，我急切地想要深入了解现实的所有这些层面，以及生命的所有这些领域。我们也许能从中找到一些共性、一些共通的基础。当我被医学院录取后，我以为本科教育的下一站将令我能对上述观点做一些探索，孰料后来这些想法都是我的一厢情愿[①]。

“自上而下”与“自下而上”的碰撞

我们通常用两个术语表示心智和大脑中的信息加工方式，它们分别是“自上而下”（top-down）和“自下而上”（bottom-up）。有时候这两个术语会被用于指代解剖学意义上的信息加工位置，比如位置更高的大脑皮层被称为“上”，而位置较低的脑干和边缘系统被称为“下”。另外，这些术语也会被用于指代信息加工的层级，这些层级与解剖学意义上的“上”和“下”并无关系，它们指代的是信息加工的程度。我们在这里所说的“自上而下”指的是我们在过去积累了一些经验，并做出了概括化的总结或心理模型，它也被称为事件的图式。例如，如果你见过许多狗，你就会对一般意义上的狗形成一个概括性的心

① 作者在医学院受挫的故事见第 4 章的第一部分。——译者注

理模型或表象。下一次你看到一只毛茸茸的、像犬类的动物经过时，你自上而下的加工就会使用这个心理模型过滤输入的视觉信号，于是你就不会注意到面前的这条狗有什么独特之处。此时此地输入的知觉信息流就会创造出一个关于“狗”的神经表征，而这个知觉信息流就被你对狗的概括性表象覆盖了。你此刻觉察到的实际上是被自上而下的加工过滤了的经验的混合体。因此，这里的“上”意味着你的先前经验被激活，它使得你不容易留意到此时此地的经验中存在的独特而生动的细节。自上而下形成的对狗的概括会屏蔽并限制你对面前这只实际存在的动物的知觉。自上而下的优点是它令你的生活更有效率。这是一条狗，我知道它是什么，我不需要在这个不起眼的、不构成威胁的小东西身上花费更多能量，因此我得以将有限的资源用在其他地方。这就是自上而下的加工。因为它能节约时间和能量，所以它是一种非常有效率的认知形式。

与之相对，如果你之前从未见过针鼹，那么当你在山间小路上第一次遇到一只针鼹时，你的全部注意力都会被它吸引，从而引发你自下而上的加工过程，这时的你就是在以初心看待它。不像自上而下的加工那样，此时你通过视觉输入的信号不会被过去经验的过滤器塑造或改变，而是被直接送入大脑回路以形成知觉。因为自下而上的加工不会基于你之前的见闻改变或塑造你此刻看到的东西，所以你将会尽可能多地体验来自眼睛的感官内容。

当我们去国外旅行时，自下而上的知觉会让我们的旅程充满一种“活着”的深刻体验。时间似乎被拉长了，每一天都变得充实起来，我们在短短几个小时内体验到的细节仿佛超过平日一周的所见。自下而上的知觉意味着我们对新奇的事物更敏感了，我们能从眼前的事物中看出更多独特的东西。埃伦·兰格（Ellen Langer）称这种状态为“正念”（mindfulness）[①]，她进行了许许多多关于

---

① 目前学术界仍未确定 mindfulness 的官方译法，除了“正念”，它有时也被译为“专念”，兰格教授的著作《专念：积极心理学的力量》中文简体字版使用的就是后者。此外，近年来也有一些学者提倡将其译为“觉知”。——编者注

正念的研究，以揭示对当下的新事物保持开放能为健康带来哪些好处。因为国外旅行带来的新奇体验与我们平日居家生活中的沉闷感觉形成了鲜明对比，所以这让我们意识到，在熟悉的情境下生活的体验是什么样的，即自上而下的加工压倒了自下而上的加工，从而让我们体会到反复出现的相同事物引起的熟悉感。虽然家乡一条熟悉的街道和国外城镇一条初次见到的街道包含同样多的细节，但前者就是比后者看起来更乏味。这种对熟悉事物不再留意的状态可以被称作“自上而下的主导”。先前的经验形成了自上而下的过滤器，我们用它过滤输入的信息，并因此放过了第一次看到这些事物时留意到的细节。你可以认为这种自上而下的主导是过去经历和知识产生的一种副作用，它是专业知识造成的一种消极影响，因为我们已经知道太多，所以我们不再那样清楚地看待世界。因为我们知道狗是什么，所以我们还是继续往前走比较好，不要再将注意集中于我们已经知道的东西上，以免消耗更多注意的资源。我们需要将注意的资源省下来，以便将其留给那些比寻常事物更具紧迫性的东西。从过去经历中获得的知识既能够让我们学会选择我们觉察到的事物，也能够让我们在分配注意的资源时更有效率，还能够让我们更高效、更快速地做出行为反应。然而这种效率也令我们损失了一些东西。当我们从一丛玫瑰花旁边走过时，虽然我们知道它们是什么花，但却不会停下来仔细嗅一嗅玫瑰的芬芳。同理，我们也会对彩虹独特的颜色视而不见。

用以区分上述两种知觉模式的基本方法是这样的：在自下而上的加工中，我们将心智体验为一根传输感觉信息的导管；而在自上而下的加工中，我们为该导管加装了一个信息建构器。导管允许其中的东西自由流动，导管虽然负责引导其流动的方向，但基本不改变它们；建构器则受输入的数据驱动，它能够产生自己的输出结果，从而将输入的数据以另外一种形式输出。换言之，建构器在原发的感觉信息之上建构了一个新的表征式信息的层级。心智既可以是自下而上的导管，也可以是自上而下的建构器。

MIND

> 我们是谁？对这个问题的部分回答是这样的：我们至少包含了导管和建构器。倘若二者仅有其一在我们的生命中得到运用，我们的功能或许就会受到限制。缺少建构器，我们就学不到东西；缺少导管，我们就没有了感受。

这会不会是一种基于建构器的极端观点呢？我心智中的导管部分某种程度上敦促自己对此保持开放：也许只做一根导管也不错。如果我要将这一切变成话语，那么我的导管马上就会与建构器连接，以便为自己代言。这岂不是意味着二者都很重要吗？二者的确都很重要，它们在我们对生活的体验中发挥着重要且独特的作用。当一方缺乏另一方的制衡时，我们的生活就会受限。如果我们将二者区分开，然后再将其联系起来，那么我们就会实现整合。

我认为，心智既是具身的也是关系性的。在我们与他人的沟通中，我们送出的通常是带有叙事和解释的、由自上而下的话语组成的语言"数据包"，这些叙事和解释已经建构了我们与他人分享的现实。即使我们竭尽全力用话语陈述我们的体验而非对发生的事做出解释，我们仍然在以语言的形式进行建构。

那么，在我们的大脑中发生了什么呢？能量和信息流既存在于个体内部，又存在于人际之间。包含大脑在内的神经系统是塑造我们内部能量流模式的主要力量。针对大脑的研究即使不能完全回答"心智是什么"和"我们是谁"，至少也能够在心智的某些领域内为我们提供诸多启示。因此，我们可以提出这样的问题：什么样的神经加工过程有助于我们理解心智中这两种不同的模式，即导管和建构器？有两项研究的发现或许与此有关。

一方面，一项近期的研究表明，在大脑中存在两套不同的解剖学意义上的回路，且二者相互影响。单侧化的加工过程与包括前脑岛（一些人将其归入腹外侧前额叶的一部分）和背外侧前额叶在内的感觉输入脑区有关。请你注意每个脑区的“单侧化”，当我们专注于每时每刻的感觉时，这些侧边的回路就会被激活。另一方面，我们也有一个更加中心化的回路，其作用是产生思维。这个脑区部分重叠于被研究者称为“默认模式”的脑区，我们在前面的章节中提到过该词，即所谓的“OATS 回路”，该回路负责建构他人和自我之间各种自上而下的对话。

我们产生感觉的过程大概是自下而上的。我们寓居于自己的躯体，位于个体内部的心智体验是被物理意义上的感受器塑造的，这些感受器负责接收外部世界的能量流。我们既有前五种感觉：视觉、听觉、嗅觉、味觉和触觉。我们也有本体感受器产生的运动觉。我们还有身体内部的感受器将体内的信号转换产生的内感觉。这些感知外部世界和身体内部世界的能力是以我们物理性的神经机能为基础的，它使得能量流成为可能。这些能量模式可能具有超越其自身的符号意义。当离子在细胞膜上进进出出、化学物质作为神经活动的一部分被释放出来的时候，信息就伴随着上述能量模式出现。

从某种意义上来说，我们可以认为自下而上的、位于个体内部的心智体验是在物理意义上最接近当下的存在，是“在感觉之前或先于感觉”的。虽然感觉已经通过来自感受器和神经通路的限制对现实做出了过滤。但这种限制只是神经结构的现实，而非在这个层面上被体验改变的现实。我们不需要将感觉视为自上而下的加工过程，我们可以用“感觉”这个术语指代我们所能得到的最为自下而上的东西。

我们的外感受器，比如眼睛和耳朵，或位于肌肉、骨骼和内脏中的内感受器，负责向中枢神经系统发射上行信号。然而对能量和信息流来说，还存在着另外一种现实，它甚至先于上述感受器而存在。当这些感受器通过换能形成的能量流流向并进入大脑时，我们就从感觉转换到了知觉，这意味着感觉是与全然在场的体验最接近的那部分。虽然我们也许既永远无法彻底理解先于感觉的能量流，也永远无法真正在躯体感受器换能过程之前体验到人活于世，但我们可以向其靠拢。简单地说，尽可能靠近流动的现实，这就是我们所谓的“自下而上”。

相比之下，当我们将导管传输过来的、自下而上的感觉汇聚起来形成知觉时，甚至更进一步，进入建构过程并反思感觉或知觉的意义，将其与思维或记忆建立联系时，我们就是在利用上述中心化回路的活动。这个中心化回路包括前额叶的中线部分以及楔前叶、内侧颞叶、顶叶侧面和顶下小叶皮层、扣带回等脑区。如果你对这些自上而下的名字不感兴趣，那么你也不必对此感到担心。我们可以将这个之前谈到过的“OATS 回路”用一个更简单易懂的词命名：默认模式网络。它是大脑中的一个重要系统，包括大脑中线上的一系列脑区，它们逐渐成熟，发展为“整合成为一个相互联系的、会聚一体的网络”。

这个回路之所以被称为“默认”，是因为当被试在静息状态下接受脑成像扫描时，人们发现该区域存在强有力的大脑神经元放电，这代表着一个人没有从事特定任务时的基线神经活动。这个回路与什么东西有关呢？他人和自我，即“OATS 回路”。事实上，一些神经科学家指出，这个默认模式网络中的某些要素导致了我们个体同一性的出现，且可能与我们的心理健康存在关联。对正念冥想的研究表明，这个系统的整合性会随持续练习而改善。既然我们是反思性和社会性的存在，那么自然而然地，聚焦于他人和自我可能就是我们在挂机状态，即没有特定任务时的基线活动，哪怕我们正置身于一个嗡嗡作响的脑成像扫描仪里。

也许在我从马背上摔下来之后，暂时受损的就是这个“OATS 回路”。缺少了较为疏离的、位于自上而下回路中的建构器，每时每刻直接输入的感觉信号就更容易充满我的觉察：因为缺少了由先前经历和个体同一性组成的、自上而下的过滤器，所以我对各种事物的见闻就确确实实是“第一次”了。

MIND

研究已经证明，单侧化的、感觉性的、自下而上的导管和位于中线上的、中立观察的、自上而下的建构器的活动是互补的：一方被开启时，另一方就被关闭。

当单侧化的感觉传导通路毫发未损，而中心化的建构器却因为颠簸而彻底失能时，我在那一天里就体会到了更完整、更丰富的自下而上的感官世界，其中的信号是通过我心智的内在机制中的导管传输上来的。

建构器可能与多个自上而下的加工的层面有关。一个层面是知觉水平的加工，也就是说，当我们看到一条熟悉的狗的时候，它就只是一条狗。虽然我们确实接收到了这条狗的视觉输入信号，但我们并未有意识地将大量细节纳入知觉加工。我们也可能产生观察者体验，也就是有一点儿疏远而非沉浸于感觉输入的信息流中，例如，“丹尼尔看到了一条狗。他觉得这条狗很有趣。仅此而已。”这种观察者体验和这个“观察者”丹尼尔的存在大概只是“OATS 回路”活动的开始。此时存在着个体同一性：谁正在做“看到”的动作。一旦我主动地将自传体记忆和事实性记忆与语言形式结合起来，自上而下的建构器就会被激活，“OATS 回路”就会开始工作。

自上而下的加工中的这种层级性可以轻易地从直接的感官体验发展到与感官更疏远的观察者体验。我们此刻正在观察，而非感觉。这种观察接着会引起一个明确的“见证者”的出现，即我们从一个更疏离的立场上见证了一个事件的发生。之后我们会继续通过自上而下的模式将我们见证和观察的内容加工成叙事。没错，你的“OATS 回路”可能会注意到另外一个首字母缩写词，然后你意识到，丹尼尔这个家伙对首字母缩写词上瘾：这就是我们通过观察、见证和叙述一个事件而实现的“拥有”（OWN）[①]体验的过程。

当我们通过自上而下的、与过去经历连接的建构器，观察、见证并叙述我们的经历时，我们就远离了自下而上的、在当下沉浸于感觉性的导管信号中的状态。这是自上而下的建构器和自下而上的导管之间的平衡，它存在于我们生活的每一天，存在于每时每刻。语言就源自这种观察者的流，我们能够看到用话语陈述世界是如何令我们与四周丰富的感官体验疏远的。这并不意味着语言

---

① 即 observe, witness, narrate 3 个英文单词的首字母缩写。——译者注

是负面的，它仅仅意味着观察、见证和叙述与感官流彼此疏离，即两者不仅都是独特的、重要的，而且是相互抑制的。

先前的一些研究结果提出了另一种可能的神经机制，虽然这些研究结果并未得到充分证实，不过仍然可能有其价值。这些研究提示存在一种潜在的路径，它并非“感官 - 观察者”或“单侧化 - 中心化”系统的替代，而是存在于上述两种回路之外。即使我们仍未最终确定这种可能的机制与神经系统中的哪些部分有关，我们也可以把它视为一个有效的隐喻。假如研究证实，这是一个真实存在的神经机制而非一个简单的隐喻，那么对这个系统的研究将会相当困难，因为该系统与大脑皮层的细微结构特征有关，而非在大脑扫描中能被清楚地看到的单侧化或中心化的区域。

弗农·蒙特卡索（Vernon Mountcastle）和其他一些神经科学家在数十年前，就注意到大脑皮层中的能量是双向流动的。大脑中最高级的区域，即皮层是由垂直分布的柱（column）组成的，大多数皮层都包含 6 个细胞层（layer）。最顶层的细胞被称为第一层，最底层的细胞则被称为第六层。大脑皮层千沟万壑，虽然它乍一看很厚实，但 6 层细胞就像 6 张叠在一起的扑克牌那样，实际上是很薄的。大脑皮层的作用是为我们感知和思考的世界绘制神经图谱，即接收我们的感官输入，将我们的知觉绘制成更广阔的图谱，并建构起我们有关自我和他人的概念性思考。

以下是一个可能成立但亟待进一步验证的理论。在这个理论中，自下而上的感官流从最底层上行，即从第六层传导到第五层和第四层。如果我们之前曾经见过某物，这种先前的经历就会通过激活自上而下的过滤器影响对输入信号的图谱的绘制，这是字面意义上的“自上而下”，即从第一层下行到第二层和第三层，诸如此类。通过这种机制，当我们看到一个毛茸茸的、屁股后面拖着一根长长的且晃动着的东西的小家伙时，我们的感官输入会从第六层上行到第五层和第四层。这是自下而上的感官信息输入，即导管的导流工作。如果我们之前见过类似的物体，并已经对其有命名，比如“动物”“宠物”“狗”，或者更具体的名字，比如“查理”，那么这种先前的知识就会激活记忆中内嵌的皮层加工过程，从而对当前的体验产生影响，这种加工过程是从第一层开始下行到第二层和第三层的。换言之，位于顶层的皮层细胞在同一个皮层柱内储存着先前的知识，甚至在它们纳入了自下而上的感官信息后也是如此。这种自上而下的加工流当然是通过某种模式探测而触发的：模式探测使得自上而下的加工流产生，从而对当前特定的感官流进行作用。这既是这套理论的核心，也是其引人入胜之处。

也就是说，这个机制中的某些部分能够探测出相似的模式并激活自上而下的加工。这个探测器必须与负责模式识别及记忆的系统直接连接。如果当前来自感觉的某种信号与某种在先前的学习经历中已经表征化的模式匹配，自上而下的过滤就会被启动。

在这种理论看来，我们的感觉性的、自下而上的导管为知觉性的、自上而下的建构器提供了原料和模式。来自第三层的、自上而下的加工的输入和来自第四层的、自下而上的加工的输入的“碰撞”，将决定我们在有意识或非意识的情况下能觉察到多少细节（见图 5-1）。

MIND

> 如果我们体验到大量通过自上而下的建构器过滤的、来自自下而上的导管的输入信息，我们就会看到大量的感官细节，我们的意识中就会充满关于某种新奇事物的丰富信息。反之，自上而下的主导会通过建构器将自下而上输入的信息流解释并转换为心智模式和概括化的认知图谱。

于是，我们就会知道这只是一条狗，我们将其觉察为某些概括性的特点，接着就转向了新的目标。因为我们此时的意识体验是索然无味的，所以这条狗不会引起我们多少兴趣。

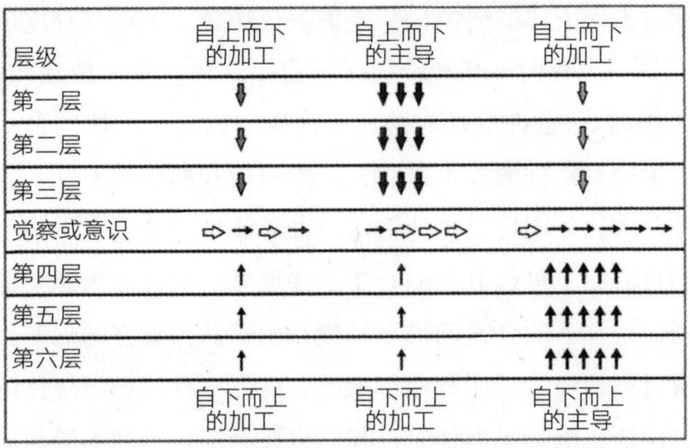

层级	自上而下的加工	自上而下的主导	自上而下的加工
第一层	⇩	↓↓↓	⇩
第二层	⇩	↓↓↓	⇩
第三层	⇩	↓↓↓	⇩
觉察或意识	⇨→⇨→	→⇨⇨⇨	⇨→→→→→
第四层	↑	↑	↑↑↑↑↑
第五层	↑	↑	↑↑↑↑↑
第六层	↑	↑	↑↑↑↑↑
	自下而上的加工	自下而上的加工	自下而上的主导

图 5-1　自上而下的加工和自下而上的加工

如果自上而下的加工确信对所见事物的判断，并认定不再需要来自自下而上的加工的输入，它就会一再关闭自下而上的加工的输入通路。因为自上而下的加工追求效率，所以它会阻止来自感官输入的、对细节的进一步注意。这只是一条狗，我们还是走吧！

一项关于猿类的比较神经解剖学的有趣研究或许与上述理论有关。人脑和猿脑的主要差异体现在大脑皮层部分，其中一个差异在于人脑的两个半球的分化程度更高，且两个半球通过胼胝体建立的联系也更强。这导致人类拥有区分和联系更多且整合程度更高的大脑。此外，在人类大脑的前额叶中，位于第三层和第四层的负责神经运算的神经纤维网，也比猿类大脑中的同等结构更厚实。虽然我们还不知道这种现象的确切意义，但它可能意味着我们人类有更强的能力处理自上而下的加工和自下而上的加工之间的关系。这可能正是由于这部分前额叶脑区的神经运算发挥了平衡功能。或者，这也可能意味着我们强大的自上而下的建构器功能在这里与自下而上的加工碰撞，并取得了对后者的主导地位。一些心智训练可以进一步区分自上而下的加工和自下而上的加工，比如正念冥想。那么，对经过此类心智训练的个体来说，其皮层柱第三层和第四层的厚度是否会增加呢？未来的研究者或许可以进一步探索诸如此类的问题。

为了做到自上而下式的谨慎，我要请各位注意，上述这种皮层柱理论仅仅是一个假说。某一次我向一名神经科学家提出这种观点，他这样回应我："大脑不是那样工作的。"也许他是对的。也许我们只是还没找到合适的技术手段来检验这个水平的皮层柱的加工过程，至少目前我们还做不到。我们需要让感性的心智保持开放，而不应过早地否定这种可能性。这是自下而上的加工的好处，它让我们自上而下进行分类的心智更接地气。仅仅因为建构器对某事物的真相确信无疑，这并不能令我们得出结论，从而认为感官的现实就不能从更自下而上的导流过程的角度证明其他可能性。这是一种对科学整体的挑战：当我们变成专家、用语言概括某事物时，我们也许会与事物的本源脱离接触。我们在本书一开始讨论过这一点，即当我们用言语对非言语的心智世界进行反思时需要保持谨慎。在我们的探索之旅中，这样自上而下建构出的谨慎将是一种有用的心智模式。

无论如何，无论自上而下的加工和自下而上的加工背后的神经机制为何，二者都是我们体验世界的方式，我们在这一点上应当能达成普遍共识。

自上而下的建构能够帮助我们以一种更有效率的方式应对那些我们需要应对的问题，从而有助于我们生存下来。当我们因为口渴而喝水的时候，我们不需要像我在墨西哥受伤后或我第一次冥想后那样，对喝水这次经历中的每一感官要素表示狂喜。很多时候，我们只要喝水就好了。通常，我们越年长、越有经验，我们自上而下的建构就变得越具主导性。

MIND

> 完全自上而下的生活会离那些关于当下的、自下而上的感官流特别远，这会让我们感觉失去了活力。

导管传递上来的体验存在于鲜活的此刻，因而会让我们感觉生活在当下。概念化的建构器尽管重要，但若离开了导管输入的感官体验，生活就会显得乏味，就会在时空上显得疏离。若我们活在极端的自上而下的生活中，那么我们就会感到不知身在何处。

虽然我喜欢思考和建构想法，但只有建构而不与从导管输入的流联系的生活方式是非整合的，它容易使我们陷入混乱和刻板。我们只有既尊重导流也尊重建构，才能实现和谐。

如果我们在生活中学会了尊重并引导自下而上的加工，从而让它恢复到我们生命早期时的样子，恢复到我们的个体同一性开始统治我们生活之前的样子，那么我们的生活就可以变得更完整、更丰富、更有意义。比起活在只有建构的、疏离的世界里，我们可以学着更多地活在当下流动着的感官体验中。将自下而上的加工带回来或许与下列机制有关：在加强单侧化的感官导管回路和从第六层到第四层皮层柱中的自下而上的流的主导的同时，我们要削弱负责观察、见证和叙述的建构器回路中的流，以及从第一层到第三层皮层柱中的自上而下的流的主导。

作为人类，我们既有"OATS 回路"，又有更强大的第一、二、三层皮层，因此我们出现了更加多样的心理问题。上述每种可能的神经机制都表明，人类的大脑可能是能量和信息流中整合受损的一个原因。这意味着什么呢？一方面，如果感官输入的流是以导管的形式作用的，那么我们就可以想象，可能存在一种天然的涌现，其中包含一种趋向整合与幸福的自组织的驱动力。另一方面，处于对立地位的、中心化的、自上而下的建构器回路和复杂的、负责建构的第一、二、三层皮层可能包含一系列模式，从而在特定人群和特定状态下限制了整合的自发涌现。这或许能够解释前述的某种情况，即每种精神障碍中的每种症状表现都可以被看作混乱或刻板，或两者兼具。心理问题常常体现为混乱或刻板，而混乱和刻板都来自整合受损，因此我们可以视整合受损为心理问题的源头之一。到目前为止，所有对罹患主要精神障碍的个体所做的脑成像研究都表明，大脑中存在整合受损。

关于"我们是谁"的建构器功能也许是导致我们罹患精神障碍的原因。随着我们的成长，强化与建构器同样重要但通常状况不良的导管功能，这也许是保持幸福的秘诀之一。若能平衡导管和建构器，我们就能拥有整合更良好的生活。无论最初引发整合受损的原因为何，是对经验的习得性适应，或是某种内在的、传染性的、有毒害的或者遗传的因素，建构器都可能是妨碍整合的真正元凶。相比之下，由于建构和导流天然地互相制约，在通常过度强大的建构器面前加强作为其对立面的、通常发展不健全的感官通路，即导管功能，或许有助于让整合自然而然地涌现。

MIND

> **这样一来，通往更完善的生活的诀窍之一就在于重新唤醒我们的初心，即拓宽我们自下而上的导管，并带着不确定性生活。**

如前所述，兰格所谓的正念学习，即我们对新奇特质投去特定的注意，就是上述唤醒的一个例子。她的研究也揭示出了这种刻意驾驭自下而上的经验的方式对健康产生的良好促进作用。当我们处在一种开放的、接受事物原本样子的立场上时，我们就能进一步接纳生命的不确定性本质。当我们的建构器开始建构“世界应该是这样”的预期时，我们就可能遭遇失望、痛苦和压力。导管存在于当下，它负责接纳事物本来的样子；建构器则通常远离感官觉察到的当下，它负责建构有关生活的模型，这些模型通常遵从我们过去的体验，因此我们难以完整地觉察到此时此刻发生的事。这样一来，实然和应然之间的冲突会使我们很难完全活在当下。

对某事物抱着固化的信念，比如“心智就是大脑活动”，这会限制我们以新方式思考原有的议题。自上而下的概念会妨碍我们接受新观点，甚至可能在我们尚未觉察之前就将这些新观点过滤或压抑了。这种自上而下的加工过程可能会直接影响我们的执行功能和我们的自我感，进而影响我们做出的决策。换言之，除了塑造我们的知觉，自上而下的建构还可能坚信自身建构的概念和自身的语言输出。这就是为什么我们必须用自上而下的方式理解自上而下的加工过程的原因：我们既因此得以知会自己的建构器，从而邀请它允许导管更多地参与我们的生活，我们也因此学会了谦卑，话语就仅仅是话语而已。

不过，自上而下的加工仍然很重要，它能帮助我们评估自己身在何处，并不断修正自己的路径。在尝试精确阐述体验的时候，话语是很好的工具。我们可以和当下的体验及知觉模式稍稍拉开距离，然后得出经过建构的概念和话语，从而在深层次上为我们自己赋权。这些建构化的话语事实上极为有价值，它们既能令我们不时地从直接体验中抽离，又能令我们得以反思事物，从而对其进行意义建构。审慎的观察导致见证和叙述，它们是一切学科训练的基础。研究意味着再次搜寻。另外，自上而下的建构对我们复杂的生活也很重要。

通过上述讨论，我们能得出一个很简单的结论：导管和建构器都是“我们是谁”的那个“谁”的关键组成部分。我们既是导管，也是建构器。

邀请你思考：你认为自己是谁

在我们的一生中总会有一些始料未及的转折点，我们通常不了解其长期影响是什么。当我们从童年进入青春期时，我们认识世界的方式中就加入了自上而下的心理模型，这些模型影响着我们对不断展开的生活进行觉察和意义建构的方式。如果这些模型始终未遭遇挑战，我们就会继续以一种递归的、自强化的方式在我们与各种体验的互动中，单纯地强化我们对“自己应该是谁”抱有的信念。我们自上而下的建构器能够过滤体验，产生对行为的执行决策，并且以各种方式与世界互动。这些互动方式一再影响着我们：我们会沉浸于何种事物，甚至我们会如何做出回应。这些重复出现的体验通常会被编织成一个有关自身同一性的故事：我们观察，见证并叙述一个自己反复讲述的、不断出现的故事，一个关于“我们是谁”的故事。

至少是“我们认为自己是谁”的故事。

通常情况下，这些影响着我们是谁的、自上而下的建构器的加工过程很少被我们觉察到。

我们自上而下建构起来的个体同一性可能会制约我们更自由、更注重细节、感官体验更丰富的自下而上的生活。虽然某些新事物，甚至是创伤都可能意味着一种邀请，邀请我们以全新的眼光看待世界。但你并不需要敲打自己的脑袋以冲击自己的心智。例如，一种经历扰动了我们认为自己是谁的感觉，并为我们的心智开启了觉察和体验生活的新道路，它开始可能是一种让人感到无助的创伤体验，最终它转变成了一个让人觉醒的机会。

MIND

能够激发更多自下而上的加工的因素有时是与他人进行了一番对话，有时则是听到了一首新歌或读到一首新诗。我们会遇到许多契机，它们既邀请导管觉醒，也邀请建构器重新评估其对生活和同一性所下的熟悉的结论。

唤醒心智究竟意味着什么？在这种情况下，它意味着我们接受了一种观点，即我们远不止自己以为的那么简单，真实的自我远比记忆中储存的要复杂。个人化的自我概念是一种建构，比如我对生活在自己身体里的这个“丹尼尔”的感觉。如果反复撞击石头能将我作为丹尼尔的感觉暂时抹掉一天，那么剩下来的“我”是谁呢？很显然，我绝不局限于我作为丹尼尔的同一性。丹尼尔是被建构起来的。剩下来的东西是什么呢？是导流。我能体验到由导管传入的令人惊异的、丰富而鲜活的感受。导流并非建构，它是我们在生命中所能体验到的自下而上的加工过程。

那段经历对我来说就是一个机会，它邀请我体验觉察状态的转变，以便看清一个人的同一性的自我其实是一种个人的建构。

自上而下的过滤器影响着我们的感受、知觉、思维和行动，当它突然被破坏、被冲击的时候，当一种自下而上的全新体验充满知觉的时候，个体生命中的转折点就可能出现。换言之，位于中线上的建构器回路能抑制单侧化的导管回路，建构器回路自上而下的主导能保持我们关于自我的信念，以及关于自我在世界中存在的方式的信念，它让这些原有的信念保持数年、几十年甚至一生不变。哇！我的建构器竟然说了这么长的句子出来。天哪，我的建构器！总之，我们可能成了未经觉察的、自上而下的、关于“我们是谁”的信念的囚徒。从大脑皮层柱的角度来看，可能有一系列自上而下的、起制约作用的流反复影响我们的知觉体验，让我们相信自己不断看到的东西就是现实应有的样子。一种推翻这种信念的方式就是：完美无缺的知觉是不存在的。因为知觉受到来自先前经验的自上而下的加工的影响，所以我们只有与感觉建立联系，才能开始从未经觉察的、自上而下的过滤器可能施行的“暴政”中将自己解放出来。冲啊，我的导管！在写下这段话的时候，我感觉到我的导管和建构器形成了某种同盟，它们仿佛联系在了一起，构成了某种像是“导管 - 建构器”二重奏的东西。也许这是一种关于整合的建构性的愿望，但它给我的感觉很像导管式的现实。所以也许它就是真实的，谁知道呢？

我们是谁？而那个“知道”的人又是谁呢？你是否有过这种体验，即自己在生命中的某个时刻体验到某种观点或视角的转变？虽然这种转变可能很微妙也可能很剧烈，可能很突然也可能逐渐发生，但这种涌现出的内在的清晰感通常充满了一种新奇的感受，就好像你之前从未见过这个事物或从未以这个角度看过它。

如果你曾有过这样的体验，不妨反思一下，你的心智是如何从过去的经历中建构起有关这个世界的图景的。当我们脱离婴儿期逐渐长大的时候，我们寓居于自己的身体里，我们的大脑变成了产生预期和探测模式的机器，时刻为我们预期可能发生的事做着准备。这些预期是我们想象出来的，它们受到我们过去经验的影响。

MIND

> 来自初心和此时此地的原始经验将随着我们长大而逐步被专家式的心智取代。可是，我们能够看到的东西却越来越不精细、越来越模糊、越来越片面，而非相反。虽然这一点令人难过，但若我们了解了它，要改变也是不难的。

那么，我们是谁呢？我们可以简单地说，我们就是自己的心智。心智究竟是什么？至少我们可以从一种自下而上的经验出发，认为自己是感官输入的能量流，这些流既来自外部世界，又来自我们的内部世界，即我们的身体和大脑。这就是我们作为感官体验的导管的作用机制：我们沉浸于活在此时此地的奇迹中。我们同时也是自己自上而下的建构器，也即我们将能量流过滤为信息和符号化的意义，这些符号化的意义代表了超越我们体验到的能量模式的其他东西。因此我们既是能量的导管，也是信息的建构器。

对上述二者在“我们是谁”这个议题中所处的位置进行建构，这会帮助你改善导管在你生活中的功能。我们如何反思自己固化的过去经验，如何以开放性的态度对待当下的涌现，如何预期并影响被我们称为未来的、开放的流，这些方式就是我们的心智在当下这个唯一的存在中塑造“我们是谁”的方式。

建构是关于“我们是谁”的一种自上而下的加工方式。我们可以观察、见证并叙述它。建构我们的生活经验，这是“我们是谁”的一个重要组成部分。在某种程度上，我们可以将其看作心智从能量流中建构信息的方式，它始于对感觉进行知觉加工，然后进行更复杂的记忆、概念化和想象加工。

导流也同样重要，只是其功能不同而已。成为导管更像是让自己进入经验，允许自己在能量流被换转为我们称其为“信息”的符号化形式之前对能量流进行主观感觉。我们可以通过培养“审视”心智的习惯来加强自己的导管功能，即检查自己心智中直接的感觉、表象、感受，以及经过建构的思维中的感觉特点。我们可以短暂地停止阅读、停止写作、远离话语，让自己沉浸于绘画、舞蹈、歌唱，以及单纯的存在。

与导流和建构二者同时成为朋友，这会让我们的生活变得更加鲜活，因为我们尊重了“活着”的每一种方式。虽然导流和建构二者中的任何一方都制约着我们的发展，但二者结合起来就会解放我们，令我们的生命更完整。建构和导流都是自我的重要组成部分。在导流你的经验时，你能感受到这种景象所具有的能量吗？在建构你的经验时，你能感觉到其中信息化的顿悟吗？就在此时，就在此地，让我们张开双臂拥抱我们自身的不同组成部分，即导管和建构器吧！

MIND

A Journey to the Heart of Being Human

第6章

心智在哪里出现

个体内部与你我之间

M I N D

旅程还在继续。我们已经知道，能量和信息流是驱动心智的基本动力。前面谈到，这种流是一个复杂系统的一部分，这个系统带有自组织的涌现性。整合，即将区分开的要素联系起来的过程，就是自组织将系统推向优化的方式。我们认为整合是健康的核心机制。我们还了解到，心智的主观体验可能也是能量和信息流的涌现性。当我们通过调谐以感受他人的主观体验时，就推动了两个区分开的个体结合为一个一致的、整合的整体。这令我们能够与他人融为一体，并催生出鲜活的和谐感。这就是整体大于部分的道理，即整合带来的好处。我们还描述了心智的自下而上的导管功能和自上而下的建构器功能。心智的功能的发挥需要有当下的广泛体验，它们既来自导管，又来自建构器。在这一章里，我们将通过探索能量和信息流的位置，来着重讨论“心智存在于何处”的问题。

1985—1990 年：心智能出现在个体之外吗

在 20 世纪 90 年代之前，即“脑的十年”之前，我开始接受研究生阶段的临床训练，先是在儿科，后来又在精神科。一方面，作为“灵魂的看护者”，精神病学这个领域在我看来很不错，它允许我探索关于人心的全部本质。另一方面，我却感觉到，精神病学界似乎在努力挣扎，以求为自己在医学和心理健康的广阔领域中找到一个立足点。我在成为心理健康工作者的路上经历了许多让自己吃惊的事，比如了解到许多研究人心的学科压根儿没有对“心智”和“健康”两个词进行定义。我们在前面曾经提到过这一点。

回到 20 世纪 80 年代之初，我结束一年的休学回到医学院，并在接下来的两年的轮岗中受到了精神科的熏陶。那时的精神病学领域充满了冲突和对势力范围的争夺。你是精神分析视角的治疗师，还是生物学视角的治疗师？你相信弗洛伊德，还是相信分子？你相信心理治疗，还是相信药物治疗？你对研究精神疾病感兴趣，还是更愿意到社区从事实践工作？因为这些分歧似乎始终存在，所以哪怕我在休学期间对心智产生了浓厚的兴趣，考虑到我热爱儿童，考虑到我与导师汤姆的关系，我还是选择了去儿科受训。

我一直坚守着第七感的概念，即我们看待自己和他人心智的方式，在回到医学院后如此，在进入研究生阶段的训练后也是如此。在我全力地治疗罹患严重疾病的儿童时，那些关注儿童和父母的感受和思维的家庭，以及那些表现出第七感中的共情和洞察的家庭，似乎能更有效地应对疾病带来的种种挑战。在培养复原力时，第七感似乎是一种重要且有用的技巧。虽然我在尽一切可能帮助患儿家庭培育洞察和共情的能力，即他们的第七感，但大量临床工作造成的压力令这种工作方向显得不切实际。在加州大学洛杉矶分校的儿科待了几个月之后，我意识到自己对心智的热情在精神科那边能够更好地成为工作的焦点，于是我在第一年的临床训练结束后转到了精神科。

我很喜欢接触精神科患者。对我来说，运用第七感的概念帮助患者关注其内在世界并监控我自己的内在世界，以及帮助患者澄清自身的精神生活，进而使得他们找到能够支撑其健康心智且减轻心理痛苦的社会关系，这种工作既有趣又有意义。虽然我不知道精神科或更广阔的心理健康领域接下来会变成什么样子，但通过与患者的日常接触，我确信自己的选择是正确的。

然而，即便精神科也像医学院一样存在着一种驱动力，要求医生站在客观的立场上审视精神障碍，以便对精神障碍进行概念化并实施临床干预，而这种干预似乎会忽视个体独特的主观体验所具有的重要性。当我还在医学院时，美国精神病学会推出了《精神障碍诊断与统计手册》（第三版），并招募我们这些在精神科轮岗的人做测试。我们的教授说，这本手册的预期目的之一乃是为精神障碍的构成要素创立一个客观评价标准，这样一来，无论医生在艾奥瓦州还是印第安纳州，其交流对象在爱尔兰还是印度，他们都能对同一个术语的含义有同样的理解。新版的《精神障碍诊断与统计手册》不再依赖个体执业者的主观解释，而是要清楚地为精神卫生领域界定一套专业标准，在这套标准中，成体系的症状必须满足具体的评价标准才能获得精神病学的诊断。

这种要求客观性的驱动力是合理的，它与我们在学校里学到的医学模型是一致的，它将精神医学视为医学的一个分支。《精神障碍诊断与统计手册》（第三版）的出现似乎将允许所有来自不同背景的医师，包括精神科医师实现合作，患者应该能从中受益才对。

然而，这种客观的方法中不可避免地存在一种冲突：关于心智的种种重要的属性和特点事实上都包括了主观性。我们如何才能真正对某种包含主观过程的事物提供客观的数据呢？多年后我才意识到，一本旨在改变整个心理健康工作领域的、关于精神障碍的手册居然既没有讨论过“什么是心理或心智”“什么是精神”这样的问题，也没有讨论过心理健康或精神卫生应该是怎样的。一个关于心智的领域居然没有对心智进行定义，这太诡异了！

作为一名受训医师，我被评为美国精神病学会荣誉会员，并被选中参加一场辩论，辩论的题目是“精神科受训医师该不该学习心理治疗技术？”在全美范围的年会上，我的辩论对手以这样的论述开头：精神科医师是医生，我们医生的工作应当基于医学。心理治疗是询问患者其感受如何的做法，没有任何科学研究能证明感受是真实存在的，因此感受并不属于科学的范畴。所以，作为其工作基于科学的医生，精神科医师不应该参与诸如心理治疗这样非科学的活动。精神科医师不应该学习或使用心理治疗技术，这个结论是顺理成章的。

我大为沮丧，看着对手坐下，我感觉如堕冰窖。现在轮到我了。我该说些什么呢？如果是你，你会说些什么呢？我们的内在主观体验，即我们生活的主观结构，包括我们的情绪感受，这些东西是否真实存在呢？我该如何针对这个问题发言呢？如果这些感受、感觉、思维和记忆等心理活动全都是无法测量或从外部观察的，那么心智是否确实存在？感受，以及我们借以觉察感受的心智，是不是在科学上有据可循的东西呢？

我犹豫了一下，做了几次深呼吸，然后站起来，走上讲台。我环视了一下坐满一整个房间的受训医师和经验丰富的精神科医师。作为受训医师，我们代表了精神科的未来，因为我们被告知我们是精神医学这个学术领域的未来。作为一个为灵魂、心灵和心智提供照料的医学分支，这场辩论是这个领域变革过程中的重要时刻。我能说些什么呢？以下是我的一些回忆。

我望向场内的听众以及我的对手，我直白地告诉他们我感到十分悲哀。然后我停顿了一下。我深吸了一口气，接着说，我不知道有什么研究结果以科学的方式证明了我的辩论对手真实存在，因此我无话可说。然后我就很礼貌地坐了下来。

当大笑和掌声平息之后，我们继续进行辩论，并开始讨论基于可测量因素的科学研究方法论，即能观察和量化的东西的科学研究方法论。我提出了一些当时我们已知的、关于心理治疗对精神卫生的影响的研究。不过稍后我想到了一句常被人错误地归于爱因斯坦的名言，“并非所有可被计算的东西都有价值，也并非所有有价值的东西都可被计算。”这句话实际上是社会学家威廉·卡梅隆（William Bruce Cameron）在 1963 年说的，那时爱因斯坦已经去世了。我觉得这句话非常契合当时那个场合下的那场辩论。于是我说了一句类似的话表明我的立场：并非所有可测量的东西都重要，也并非所有重要的东西都可测量。

你也许会觉得这种关于主观性和客观性的分歧很新奇，是新近出现的“基于大脑来研究心智”的视角中的一部分，但我后来很惊讶地得知，这种“作为客观的医学工作者的精神科医师不应该关注内在主观体验”的观点实际上一点儿也不新鲜。

我的临床督导在听说这场辩论的事之后忍不住笑了，他向我打听我的辩论对手是谁。我告诉他那个人在哪儿受训，督导听完之后哈哈大笑说：“我下周拿点儿东西来给你看。”到了下一周，他拿给我一本油印的资料，其中记录了他在 25 年前参加过的一场辩论，对手是我这次辩论对手的督导。他们的论题与我们的论题如出一辙。这是加利福尼亚第二次赢了艾奥瓦[①]。

① 作者来自加州大学洛杉矶分校，而他的对手来自艾奥瓦州立大学医学院。——译者注

精神科仿佛潜移默化地接受了某种根本性的立场，即精神生活仅限于个体做出的、可被他人觉察到的那些外显行为。也许整个心理健康领域都是如此。即使是从事研究的心理学家也在过去 100 年间将其工作重心转移到了代表心理世界的、外在可测量的因素上来，而非聚焦于较不可靠的、难以获得且易出错的内省结果，这里的“难以获得且易出错”是詹姆斯在 1890 年提出的。

《精神障碍诊断与统计手册》在行为主义的基础上更进一步，它的作者希望将我们的内在思维和感受客观化并使其可被描述。这种目标尽管出于良好的动机，却似乎鼓励将个体独特的内在精神生活中包含的主观现实从精神卫生领域的发展潮流中移除。诚然，《精神障碍诊断与统计手册》中谈到了一些可以被直接观察到的迹象，以及个体可以明确表述的症状，这些迹象和症状都是患者报告的内在主观体验。然而我谈到这个问题的意思是，罗列症状清单，通过访谈做筛查，根据症状为个体贴上标签，最后给患者一个名称、一个诊断，这是医生们学到的工作方式，而聆听患者的言外之意，与其进行调谐以理解其内在生活是另一种工作方式。

MIND

换句话说，哪怕不同的人用了相同的措辞陈述其症状，我们也应该承认每个人都是不同的。也许上述看法来自我所受的自杀干预训练，也许它来自我在医学院的经历，在我看来，医生需要与患者深入地建立联系，而非仅仅拿着一个清单做核对，然后给患者贴上诊断的标签。

虽然每个人都是独特的，但是我们自上而下的建构器却是通过我们所学的诊断分类造成的偏见来感知患者的，以致我们既没有活在当下，也没有真正关注坐在我们面前的人。客观分类的风险就在于，我们可能会对通过相互作用建构起的主观性中存在着的个人现实视而不见。我们前面说过，“完美无缺的知觉是不存在的”。建构器经常对其建构功能抱有极大的自信，这既让我深感难过，也让我忧心忡忡。分类诊断会限制我们对患者心智的感觉。作为心理健康领域的专家，我们的心智尤其应该对此有所觉悟。

可被客观观察和可被主观体验，二者之间的冲突早已有之。这种冲突令我们更困惑而非更明白，它导致了更多争议而非合作。事实上，我们的思维、感受、信念和态度构成的主观现实既是心理活动的重要组成部分，也是心智的一个重要特征。同时，我们也能客观地观察甚至测量心理活动的某些结果，比如行为。我们在之前的章节中深入讨论过这个观点。虽然我们既知道如何测量主观体验的投影，也知道如何接收用于核对症状描述清单的反应，但我们不可能直接了解他人的主观世界，即便使用那些从外部视角收集数据的方法也做不到这一点。这个局限不仅制约着心理健康工作者，也同样制约着以密切观察和为取得量化结果而进行的测量为基础的科研工作者。正如我们之前所见的那样，主观性在终极水平上是不可测量的。即使我们在李克特量表上的“很多”“有时”“极少”“完全没有”上打钩，或者核对包含不同颜色的方框以陈述我们看到的东西，我们仍然不能揭示出真实的感受，比如愤怒，或者我们到底有多么愤怒，或者看到绿色在我们的主观体验中引起的感受是怎样的。

如果一名精神科医师不能觉察到由诊断分类建构出的现实具有的局限性，那么他就可能让自己内在的、主观的、自上而下的过滤器产生对一个人的知觉，这种知觉与这个人内在真实发生的事件是疏离的。缺乏对自己心智的觉察，医生们就会与坐在面前的患者的现实丧失联系。他们看待患者所用的是自上而下的、分类的建构功能，这是一种不经过意识的知觉偏差，它会影响治疗关系中的共同叙事。无论是处理医患关系和家庭关系，还是从事心理治疗工作，共同叙事都会指导我们带着自上而下的现实观来生活。这种叙事过程会自我强化，人际之间的共同叙事会变成我们内在的叙事，这种内在叙事随后会在个体层面和集体层面影响我们叙事的发展。

作为受训医师，我对这些二元对立感到困惑。虽然我喜欢精神医学领域的普遍理念，但我也能感觉到，如果要创立一种审慎的、对精神疾病进行分类的研究视角，那么我就会面临巨大挑战。很显然，为一个阻碍幸福的问题命名，这能让我们得以小心地、系统地收集数据，以实证的方式研究遇到这种问题的个体，最终总结出得到实证支持的有效治疗手段，并检验其效果。尽管这些步骤是我们的工作所必需的，但若是个体迷失于这种分类中又该如何是好呢？或者，如果出现了更糟糕的情况，即这些分类既不够精确也不够恰当，又该怎么办呢？我们该如何保护个体不被诊断所具有的潜在限制和瑕疵的自强化侵蚀？我们可以做些什么呢？在我看来，其中的一个步骤也许就是深入探索心智究竟是什么，而非把这个议题彻底打入冷宫。

我们不妨回忆一下之前讨论过的心智的四个组成部分或者方面，它们是信息加工、主观体验、意识以及自组织。对一些人来说，心智的信息加工属性意味着精神生活发生于头脑中。正如我们之前所说的那样，我们经常视心智为信息加工者。在心理健康和神经科学领域的主流研究者看来，心智等同于大脑活动，希波克拉底在 2 500 年前也作如是观。我们也提到过，能量流存在于整个身体中而非局限于头部。因此，如果我们的观点是成立的，即作为一个整体的心智是能量流的涌现产物，那么心智不局限于颅腔内而是在整个身体中，不也就是成立的吗？由此我们可以认为，心智所处的位置应该是完全具身的。作为能量流的涌现产物，心智应该位于整个身体内部，而非单一位于头部。

也许能量流所处的位置是整个身体，但如果使得神经元放电的能量得以被转换为信息的地方是位于头部的大脑呢？如果这种看法成立，那么进行意义建构的心智，即作为信息加工者的心智，就可以被顺理成章地归结为大脑活动而非整个身体的活动。也许事实就是如此。这种观点认为，如果心智是能量流的涌现过程，如果信息仅仅由头部的神经网络产生，那么位于头部的大脑就是心智的信息加工成分的起源。事实的全部也许就是这样。我们现在知道，在我们的心脏和肠道内的神经系统中同样分布着神经网络，即平行分布式加工系统。在这些区域流动的能量也可能导致神经元放电模式，这些神经表征在其神经网络中重现着一些特定的活动模式，即“信息”，这种信息符合心理表征的特点。换言之，心脏和肠道内的能量流可能不仅仅是能量流，它们可能还携带着信息。

MIND

> 于是我们可以看到，我们既有位于头部的大脑，也有位于心脏和肠道的“大脑”。

这至少说明，以能量和信息流形式存在的心智是完全具身的，而非仅仅具脑的。我们应该让自己的建构器心智容许这种可能性存在。

那么，心智是否能超越具身而存在呢？人类学家提出了“分布式心智”的概念，并认为它与我们的社会化大脑的进化有关。罗宾·邓巴（Robin Dunbar）、克莱夫·甘博（Clive Gamble）和约翰·高莱特（John Gowlett）指出：

> 社会化大脑的假设认为，原始人生活的复杂性是驱动原始人的大脑从类似猿脑的形态进化为现代形态的动力。该理论提出了一种动态的新观点，用于探索基本的社会功能的进化起源，比如组成大规模的、相互合作的社群，以及维持高水平的亲密关系和信任。与此同时，该理论还认为存在一种特殊的认知能力，比如作为上述能力基础的心智。

上述作者进一步提出，“分布式心智的概念是基于多个学科的，它将认知看作具身的、嵌入式的、拓展的、情境化的，以及涌现性的。其根本的意义在于，无论是在物理意义上，还是在社会意义上，信息加工过程的分布都超出了单个人的范畴。在讨论心智所处位置的问题时，我们可以认为上述观点中包含互动的方式：他人以及他人制造出的物都将心智提升到了超越个体内部世界的水平上。“分布式心智的概念提供了巨大的潜力，以供我们检验塑造原始社会和现代人类社会的‘社会－认知’关系……认知逐渐延伸到物质世界和社会世界的程度揭示了我们作为人的本质”。

哲学家会使用诸如拓展、嵌入式和情境化之类的术语描述心智超越具身起源的特性。例如，罗伯特·鲁伯特（Robert Rupert）指出，“嵌入式模型强调对行为、自我和‘自我 - 环境’关系的表征”。心智超越了我们的内在范畴，基于这种理念，有人对心智如何拓展到我们身体之外的信息加工系统做了积极的讨论。

我们不仅使用“关系性”这个词指代心智嵌入其周围的世界，它拓展到身体之外的信息加工系统，并在社会情境中实现情境化。我们还使用这个词进一步表明心智与“外部”世界，尤其是与他人和周围环境中的其他存在物进行持续互动和交换。虽然这种交换包括对认知的信息加工，但其内容不仅限于此。关系性不仅意味着计算事件，还意味着携带及联合的功能，比如通过调谐和共鸣的形式，使得个体的心智与传统意义上的“他人”的心智、他人的自我以及外在环境联系在一起，从而成为其中重要的一部分。

尽管这些人类学和哲学领域的研究通常主要关注认知，但其根本的命题包含在我们所谓的具身且关系性的认知的概念中，它也是作为心智自组织的方面涌现出来的。具身的一面不仅限于颅腔内的大脑活动，还包括信息加工从被皮肤包裹的整个身体中的涌现，这种涌现发生于身体与世界互动的过程中。心智自组织方面中的关系性成分则涌现自与他人和更广阔的世界的互动，而非仅仅被这种互动影响。

心智中的主观体验可能也是能量流的一种涌现产物，如果我们将这种主张纳入上述视角，那么我们就可以认为，我们能够对内在体验到的躯体活动产生主观感觉。有些人或许会认为是意识允许主观体验被感受到，而意识是大脑的神经功能之一，尤其是负责“高级意识”，比如反思和内感觉的大脑皮层的功能之一。因此这种观点认为意识是颅腔内的大脑的一种功能。

我们不妨想象一下：相比于在我们大脑的新皮层中的表征，我们在主观现实中对通过我们身体的能量流的感觉也许更加直接。我们能感觉到肠的蠕动、肌肉的紧张和心脏的搏动，这有可能是因为一种“身体知觉”允许这种完全具身的主观体验从源头上被感受到吗？当你将这种主观性的起源进一步拓展到皮肤包裹的身体之外，下潜到一个环礁湖中，感受到你的身体穿梭于鱼群和海龟之间的时候，这真的是一种头脑发出的意识，还是不止于此？这也许意味着，存在一种比大脑中的神经元放电模式的表征更直接的对身体能量的体验。换言之，我们是否有一种躯体感觉，一种直接基于身体的意识和主观体验？或者说，有一种基于大脑皮层的意识，是它觉察到身体在海水中，觉察到海水本身，而这种意识仅仅位于头部？这既是医学界几千年来所持的立场，也是科学界的共识，也许它是对的。如格拉齐亚诺所说，这种观点“为随后 2 500 年的神经科学奠定了基础”。这种主观体验的起源又是什么？即使这种意识的体验是大脑皮层的建构，我们意识到的东西是否可能产生了其自身的主观性？简言之，这意味着来自身体和来自外部世界的输入信息分别是向大脑发出信号的不同形态的刺激。我们产生了一种错觉，以为自己完全浸泡在环礁湖里，但实际上我们是在摄像机镜头里，而非在现场。

到目前为止，这条推理线索引领我们找到了心智的一个内在起源，即某种内在的东西在发挥作用，而且是独立发挥作用。但即使意识及其对生活的主观体验都位于头部，在觉察之外的信息加工仍然是完全具身的。对主观体验和信息加工的意识觉察既在头部的大脑中，也在躯体的分布式神经网络中，还在作为整体的身体中，这是心智的几个不同组成部分。你的自我，作为心智的功能之一，至少是你身体整体的一种产物，我们将在最后一章讨论这一点。从这个角度来说，自我和作为自我起源的心智都是位于皮肤所设的界限之内的。

接下来，我们要对上述观点进行一下拓展。心智作为一个整体，是否可能不仅发生在个体内部？即使意识确实是位于头部的大脑的产物，甚至是作为整体的身体的产物，我们所定义的心智仍然不局限于意识，它既不仅仅是主观体验，也不仅仅是信息加工。心智还包括自组织，这是一种由能量流组成的复杂系统的涌现性，也就是说，它就像能量一样，不受颅骨或皮肤的限制。心智的自组织的方面并不仅仅限于头部或身体内部的某种东西的单独作用。

我们从一开始就提出了心智的自组织的方面，考虑到这个方面，心智可能不仅存在于个体内部，而且存在于人际之间。无论是在现代科学中，还是在家庭、学校教育和当代社会中，这个观点可能都拓展了我们通常对心智的认识。不过且让我们承认那些常见的、通过先前经验习得的自上而下的建构器，然后再试着多打开心智一点儿吧！

首先让我们回到心智的其他组成部分，即信息加工、意识和主观体验，看看它们是否也有超越个人身体的起源。这也许违背了那些深植于我们内心的、塑造了我们的世界观的信念。这些认知过滤器基本上都在强调一个观点，即心智是一种内在过程。从这个角度来说，我们“拥有”自己的心智。一些人将心智归位于大脑，我们则将心智的起源拓展到整个身体。好吧，不管怎么说，心智总归在个体内部，它源于身体之内，这听上去总算是合理的。在指出心智的一个产物即自我的时候，我们指向的是自己的身体。很好，我们总算还在自己熟悉的领域中。

然后让我们把这些通常的建构过滤器放下，让自下而上的流更自由地涌现。让我们试着打开感觉经验的导管，让它在没有自上而下的建构器主导的情况下尽可能地涌现，而不要通过自上而下的建构得出我们以为真实、确定，或者符合老师、外部世界预期的东西。虽然这对任何人来说都非易事，但你不妨试一试。这样做的一部分困难之处在于感觉，而非知觉、构想、信念或思维。甚至像这样进行尝试本身都很自然而然地是一种建构，即接受被建构出的导管的概念，请你尝试进行感受而非进行思考。你可以尽力把这一切都放下，看看自己是否能放开心智，并尽可能直接地感觉某些事物。这就是尽力对当下保持开放，对“先于感觉”保持开放。

体会到间性的感觉是怎样的？在你拓展自己的注意焦点时，你是否能像在夜里感觉到白天看不见的微弱光线那样，感觉到你和他人之间的连接？在耀眼的阳光下，我们看到的是最显而易见的图像和场景。不过，为了适应幽暗的夜色，我们的视觉系统做出了调整。在我们的眼球后部，视网膜上那些对弱光敏感的视杆细胞变得更加活跃，因为此时的视觉输入信号不同于在白天受色彩影响的、中心化的视锥细胞接收到的信号，所以这改变了我们的视觉感知。有了这种改变，我们开始探测到自己先前无法以有意识的心智探测到的光，它们同样是真实存在的，只是更加微弱而已。虽然微弱的星光一直存在着，但我们在白天无法感觉到其存在。如果你曾经好奇“在白天除了太阳是否还有其他星星挂在天上”，人们也许会说：“不，星星只有晚上才出来。”这显然是错的。我们只是在耀眼的阳光下看不到它们而已。我们很快就会看到整个宇宙在我们的眼前渐渐展开，那是一直存在但我们的肉眼未觉察到的星际万花筒。

MIND

> 也许心智的间性就像微弱的星光，它一直存在，只是被如阳光般耀眼的内在建构所遮蔽了。

我们知道，即使在白天也有星星在天空中闪烁，只不过太阳的光芒令我们无法探测到星星的存在。同理，我们的思维和自上而下的建构过滤器可能遮蔽了生活中的间性发出的微弱信号。这种更微弱的能量流甚至信息流将我们与他人连接起来，其连接模式充满了我们彼此连接的世界，也许心智对这种能量和信息流使用的“心眼”就对应着夜间视力吧。间性的世界也许一直存在于斯，只是我们的肉眼看不见罢了。

上述将我们连接起来的能量和信息流也有一种特质，你可能已经在此时此刻感受到了这种特质。有了第七感中“心眼”的敏感性，我们就可以开始觉察这种位于人际之间的流了。

MIND

> 我们经常将心智的间性觉察为一个心智向另一个心智发出信号，比如你对我的一瞥，我发出的一声叹息，或者两人不约而同地一笑。

也许所有这一切都是不同的心智在不同的身体中对彼此发射信号。也许这种观点更像是一个心智构想出的现实的一部分，它属于一个自上而下建构出的解释。例如，社会神经科学的一种观点认为，单个大脑会对来自其他大脑的信号做出回应。也许我们可以把这种观点拓展到一个身体向另外一个身体发出信号。也许这个独立的身体只是主观生活的一个来源：我们感觉到能量和信息流的位置在大脑甚至整个身体中。从这个观点来看，心智仍然是在个体内部的，人际之间的连接仅仅是共享的信号。也许这就是事实的全部，即心智发生在个体内部，而沟通发生于人际之间。

也许这种观点会让我们停留在更精确也更常见的立场上，即心智仅仅存在于个体之内，在单一的身体甚至单一的大脑之内。也许个体的、独立自主的心智观确实是事实的全部。

我们可以回忆一下在本书开头谈到过的、心智包含的几个组成部分，即意识及其包含的生活的主观结构，信息加工，以及自组织，然后对未从根本上被解答的问题做个小结：没有人知道意识和主观体验是如何从大脑中产生的，或者它们是如何从身体中产生的。从平行分布式加工系统的神经计算的角度来看，信息加工也许更容易讨论。这种平行分布式系统存在于位于头部的大脑，按我们上面的讨论，它也许同时存在于位于心脏的“大脑”，以及位于肠道的“大脑”。从这个角度来看，信息是由源自身体内部的能量模式产生的。

那么自组织呢？我在前面已经提出了自己的主张，我认为心智是“一种具身且关系性的、自组织涌现式的、同时对个体内部和人际之间的能量和信息流进行调控的加工过程”。当你读到这句话时，来自本书的信息流就变成人际之间共享的能量传递给了你。想想互联网吧，它极大地帮助你实现了信息的提取和存储。能量模式以大量的“0”和“1”的形式被存储起来，这是数字化的加工过程。我们可以看到信息流并不是单独作用的。信息加工不仅发生在你的身体内部。信息流不仅存在于个体内部，也存在于人际之间。既然复杂系统的能量和信息流影响着自组织，那么这种流源自何处呢？它既发生在你的身体内部，也发生在你的身体和世界之间。

MIND

> 我们认为信息加工和自组织所在的位置从表面上看起来是两个位置，我们将其命名为“个体内部”和“人际之间”。

心智的这两种成分，即信息加工和自组织的调控功能，都是一个由能量和信息流组成的系统的一部分，这些流发生于个体内部和人际之间。虽然这似乎是两个位置，但如前所述，这种流并不会被颅骨和皮肤局限。心智的这两种成分是一个由能量和信息流组成的系统的两个部分。这种试图将心智同时定位于个体内部和人际之间的假说也许走得太远，从而导致许多人觉得这是难以接受的，因为它乍看之下显得十分不合理。同时存在于两个位置，这怎么可能呢？如果我们考虑到心智涌现于能量和信息流，而这种流在我们所说的“个体内部”和“人际之间”是连贯的，那么我们就能理解“心智”如何从“流”中涌现。这种假说并非将不同的现实或位置割裂开，它意在让我们打开心智，注意到这些位置和情境本是一体，是一个加工过程和一种涌现的流的一种设置。

我们现在回到心智的另外两个组成部分，即主观体验，以及体验到主观体验的意识。心智的这两个基本组成部分是否也可能不仅存在于个体内部、存在于身体及其大脑，而且存在于人际之间？虽然我知道这听上去很奇怪，但我们不妨看看它意味着什么。我们不妨放下所有关于“意识由皮层建构”的自上而下的成见，不要让这些成见完全否定上述假设，并对这种可能性保持开放。

无论是否能被我们觉察到，将我们彼此联系并将我们和更广阔的世界联系起来的能量和信息流的模式实际上都可以被视为一个真实存在的加工过程。这种流源起于何处？它既源起于个体内部，也源起于人际之间。这是事实。这意味着非意识的心智，即在未经觉察的情况下从能量和信息流中涌现出的心智的位置既在个体内部，又在人际之间。我们因此可以认定，这就像个体内部的能量和信息流一样，当它们未被我们觉察时，我们就不会对它们产生主观感觉。因此心智的间性在我们未觉察到的情况下也可能不表现出其主观性。换言之，非意识的心智既存在于个体内部，也存在于人际之间。从某种意义上来说，这其实重述了一个观点，即心智的信息加工和自组织成分作为能量流的涌现产物，都是既存在于个体内部，又存在于人际之间的。

MIND

> 也许就像个体内部的能量和信息流那样，人际之间的流的某些模式也可以被意识觉察，我们可以对这些流产生主观感受。这就是我们需要从通常的观点出发迈出一大步的地方了。

当我们允许自下而上的加工充满自身，将我们的知觉拓展到自上而下的、孤立的个体自我的概念，即个人化的、仅存在于内部的心智之外时，我们或许就能感觉到更多事物的存在。在第 5 章中我们看到，我在一场事故后丧失了同一性，这表明，个体的、基于身体的同一性是被建构出来的。我们也看到感官流的导管和对自我的建构都是同样真实的。那么，基于同样的逻辑，我们的自我感是否也可以包含一种间性？我们的归属感难道就不能塑造我们的同一性吗？当你走进一间坐着好友的屋子时，你是否能感觉到你们之间的连接？当你和关系密切的家庭成员坐在一起时，你是否能感觉到将你们联系在一起的历史？当你和一个值得信赖的人成为朋友之后，在你下一次向他问好时，你是否能感觉到你们之间建立的连接让你的感受变得不同？除了一种连接感，你是否能同时感觉到一个更大的“我们”在关系中出现，在字面意义上的你和他人的间性中出现？

这种关于“我们”的同一性的观点可能只是我个体心智的一种投射、一种愿望或一种渴望，即渴望体验到某种不仅仅是孤独的自我的东西。我很乐于承认这种可能。有句话是这样说的：“孤独与生俱来，至死方休。”也许确实如此吧！但我渴望有超越于此的存在。也许我的渴望会被导向一种建构出的观点，即这种存在是真实的，某种间性的心智确实将“我们”联系在了一起。也许它只是个愿望，毫无现实依据。我那怀疑的心智建构出了一个世界，上述愿望在其中是荒谬的：心智只在身体之内，再无其他。虽然将心智从位于头部的大脑拓展到身体内部，这已经足够了，但我的心智又往前走了一步。也许许多科学家所持的观点，即“心智只存在于位于头部的大脑”确实是对的；也许心智仅仅是一种单独的活动，甚至是具脑的活动；也许“各位，这就是事实的全部”这句话本来就是对的。

可是，当我于 20 世纪 80 年代在精神科受训时，这种将心智仅仅归位于大脑或者仅仅归位于身体的观点似乎并不完全成立。除此之外，也许还有些其他的东西存在。尽管谁也不说，但你能在一个处在危机中的家庭成员坐着的房间里，或者一群试着弄明白这一切的同伴中感觉到某种东西的存在，即存在一种家庭的心智，一种群体的心智。我们的自我感是被这种集体性的心智涌现塑造的，我们不仅被它塑造、被来自他人的信号影响，还活在这间性的海洋中，而非仅仅活在内部。

如果这里的“还有些什么”不是一厢情愿的心智建构，而是真实存在的，那么情况会怎么样呢？如果我们所探索的心智，包括意识中的主观特质、有时无法被觉察的能量流和信息加工过程，以及自组织涌现，确实不仅存在于个体内部，也存在于人际之间，那么情况会怎么样呢？如果就像鱼儿无法注意到它们周围的海洋那样，我们无法看到包围着我们的心智的海洋，那么情况又会怎么样呢？这一切意味着什么？虽然那时的我给不了清楚的答案，但我确实深深地感到这个“还有些什么”非常重要。心智既存在于个体内部，又存在于人际之间，这究竟意味着什么？

我们需要启用一个与平时分析性、建构性的心智不同的视角，以便感受这种相互的关系。当我明白我需要一种不同的知觉模式时，就把自己在医学院累积的经验统统放下了。无论用到大脑的哪个半球或哪个脑区，我们显然都有不同于彼此的两种信息加工模式①。如前所述，左脑模式在逻辑推理、建立因果关系时处于主导。另外在使用语言做线性的、字面意义的陈述时，左脑模式也

① 斯坦诺维奇和卡尼曼等人后来提出的“系统 1”和“系统 2”或许与这里的“左脑模式”和“右脑模式”存在某些关联。感兴趣的读者自可一探究竟。——译者注

会被激活。我在休学期间，即对我来说更像真正回归生活的那段时间，我学到了另外一种模式，我们可以简称其为右脑模式。无论发起自大脑的哪个半球或区域，这种右脑模式都像导管一样，以不同于左脑的方式感知事物。右脑模式中相互联系的知觉也有着完全不同的建构特点。在这种模式中，作为“情境”（context）存在的、事物之间的相互连接被理解为关系性的，而非仅仅被感知为特定的单个细节，即所谓“文本”（text）。在右脑模式中，我们感知到的是法的精神，而非左脑模式强调的、对法的字面解释。尽管大脑左右半球存在差异的观点遭遇了一些激烈反驳，但斯佩里还是因发现大脑两半球的某些差异荣获了 1981 年的诺贝尔奖。右脑模式透过书面和文本思考字里行间塑造整体的相互关系；左脑模式则负责建构清单和标签，以便将整体拆分成其组成部分，它更倾向于分析或者分解，左脑模式常常忽略部分间的相互关系，而非看到“整体的宏大图景”。也许事实如此，即虽然左脑模式能够很好地研究意识的内在性及其在神经系统中的起源，但它在觉察间性的现实时较为困难。

如果我们想完整地认识到心智的诸多组成部分，那么我们就需要这两种知觉模式的同时参与。为了看清世界，我们既需要日间视力，也需要夜间视力。也许这种将我们彼此连接起来的、更加微妙的能量和信息流模式，即心智的整个间性，能够被情境性的右脑模式更好地觉察到。

在 19 世纪，科学家法拉第是最早提出“场”的人之一，他认为场将世界中彼此孤立的各个要素相互连接在了一起。基于这种观点，我们在现代生活的很多方面应用了电磁场的某些特性。我的岳父是个农民，他平时很少接触高科技产品，某一次他在洛杉矶拿我的智能手机和在乌克兰旅行的外孙进行视频通话。当他第一次在手机上看到外孙的脸时，他惊异万分。智能手机上进行的视频通话以一种很形象的方式证明了法拉第以其出众的建构性心智提出的假说：电磁场以波的形式存在，虽然它是肉眼不可见的，但它却是真实存在的。

在法拉第之前，人们也许会认为进行视频通话是不可能的一件事，它只有通过某种形式的巫术才能实现。今天，在有了智能手机和许多精巧的电子设备后，我们根本不会怀疑其可能性。在许多时候，我们甚至压根儿不会思考这种可能性，只是使用这些设备而已。那么，是否存在这样一种可能，即人体和人脑具备某种发射和接收的功能，与我们发明的这些设备道理类似？即使人体和人脑没有这样的能力，我们已有的五种感官也能从周围环境中接收各种信息，从而令我们以某种真实存在的方式相互连接，我们有时候能觉察到这种连接，有时候则不能。既然感觉可以不通过觉察而产生，那么我们通过这些感觉建构的知觉表象当然也可以在没有觉察参与的情况下出现。

有意识的知觉和没有意识的知觉都是可以被训练的。如果这种潜在的知觉能力和模式真实存在，那么也许我们每个人都可以开发这种能力，以便感觉到这种间性的存在。如前所述，一些学者将这种联系我们的、本质存在的东西称作“社会场域”，这种社会场域整个嵌在我们相互连接的复杂系统中。虽然人际之间的某些连接通过直接可见或可闻的沟通得以体现，但是我们尚不清楚其他一些间性的“成分”是否像电磁场那样，有朝一日可以被我们测量并被我们的感官直接接收到，或者通过一些尚未被阐明的其他因素而被接收到。

这里的“其他因素”之一可能是已经被物理学家证实的一种量子物理学现象，即非局域性或量子纠缠。一些科学家对此会翻起白眼，“哦，我们可不该在讨论心智的时候扯到量子物理学。”他们还会说我们不该谈论能量并用它来探索心智。也许他们是对的，心智与能量可能没有半点儿关系。你怎么看呢？在我个人看来，以某种方式限制我们的探索，在研究心智时避免使用科学的语言谈及能量，是没有科学意义的，这也许只是因为我的心智认为我们不该做某件事。所以我们不妨以一种反思的方式这样想，即如果心智确实是能量的涌现产物，如果这种心智观是对的，那么关于能量的科学原理就应该被引入对心智的讨论中。整个 20 世纪的研究表明，存在某种能够在能量之间建立起联系的东西，它能够对物理层面上相距遥远的物质产生可观的影响。近些年来的研究表明，物质也遵循同样的规律，毕竟物质就是凝缩的能量。换句话说，诸如电子这样的东西一旦被配对，当它们在物理意义上被分开后，即使彼此相距遥远，它们仍能够以超过光速的速度直接影响彼此。这个现象已经为研究所证实。在将这些关于量子纠缠的实证研究结果应用于对心智的探索时，我们既应该小心谨慎，也应该以科学的态度保持开放。

既然如此，我们就可以假定下列观点是合理的、合乎逻辑的，且得到实证支持的。

1. 能量和物质存在间性，这是一种本质上的相互关联，我们可以称其为“纠缠”。这种关联既不能被原始的测量手段测定，也不能被人类的五种感官探测。
2. 考虑到上一种观点有实证基础，因此关于“心智体验是否有相互关联性”的问题就是合理的、有科学基础的问题，而非结论或假设。
3. 上述问题尚无定论，无论科学家对此有何解释，我们都只是遵循逻辑提出了一个我们正在考虑的科学问题。科学支持我们以这种方式探索这个问题。我们要采取这种保守的立场，尽可能将这个宽泛且有深度的问题合理地纳入我们的研究中，而不要对这些问题的终极答案可能是什么抱有先入之见。

我们是否能发展出一双更具洞察力的眼睛，用以探索我们彼此之间关系的本质？虽然这些本质，比如能量场或其他将我们联系起来的现实属性如量子纠缠，可能塑造我们的主观体验，并影响我们心智的其他组成部分，但我们用日间视力通常看不到它们的存在。作为物理世界的要素，非局域性的连接和能量场会不会正在影响着我们，只是我们一开始并不能有意识地觉察这种影响的存在？我们会不会永远都觉察不到这种影响的存在？

一个相关的例子是光。光是在一个连续的电磁波频率谱上变化的[①]。我们

① 作者在本段原文中用 light（光）指代一切频率的电磁波。众所周知，某些频率的电磁波，比如 X 射线或 γ 射线是可以穿透皮肤甚至颅骨的。——译者注

视网膜上的视杆细胞和视锥细胞仅能够接收这个谱上一个小范围内的电磁波，即可见光。除了可见光，还有不可见光，比如紫外线，虽然它不可见，但过强的紫外线还是能灼伤你。即使你的肉眼看不见紫外线，它不还是一直存在着吗？我们最近才开始学会用不可见的光束治疗疾病。研究表明，用光束照射颅骨表面会改变大脑中可测量的神经元放电模式。光子是否穿透了颅骨？是的。如前所述，能量不会被颅骨或皮肤局限。因此我们曾经认为不可能的事现在已经被证明真实存在，即光能够穿透皮肤和骨头并影响大脑。这是能量模式直接影响我们的一个例子，这个例子中的光是肉眼不可见的。法拉第曾经提出存在不可见的能量场，现在我们都知道这是真的。那么，同理，是否可能存在其他形式的能量场，或者能量和物质的其他属性影响着我们的身体？如果心智确实是具身且关系性的，同时又是能量的涌现产物，那么心智怎么可能以及为什么会脱离上述这些因素而独立存在呢？

我们将会在第 8 章中看到，对时间的科学研究令我们得以想象在一个可观察的现实水平，即量子水平上的精神生活是怎样的。要知道，我们大尺度的身体和其他充满这个世界的、更大尺度的物体在经典物理学水平上通常是最容易被观测到的。如前所述，即使在较大的尺度上，量子效应也是存在的，只是这种效应通常被经典物理学特性遮蔽，难以被发现。因此，在觉察我们相互连接的精神生活时，第七感也许是比肉眼更好的方式。或许我们拥有量子性的心智，其中存在各种量子属性，只不过这些真实存在但更微妙的属性在经典物理学水平的身体和世界中通常被忽略掉罢了。我们在之后的章节中会谈到这一点。

我回想起了我那位主张“感受不是真实存在的”的辩论对手。也许他的知觉系统不能令他有意识的心智感受到情绪。后来我们坐下来喝了两杯，我发现他对自己所说的内容深信不疑。我们应当承认一个普遍的事实，即知觉是一种建构起来的功能。虽然他大概是有情绪的，甚至对这些内在加工过程有感觉，但是出于某种原因，这些感觉未能进入他有意识的体验，因此他从未觉察到它们。同理，也许我们中的许多人不常令我们相互连接中的能量流或其他组成部分，也即我们间性的机制进入意识。也许我们没有觉察到这种内在性和间性的相互连接。如果上述各种可能的机制中存在的感官流可以在缺少知觉建构或有意识反思的情况下存在，难道我们就不可能发展并强化某种能力以便精确地觉察这个间性的世界吗？

我们不妨对我们认为自己可能知道的内容，以及现实可能包含的内容保持心智开放。这有助于我们继续探索下去。

如果主观体验在一定程度上是由能量和信息流涌现的产物，且这种流既发生在个体内部，又发生在人际之间，那么间性是否能成为主观体验的一个来源？就像自组织既在个体内部，又在人际之间一样，主观体验也可能是既在个体内部，又在人际之间的，这是对能量流的觉察导致的一种结果，只是在这种情况下可以有也可以没有觉察的参与。

然而这也可能意味着如下问题：如果主观体验只能在觉察的范围内被感受到，且觉察也是能量流的某种涌现产物，那么能量流的间性是否能导致某种意识的产生？能量流的内在性来源能够“导致”意识的出现，人们已经在许多关于意识相关神经区的神经科学研究中探讨过这一点。但我们现在尚无这样的科学研究结果来支持“意识来自身体之外”的观点。

是否可能存在一种间性的意识起源，一种从间性中产生的觉察？虽然许多科学家可能会直截了当地说“不存在”，但事实是，我们其实还不知道答案。既然如此，这个觉察的间性起源中难道不会具有某种主观性吗？即使这种意识的起源尚未被证实，哪怕它事实上并不存在，我们是不是仍然能找到某种办法以便在觉察范围内感受到心智的间性一面呢？既然我们能主观感受到吹过面庞的风，能在潜入环礁湖时感受到包围着我们身体的水，能在跳华尔兹时感受到舞伴身体的同步旋转，那么同理，我们是否也能主观体验到心智的间性？换句话说，如果内在产生的觉察是觉察的唯一来源，那么即使在意识本身最终被证明主要源自内在性的情况下，我们是否还能运用这种觉察感受或主观感觉到精神生活的间性？

也许这种心智的间性实际上比内在性更容易被共享。从我最初受训成为精神科医师时起，我就被这种概念所吸引。在我刚进入精神科任住院医师时，我就接触到了关于感受心智间性之重要性的第一手信息。

我受训期间接触的第一批患者之一是一位在读的博士研究生，她因为自己在一位同侪去世后陷入抑郁而前来就诊。我对她运用了心理治疗。虽然那时我其实有些不知所措，但她却抱着开放的心态。当治疗进行到学年结束时，她的抑郁和哀伤得到了缓解，她感觉生活重新变得充实了，治疗可以结束了。很快她就准备到另外一所大学继续博士后的工作，我们也就该说再见了。

因为我很想知道对她产生作用的究竟是哪一部分内容，所以在治疗结束时，我提出我们应该做一次结束访谈，以便回顾治疗中最有帮助的部分以及需要改进的部分。“这听起来不错。”她说。我问她：“对你最有帮助的是哪一部分呢？”“哦，这再明显不过了。”她回答。“没错，”我说，“我知道，如果要你用语言描述的话，你会怎么说呢？”她停顿了一段时间，眼中含着泪，看着我说：“你知道，我之前从未有过这样的体验。我从未有过被其他人感受到的经历。这就是帮助我好起来的力量。”

“感受到自己被感受到”。我从未听过有人以这样意味深长的方式描述我们在被感受到、被理解，以及与他人连接时所体验到的关系。

存在于我们俩之间的是一种感觉，即我关注她内在的、主观的心智体验。通过这种关联，她“感受到自己被感受到”了。然后我就既明白了这种找到共鸣的感受，即我将自己调谐到她的内在世界并且被它改变的感受，也明白了这种感受可能是以何种方式让她产生信任的。

有了这种信任感，她和我就可以探索那个困扰她很深的心智中的内在世界。我们密切协作，一起探索她内在涌现出的那个心智，并试图为下列问题找到解决方案：过去她与家人的痛苦经历导致的创伤，现在她在面对同侪死亡时感到的无助，以及她因为看不到未来的希望而产生的绝望感。这些问题在此刻都得到了解决。信任为我们疗愈这些创痛打开了一条通路。

MIND

疗愈之道是什么？感受到自己被感受到。

我既可以与她一起待在当下，感受她的内在世界、她的主观现实，然后对她的现实产生共鸣。我也可以进入她的主观世界，觉察到她未觉察到的信息加工过程，这是她非意识心智的一部分。这同样能够影响我的内在世界，即使是在她对此没有觉察的情况下。不仅是她，我自己也被人际之间的连接改变了。这就是共鸣的体验。

有时候，我们可以有意识地感受到共鸣，当我们作为"我们"连接在一起的时候，我们就能明确觉察到被感受到的感受。这种连接即使在没有意识参与的情况下也能在我们内部建立起来。非意识的信息流是所谓的"非焦点注意"的一部分，它可以不经意识参与就接收信号并创建关于经验的表征。这些关于连接的有意识和非意识的经验能够催生信任。

我们随后了解到，信任之所以能促进学习是因为它促进了神经可塑性的发展，神经可塑性即大脑受到经验影响而产生改变的方式。我们在下文中很快会谈到这一点。因为你知道我是一个首字母缩写词狂人，所以你看，令我的患者产生"感受到自己被感受到"的体验的疗法，其本质就是"在场"(presence)、"调谐"(attunement)、"共鸣"(resonance) 和"信任"(trust)，即"同在"(PART)。

这次经历也让我产生了一种感觉，即心智并非仅仅存在于个体内部，它也存在于人际之间。在我于精神科受训期间以及结束训练之后，我仍在为这种事情如何发生感到迷惑。如果心智仅仅是大脑活动，或者仅仅是个人且私人的，那么一段关系及其中包含的连接感是如何引起关于间性的强烈感觉的呢？如前所述，也许这种连接感仅仅是我们个人化的心智的一种幻象。这仅仅是我的幻想吗？这仅仅是我将实际上与世隔绝的、作为孤立过程的心智投射到了关系上吗？我们难道不都是生而孤独的吗？或者说，心智的位置是否实际上既是个人的、在个体内部的，同时又是人际的、位于人际之间的呢？是否存在一种我们实际上都嵌入其中的社会场域？这种社会场域是否就像法拉第发现的场那样真实存在，它来自共享的能量流模式，且这种能量流在我们彼此靠近的时候就会产生？我是否仅仅简单地与这个场域进行了调谐？既然理论上可行但仍悬而未决的量子纠缠是在邻近性的基础上发生的，那么是否可能有其他配对形式超越这种纠缠而出现呢？一个人的心智对另一个人的内在世界的关注，即与感受到被感受有关的间性，可能引发一些额外的能量模式的传递，使得这些模式稍后能够表现出这种非局域性的特点，而这种非局域性能够在我们在物理上彼此并不相邻的情况下发生，上述这种可能性是否存在？这是我们与生活在一起的伴侣之间如此同步的原因和作用机制吗？如果心智确实是能量的涌现产物，那么经过配对的能量甚至物质表现出的已经被研究证实的非局域性特征，也许至少能够揭示这种跨越长距离的、纠缠态的关系中可能存在的现实。我们可以继续探索并研究各种可能导致个人“感受到自己被感受到”的途径。

我们在这里要讨论的是“心智存在于何处”的问题，为此我们需要打开自己的心智，来考虑心智体验存在于我们的间性中的可能性。另外，我们也要抱着开放的态度重新思考那个存在了 2 500 多年的观点，即心智的内在性起源是我们头部的大脑。心智确实存在于个体内部吗？或者说这就像我在个人化的自我被那场事故“敲晕”之后体会到的、由心智自己产生的感觉那样，只是一种错觉？作为一名年轻的受训医师，我对患者的关心导致了间性心智的出现。同样真实的一点是，内在性心智的重要性大大降低了。

在关心这位宣称“感受到自己被感受到”的患者之余，与另外一名受过创伤的患者的接触也帮助我理解了治疗关系的力量，以及“心智既是具身的又是关系性的”这一观点的重要性。这位名叫比尔（Bill）的患者是在越战服役期间遭受创伤的。他饱受由创伤后应激障碍引起的闪回和其他侵入性症状的折磨。因为我的督导们无法帮助我理解为何创伤会对人产生严重的影响，甚至到了令人罹患创伤后应激障碍的程度，所以作为一名接受过生物学训练且热爱在医学院学到的神经科学知识的医师，我查阅了研究者对记忆的生物学研究，并最终找到了一些关于大脑中的海马的新近的研究结果。海马负责将最初的内隐记忆，或者说非陈述性记忆，整合为更加外显或陈述性的形式。我们的神经回路通过某种具身的形式影响了记忆的形成，知道这一点后，我便不再对患者的创伤后应激障碍症状中的某些特点感到困惑了。

如果我遇到得出上述结论的研究者，我会对其提出以下主张：海马负责整合记忆，它能够将最初的输入信号整合为可被理解的、对过去事件的灵活的映像。海马将最初的记忆加工成更为精细的心理表征，以供之后的反思所用。如果海马受损，那么这一加工过程就会被阻断。这就是记忆在“编码-存储-提取”中的建构机制，正是这一过程将记忆从早期的、基本的形式转换为更加复杂的自传体式回忆。有机体在承受巨大压力时释放出的皮质醇会在短时间内阻断海马的工作，持续的皮质醇分泌甚至可能会对海马造成损伤。由于创伤会导致皮质醇的过量分泌，因此，在压倒性的创伤性事件中是否会出现海马被暂时阻断，甚至出现事后损伤的情况？

还有一些研究结果似乎与许多患者陈述的状况有关。如果我们把注意的焦点从当前环境中的一个部分引开，那么海马就不会对这部分经历进行编码，也就不会有外显且灵活的记忆形式出现。因此，如果人们能够将其注意拆分，即通过解离将有意注意集中于生活中的某个非创伤场景或成分，那么他们就能令需要集中有意注意才能工作的海马“分心”。一旦解离过程被启动，那么海马的加工过程也会被阻断。

没有海马参与的内隐记忆不需要我们集中有意注意就能实现记忆编码。这么说来，肾上腺在创伤事件中过量分泌皮质醇是否可能导致非陈述性记忆，即内隐的情绪、知觉、躯体感觉和行为得到了更清晰的编码？

这些问题之所以重要，是因为若无海马的参与，那些内隐记忆就会保持其原始的、“纯粹的”状态。我所读到的研究结果表明，当这些纯粹的内隐记忆被线索激活或者被提取出来的时候，虽然个体会产生相应的情绪、知觉、躯体感觉甚至行为，但个体不会将上述内容与“回忆起某事”的感觉建立起关联。这令我感到震撼。换句话说，关于记忆的基本科学原理可能是很有用的，它可以为我们提供一个临床解释，即创伤事件为何会仅仅被编码为内隐记忆，而且会通过对一系列创伤后应激障碍症状的记忆提取而重现。这些症状包括侵入性记忆、侵入性情绪、回避性行为，甚至闪回。闪回可能意味着尽管一系列纯粹的内隐记忆被完全提取并进入意识，却没有外显的标记以表明它是发生在过去某一时刻的某件事[①]。

我遇到的研究者肯定了上述假设在理论上的可行性。我在临床工作中发现，有了上述基于记忆和脑科学的研究结果，我就有可能对创伤后应激障碍患者经历的痛苦背后的机制做出解释。这个理论框架还能进一步为治疗干预指出一个新方向。如果我能对病人做恰当的“同在”，即在场、调谐、共鸣和信任，那么我就能创设出导致改变的条件。然而除了关系性的连接，我也需要更多的东西，即治疗过程中的间性心智。另外，我还需要理解身体内部发生的过程，以便明确如何干预大脑回路，而这样做可以接触到心智的内在性。心智存在于两个位置，包括人际之间和个体内部。

沟通和连接能够促进心智间性的涌现。无论是在个体治疗中，还是在团体治疗中，无论是在只有一对夫妻的小家庭的治疗中，还是在更大的家庭的治疗中，处于当下都仿佛意味着带有一种对能量和信息流的开放性，这使得某些东西在治疗中得以涌现，这些涌现出的东西可以被轻易地阻断或隔开。这种阻断似乎来自对威胁做出的反应，你既能够在社会场域或间性的空间中感受到它的

---

① 闪回出现时，罹患创伤后应激障碍的个体不能觉察到当前意识中那些可怕的、具有伤害性或威胁性的事物仅仅是对过去的回忆，他们倾向于将其感知为此刻正在发生的新伤害或新威胁。因此他们很可能通过看法、感受或行为来对这种实际上并未发生的伤害或威胁做出反应。这种反应在他人看来是与现实不符的，因而在人际上是无效的。——译者注

存在，也能够在走进治疗室的时候不时感受到它的存在。当时作为年轻治疗师的我便感受到了心智间性的存在。作为治疗师，我们奠定沟通基调的方式会促进或者制约能量和信息流在治疗室中的涌现。如果我没有处理好自己个人生活史中的某些部分，我的患者的体验就可能受到阻碍。你经常能在治疗室中感受到这样的冲突。充满治疗室的流仿佛有一种味道，一种感受，一种你几乎能触碰到的实质性的东西。它带来的感受是真实的。你能用第七感感知到这个社会场域。在治疗师和个体、夫妻、家庭或小组之间涌现出的心智，是可以被感受到的。

虽然没有人谈论这种现象，但这并不意味着它不存在。我能感觉到在我从医学院退学前的那些日子，即在我接受临床教育的时候，我的心智是缺席的。但第七感的概念令我意识到，即使那些训练课程、那些医学人的社会化的过程仿佛是假的，我那时的心智仍然是真实存在的。间性是否可以和内在性一样作为心智的位置而存在呢？在我接受精神科训练时，我曾苦苦思索这个问题。因为当时的我没有任何概念，所以我无法将这个问题纳入某种研究的框架中去。

受我在心理治疗中的存在影响的间性仿佛为我开了一扇门，让我能更自由、更全然地专注于患者心智的内在性。我该如何做才能改变特定患者大脑中的回路，并根据患者的情况，在曾经印刻了消极体验的回路中建立一些积极的改变并将其巩固呢？如果在治疗中发生了一些持久的改变，那么患者的大脑是不是也要跟着发生改变呢？

因为治疗师是不能实施神经外科手术的，所以他能做些什么来促成患者大脑中的积极改变呢？

答案是体验。体验意味着能量和信息流的流动，包括在人际之间和个体之内流动，在人们之间共享，从身体中流过。治疗性的体验意味着以一种特定的方式让这种流流动起来。患者会在人际之间“感受到自己被感受到”。我能为这种流的内在性做些什么？即使我知道我需要做什么，我又该如何将其实现呢？

答案也许是注意。注意就是引导能量和信息流的过程，它可以通过人际沟通和人们内在的沟通建立起来。因此，如果我对你写下“埃菲尔铁塔”这 5 个字，我就是在邀请你将注意转向巴黎的地标建筑。关系内的沟通既影响着人际间的注意，也引导着内在的注意。借助注意，我们就能引导能量和信息流的方向。在意识中，我们把注意和觉察结合起来，称其为“焦点注意”。研究表明，焦点注意是激活海马所必需的。

意识的间性和内在性是彼此紧密相关的。对能量和信息流来说，颅骨和皮肤都并非滴水不漏的边界。这种流在个体内部和人际之间都可以产生。

MIND

> 我的临床假设是这样的：如果我能将我的“同在”传递给一名患者，那么就会有信任产生。在这段相互信任的关系内，一种开放的在场感和接受性既会在心智的间性中涌现，它们随后也会在心智的内在性中涌现。

我既可以引导患者的焦点注意朝向内隐记忆的各种成分，比如情绪、知觉表象、躯体感觉和行为冲动，这样它们就可以被海马联系起来，以达到外显记忆的整合状态，也可以干预心理模型或图式，以及内隐记忆的启动过程。当焦点注意集中于内隐记忆的这些成分时，我们就有可能将这些成分转化为更加整合的、外显的记忆成分。海马驱动的外显化加工过程能够催生出事实性记忆，即对过去发生的某事的事实性知识，以及自传体记忆，即对自己在过去某一时刻的知识。这些记忆在被提取时能带来清晰的感觉，即它们是来自过去的。我称其为“被重新激活的感觉”，这是一种存在于此刻的主观感觉，即当前体验来自先前的事件，而非此刻发生的事件。这种被重新激活的感觉在纯粹的内隐记忆提取中是缺失的。

信任的关系能增进与情绪、表象、躯体感觉和行为“待在一起”时的耐受力，令人不会轻易在这些内容进入觉察时感到过于恐惧，或觉得难以承受。在这种充满接纳性和接受性的社会场域中，我们仿佛对特定的情绪、表象或记忆增加了容忍度，先前不能被提及且难以忍受的东西变得可被命名、可被驯服。因为治疗能够增加容忍度，所以焦点注意便得以整合先前被阻断的内隐记忆，从而将其转化为彻底整合的、外显的事实性记忆和自传体记忆。在这个容忍度的范围内，能量和信息流是和谐的，它们具备灵活性、适应性、一致性、能量和稳定性，即“整合一致的流”。如果个体的容忍度较低，那么该个体的流就倾向于溢出边界，趋于混乱或刻板。增加容忍度意味着通过促进整合来为个体的生活带来更多和谐。上述所有的感受都既发生在个体内部，又发生在人际之间。

内隐记忆还会进一步从我们经历的事件中制造泛化，形成一种图式或心理模型，比如一个人在被狗咬了之后产生了“所有的狗都是坏的”的心理模型。这是我们在上一章中谈到的建构器的作用，它旨在提高认知的效率。这种对未来事件的准备又被称为“启动”，它也是一种内隐成分，可以被治疗解决。内隐记忆的上述成分在孤立且未被整合的情况下，可能会成为由创伤后应激障碍引发的主观痛苦的神经基础。

我迫不及待地想要检验上述假设，看看它是否能起作用。我们在没有双盲设置的前提下对上百名患者进行了研究，上述临床理论是在没有对照组的情况下通过许多个案总结出来的。作为受过科学研究训练的人，我知道上述实践和发现目前都只是逸事性的而无实证基础。现有的治疗效果是积极且显著的，它可以持续数个月或数年，在某些情况下甚至能在治疗结束后持续数十年，这可以被视为一个初步研究得出的初步结果。能运用一种新的、有效的方式应用科学原理来缓解人们的痛苦，这令我深受鼓舞。

通过对科学、客观研究和心智主观现实的探索，我们发现，在心智、具身的大脑和关系之间可能存在某种直接的联系。我们通过语言频繁表述的上述三者之间的区分或许是没必要的。

MIND

能量和信息流将心智、具身的大脑和关系三者连接为一个整体。

一个宽泛的概念性的理解如何能把分子和心智、神经元和叙事联系在一起呢？将心智、大脑和关系联系在一起的本质性的东西是什么呢？在“脑的十年”之前，在我与那40名科学家共事但意识到缺少对心智的通用定义之前，在我提出心智的工作定义，即心智可能是“一种具身且关系性的、自组织涌现式的、同时对个体内部和人际之间的能量和信息流进行调控的加工过程”之前，我对这些问题的思索就开始了。

有些东西既与上述问题有关，也与我和患者及研究伙伴的关系有关，还与那些研究灵感有关，这些东西仿佛一片由互相关联的信息汇成的海洋，这些关系性的情境中存在某种共享的能量。虽然我知道这听上去很奇怪，但的确存在某种能量和信息组成的“圈子”，即“心灵圈”（mindsphere）。这个概念让我自己也忍不住想笑。心灵圈指的是环绕着我们、充满我们生活的、由能量流组成的氛围，这种氛围能影响我们体验世界的方式。多年后我学到了一个与之一致的概念，叫作“理性圈”（noosphere）。鱼游大海，鸟飞长空，它们都不会留意环绕四周的水（水圈）或空气（大气圈），同理，我们也常常觉察不到自己所处的信息圈或理性圈。如果心智确实是从能量和信息流中涌现出来的，那么也许心灵圈不仅是一个我们沉浸于其中并受其影响的存在，也是某种我们从中涌现的存在。那么，我们的心智体验是否可能不仅从个体内部涌现，也从这能量和信息的海洋中涌现，从而使我们的心智成为精神生活涌现的源泉？心灵圈除了纯粹的信息，还包括我们共享的、交换的能量和信息，它将我们彼此联系起来，而非仅仅是一个刺激源。因此，心智确实是关系性的，而非仅仅被动接受各种输入。

从那天早晨我走在加州大学伯克利分校的小路上，到如今我在21世纪的第二个十年为诸位写下这些话，30年过去了。我感到校园里熙熙攘攘的学生们确实沉浸在一个令他们充满灵感的心灵圈里。一个像这样的学习殿堂，甚至说我们规模更大的社会，都像一片信息的海洋那样环绕着我们，这片海洋由能量流模式构成，这些模式不仅塑造了我们现在的样子，还影响着我们未来的样子。我女儿邀请我旁听了一堂生态系统方面的课，我从中学到了许多，我的收获既来自她给我的讲解，又来自她的老师。我女儿的老师保罗·法恩（Paul Fine）教授介绍了一个关于生态系统的定义，即一个包含一定量的陆地、水和空气的拓扑联合体的、能在地球的某处存续一定时间的复杂系统。这堂课的任务之一是记住我们参观的本地生态系统中的木本植物的名称。这项任务简直令人望而生畏！法恩教授引用了他的老师伯顿·巴恩斯（Burton V. Barnes）的话，来表达刚开始记忆植物名称时痛苦的情绪体验。下面这些词汇或许也代表了你在最初开始探索心智时的情绪体验：否认，愤怒，抱怨，困惑，接受，顺服，以及喜悦。我知道，深入探索心智有时也是令人望而生畏的，我希望我们已经进入了喜悦的阶段，或者至少在朝着喜悦前进。

我们心智的分布不仅局限于拓扑空间，它们也存在于类似生态系统的心智系统中。就像大气圈影响生态系统中包含的各种栖息地的具体地貌那样，心灵圈也影响着我们的个体心智状态，即我们个人的内在地貌，我们也可以称其为“心灵地貌”（mindscapes）。我们都有自己个人化的栖息地，每个人的心灵地貌都被更大的心灵圈影响，这个更大的心灵圈就是我们共同栖居的地方。

MIND

心灵圈和心灵地貌的概念从许多层面上都揭示着心智的内在性和间性。

然而，即使我们可以认为心智的位置既在个体内部，又在人际之间，又有什么科学依据能将这两个看上去独立的位置联系起来，从而形成一个心智的整体呢？我在 30 年前就思考过这个问题。内在性和间性不应该是两个独立的存在，而应该是一个现实，即心灵现实的两面。我迫切希望和他人一起找到研究这些根本问题的方法，以便为所有感兴趣的人，包括患者、医生和科学家建立起一种可供借鉴的概念框架。

我先是在成人精神科受训，然后去了儿童和青少年精神科，在这个试图为自己找到身份认同的圈子里与种种现实作战。在那之后，我打定主意要做一名研究者，并得到了美国国家心理健康研究所的资助，去加州大学洛杉矶分校研究家庭中的互动，即依恋。虽然美国国家心理健康研究所要求我聚焦于某种特定的疾病或药物，我的指导老师们也认为研究依恋没什么价值，但我对依恋研究深感兴趣，我希望通过这些研究给自己一些启发，以便思考“心智是什么”和“心智存在于哪里”的问题。我想研究一个人的生命叙事是如何成为其子女与其依恋关系最好的预测因素的。换言之，这个研究的意义并非告诉我们“家长是最重要的”，而是以实证表明，我们对自己的经历所做的意义建构是如何成为影响子女对我们的依恋关系的最重要的因素的。依恋反过来会通过影响儿童调节自身情绪、与他人互动、对自己的生命建构意义的方式，来对他们的心智产生积极或消极的影响。某些与家长自己的意义建构过程有关的东西会在家庭中创设出一个心灵圈，这个心灵圈会促进安全型依恋的形成。这意味着什么呢？

我对研究关系（relationship）的科学领域极为感兴趣。我既认识到开始一段健康的关系会带来许多潜在的影响，也认识到这种关系会以怎样的方式影响心智的形成。这一切都发生在我开始对心智做出更多探索之前，即研究心智为什么无法变得健康并具有复原力，而是朝向非有序和不安定之前。

1981 年，当我还在学校读书的时候，我的神经科学老师大卫·休伯尔（David Hubel）因为揭示了经验影响儿童大脑结构发展的方式而与托斯坦·维厄瑟尔（Torsten Wiesel）一起荣获当年的诺贝尔奖①。他们在猫的早期发展阶段

① 休伯尔与维厄瑟尔研究了大脑中的视觉皮层并揭示了视觉系统中的信息加工过程，他们与斯佩里分享了 1981 年的诺贝尔生理学或医学奖。——译者注

所做的实验处理对猫的大脑结构和功能产生了重大影响。这些研究结果和他课上教授的内容影响了我的学术研究之路，在我脑海里深深烙下了“经验深刻影响大脑”的现实。因为关系也是经验的一种形式，所以我们必须设法增进对大脑结构和功能的了解，并将其与关系影响心智的方式结合在一起。

在我接受临床训练的那些年里，我思索着这样的问题：休伯尔和其他人的一些研究发现是否有助于帮助患者从创伤中疗愈，或找到力量以面对他们内在的情绪、思维或行为问题。患者从创伤中的疗愈或许与他们如何对自己的生活建构意义并建立关于自己生活经历的一致叙事有直接关系。海马在整合记忆时的作用是否也存在于这个意义建构过程中？

MIND

这恰恰是依恋研究所揭示的内容：如果个体能为自身经历的创伤建构起意义，那么他就不会把创伤以混乱型依恋的方式传递给自己的下一代；如果个体经历了创伤，却无法为创伤对自己造成的影响做出意义建构，那么，这个个体就很可能把这种混乱和失序传递给下一代。

这么说来，创伤的治疗方案是否可以与某些核心的、与大脑中的基础加工过程相关联的意义建构叙事过程联系起来呢？这种意义建构如何才能影响家庭内的社会场域，以便促进安全型依恋和健康心智的发展呢？

把研究发现的、海马在记忆的信息加工过程中的作用加以应用，这种初步的尝试至少在概念上是成功的。我们的初衷是理解创伤后应激障碍患者，并发展出针对创伤后应激障碍的干预策略。尽管我们在 20 世纪 80 年代的临床训练中几乎没学过关于大脑的知识，但我当时的临床经验和之前的生物学训练不断将我带回到这样一个问题上来：我该如何通过大脑和关系的交互更好地理解我的患者的心智？大脑和关系，这两者都很重要。心智既在个体内部，又在人际之间，针对心智的治疗，即心理治疗似乎必须同时关注两者才能起效。

如果就像休伯尔和其他研究者已经发现的那样，经验确实改变了大脑活动，而这种改变会影响大脑的结构发育，那么亲子之间的互动会不会影响孩子大脑的结构和功能呢？治疗师和患者之间的关系会不会影响患者大脑的功能和结构呢？若答案是肯定的，我们如何理解这种影响？如果这些关系性的经验确实塑造了大脑结构，那么无论是否有药物治疗参与，这种改变是否能导致持久的治疗效果？

我在科学研究和临床治疗的工作中无时无刻不在思考上述问题。是否存在一种能将健康的心智、大脑和关系整合在一起的方式？是否真的存在一条能证明心智确实既存在于个体内部，又存在于人际之间的路径？

神经可塑性与文化系统

神经科学领域的老生常谈是这样的：大脑功能是高度集中于特定脑区的，人在成年之后，大脑基本就会停止发育。我们现在知道，这些说法很大程度上都是错的。大脑的许多功能，比如记忆、情绪和运动激活都是广泛分布的，它们并非仅仅局限于这样或那样一个小小的脑区。即使是感觉输入和运动输出这样严格的功能分区也并非完全固定。大脑中的功能分布图，即那些影响心理功能的、互相协同的激活区，在人的一生中似乎都以一种动态的方式不断变化着。

大脑会随着人一生的发展过程不断生长。虽然在人的发育早期，确实存在所谓的“关键期”，大脑在这一阶段特别脆弱，它需要特定的输入以便实现健康发育。但大脑在儿童期或青春期之后并不会停止生长。大脑通过神经元放电的方式内化经验，并通过四种基本的方式实现长期的改变。神经元放电至少会导致神经元建立暂时的、短期的化学联合，这体现为瞬时记忆或短时记忆。人在成年期也会出现大脑结构的长期改变，这种长期改变分为四种。

1. 神经干细胞生长为新的神经元。科学研究发现，这种改变至少存在于成人大脑的海马中。
2. 神经元之间的突触连接的生长和调节。这会改变神经元之间彼此沟通联系的方式。
3. 神经胶质细胞髓鞘化的完善。这会令进出神经元细胞膜的离子流动导致的动作电位的传输速度提高 100 倍，并且令神经元放电之间的不应期缩短到原来的 1/30，30 乘以 100 就等于 3 000，这不仅意味着放电速度提高了，也意味着时间和分布更协调了。
4. DNA 顶端的、负责表观遗传调控的非 DNA 分子的改变，比如组织蛋白和甲基群。表观遗传的改变不仅受经验影响，还能够调节未来经验对基因表达、蛋白质制造和结构改变的影响方式。

上述大脑被经验影响的方式是大脑的神经可塑性（neuroplasticity）的一部分。有关大脑可被经验塑造的研究发现很快引发了一场革命，它既促使我们重新认识经验对自身造成的影响，也令我们开始探索关系和心智，以便影响和改变大脑。

上述研究结果可以与我们对心智的讨论联系在一起，即心智从能量和信息流中涌现，它具备内在性和间性。注意能够引导流的方向，从而激活特定的神经通路和特定的人际经验，也能够在个体内部驱使大脑中的神经元被激活，还能够推动能量在整个身体中的流动。同理，当我们与其他人进行沟通时，比如在我写下这些文字、在你阅读这些文字时，我们同样在运用注意的力量引导能量流及其符号化的形式，即信息。能量和信息流既存在于个体内部，又存在于人际之间。随着神经元激活的变化，改变大脑结构的契机随之出现。有了外部注意的变化，改变内部神经元放电模式的契机也随之产生。这些内部神经元放电模式不仅会影响大脑在当下的活动，也会影响大脑内部的结构性关联，即处在互动、沟通中的每个人，以及活在世上的每个人都可能受此影响。

MIND

这意味着，在个体内部和在人际之间的心智都能改变大脑结构。

关于影响能量和信息流的注意与神经系统活动及其生长的关系，我是这样理解的：注意指向哪里，神经元就向哪里放电，然后，神经元的连接就建立起来了。这能帮助我们理解心理治疗和父母教养的作用机制，以及社会影响我们的心智的机制。

从系统科学的视角来看，在讨论我们所处的相互关联的关系时，我们可以用“文化”这个术语来概括我们生活中的几个重要属性。彼得·圣吉（Peter Senge）指出，我们可以在三个层面上体验这种系统，即事件、模式和结构。我们在表面上看到的事件是系统可见的结果，彼得·圣吉称其为“冰山的一角”。在“冰山的一角”之下的是系统的行为模式，虽然模式不能通过一个单一事件被直接发现，但它仍然存在于此，会对我们产生深远的影响。模式通常隐藏在多个事件中。在事件和行为模式之下还有系统的结构，它可以被进一步分解为三个部分，即思维习惯、行为习惯和人工产物。人工产物是我们的文化在物理层面的体现，比如现在男卫生间里的婴儿整理台反映并强化了系统的一个立场，即不止女性，男性也应该照顾婴儿。虽然我们很难一下子看到系统的结构，但当我们仔细审视系统的模式和事件之下的思维习惯、行为习惯和人工产物时，我们就可以觉察到结构的存在。

同理，我们永远不能通过感官有意识地直接“看到”法拉第所说的场，但那些能量模式却是真实存在的。虽然我们看不到某些要素与其他要素的非局域性的纠缠，但这种纠缠在特定的能量和物质配对时也是真实存在的。对系统来说也是一样，我们也许能看到事件，通过将事件放在一起得出系统的模式，我们甚至能看到思维习惯和行为习惯的某些部分，但许多内容仍然不为我们所察觉。

一个系统结构中的人工产物是真实可见的，尽管在我们的文化中，它们对我们的思维和行为产生的影响，尤其是我们与他人互动的方式的影响，可能是普遍存在且可见的，但我们通常会忽略它们对我们精神生活方式的影响。它们就像海洋一样，虽然环绕着我们但却经常不为我们所见。无论有无意识参与，我们文化属性中的诸多要素都在影响着我们。这就是我们所说的文化圈。

想象一下这样的场景吧！能量和信息环绕着我们。能量和信息流进入我们身体内部。当能量进入神经系统时，神经元就会放电，从而引发神经可塑性包含的四种改变中的任意一种。反过来，当大脑的神经可塑性发生改变时，神经系统发射出的能量和信息也会发生改变。换句话说，心灵圈导致的神经可塑性的改变会直接改变个体输出的能量和信息模式。心灵圈中的每一个个体的大脑和身体中发射出的能量和信息流的改变，随后都会改变整个社会场域。虽然系统中的事件会因此被改变，而且会被人们观察到，但系统的加工过程，甚至组成系统结构的思维习惯和行为习惯的改变可能并不会体现为日常生活中可被观察到的表象。只有当系统中的事件和人工产物发生改变时，我们才会更清楚地看到心灵圈中发生的改变。看不见的神经可塑性的改变会影响社会场域，这种改变来自组成系统的个体内部。社会场域的改变继而会引起心灵圈的改变，即在一种文化内部的、在人际之间的能量和信息流的改变，这种改变反过来会改变神经元放电和神经回路重建的模式。这是心灵圈循环递归、自我强化的本质：它引发的神经系统结构的改变会维系并塑造信息流的模式。

MIND

这种系统的观点有助于我们理解，我们关系性的心智是如何在文化演进过程中塑造我们沟通和彼此连接的方式的。

一种描述我们在过去 4 万年间的进化的理论认为，尽管我们的大脑在 9 万年前就完成了某种由基因决定的解剖结构的进化，但实际上显著改变我们的文化的乃是我们发展出的符号化能力，它体现为我们在旧石器时代晚期制造工具和形成视觉表象的能力，分布式心智由此成为推动我们文化变革的重要力量。我们可以这样理解上述观点：心灵圈中共享的符号形式，比如语言促进了我们心灵圈的改变，然后引起了神经可塑性的改变，这反过来又导致心灵圈变得更复杂。

哲学家安迪·克拉克和大卫·查默斯（David Chalmers）是这样看待语言的：

> 语言不是反映我们内在状态的镜子，而是对内在状态的补充。语言是一种工具，以人类自有机能所无法实现的方式拓展了人类的认知。事实上，语言赋予我们的认知方面的发展可能与我们其他内在认知资源的发展一样，对进化上新近出现的智力爆炸产生了同等重要的影响。

其中的关键在于，能量和信息流发生于整个系统中：

MIND

> 一方面，能量和信息流既发生于身体内部，即被称为心灵地貌的内在的、具身的、个体的心智中；另一方面，它们也发生于身体和世界之间，即集体性的、关系性的心灵圈中。

为了深入地理解心智的位置，我们需要接受神经科学和系统科学的强有力的洞见。我们应当看到，这些关于能量和信息流的观点虽然貌似不同，但它们却存在共性。能量和信息流并没有被颅骨或皮肤所局限，而是充满了我们的生活，充满了个体内部及人际之间的系统。

即使我们最终证明意识仅仅涌现自我们的心灵地貌，是由我们的大脑和身体构成的整体的产物，就像我们可以觉察到心灵地貌并对心智的内在性产生主观感觉一样，我们仍然可以对心灵圈抱有觉察，并在意识中主观地感觉到心智间性的存在。无论是否有觉察参与，我们的心灵地貌和心灵圈都能描绘出具身且关系性的心智，这种心智既是神经可塑性和文化的影响因素，又是它们的产物。

邀请你思考：内在性与间性的力量

当我还是学生的时候，我就产生了这样的念头，即心智也许并非仅由大脑活动导致。虽然在我当时所处的专业环境的科学语境中，这种看法似乎是异端邪说，但是作为有生物化学背景的精神科受训医师，我认为我研究的不同系统间也许存在某些共性和某些相互作用。我在大学本科时研究的三文鱼也许会通过改变某种酶来调节体液中的粒子浓度，从而适应其生活的水域中的盐度变化。

MIND

> 鱼在适应环境变化的同时，其神经系统也被重新编码了，从而引导它从淡水环境游到海水环境。同理，身处危机的个体在感觉到预防自杀危机求助热线的接线员的同情心和连接时，也会产生反应，他会产生一种感觉，这不仅包括信任和在此刻“感受到自己被感受到”，而且还包括对未来的希望。

我也曾经学到这样一点，即在医学院受训并发现医学人的社会化过程没用，并不意味着我要被动地适应环境对我的要求。我可以花时间休学，花时间反思发生过的一切，然后发展认识世界的全新方式，再带着这些新的概念和视角回归。环绕我们的心灵圈不必然成为将我们淹死的酱缸，我们既可以改变我们周围的世界，也可以改变我们内在的世界。知道心智是真实存在的，以及用第七感的概念和过程作为保护自己的盾牌，这让我的内在世界发展出了充足的理由和复原力来重返医学院，并使我尽可能地紧紧抓住那些我认为真实的东西，比如心智及其主观现实。此刻，在精神科的训练中，从我的心智深层涌现出的问题就变成了这样：心智可以既在个体内部，又在人际之间吗？

酶和共情，大脑和关系，物质和心智，它们之间有什么关系吗？我感到自己被强大的力量驱动着，去探索这些虽然看起来不相干但对我们的生活十分重要的成分之间的关联。

回到那时，我感觉应当存在一种能够帮助我们理解从神经元活动到叙事的流的途径。我们应当共享那些内在世界中的生命叙事：在我们彼此的关系中共享，在我们互相关心的社会中共享，在我们的家庭和友谊中共享，在我们的邻里间共享。

MIND

> 心智的位置似乎既在个体内部，也在人际之间，这意味着我们既在自己的身体中生活，也在关系中生活。心智的每一个位置都影响着我们的生命。

心智既存在于个体内部，又存在于人际之间。这就是对“心智存在于何处”的回答。

如果你认为是基因决定了你的大脑结构，继而决定了你的大脑功能，接着又把你塑造成现在的样子，那么你可能也会认为心智是被动的产物，甚至是神经元放电的副作用。你也许会将心智简单地定位在颅骨内，将其视为被基因决定的大脑的产物。这会让人想到一种单方向的流，它从基因到大脑，再从大脑到心智。这种流决定了你只不过是一种必然的结果，你注定在生命中一路孤独。

然而实证研究已经一再表明，心智能推动能量和信息流沿着新的方向流动，而这些新方向不会“自行产生”。在特定方向上有意识地集中注意之后，以心智为导向的神经活动可能会导致大脑产生与天性不同的、全新的神经元放电模式。另外，我们现在还知道，这种心智对大脑活动的发动既可以激活基因，也可以改变用于修复染色体末端的酶的水平，甚至还可以改变基因表达中的表观遗传调控。你可以看到你的心智中的意图和信念如何改变了心智中的内在体验，并在事实上改变了大脑的结构和功能。你可以有意识地改变自己的心灵地貌。

通过彼此之间的关系性沟通，我们能以一种特定的方式引导注意的焦点，从而产生新的内在意图和信念。同时，通过这种方式，心智的关系性位置不仅能促成心灵圈的改变，而且能以这些信念和意图创设出新的心智模式，并促成大脑的改变。因此，在个体内部和人际之间的心智是可以改变大脑的。

一方面，如果你认为自己仅仅是基因的产物，那么心智就是无法改变的大脑的产物，这种观点很明显会引起一种无助感。在绝望之余，你可能还会感到孤独。在这种观点看来，心智是大脑的产物，大脑在你的头部，你可能会觉得自己没办法做出什么改变。卡罗尔·德韦克（Carol Dweck）在其关于心智模式[①]的杰作中指出，上述观点可能是她所谓的“固定型心智模式”（fixed mindset）的一部分，它指的是你认为自己拥有的一切都无法改变，它们都基于一些不能被改变的内在属性。另一方面，“成长型心智模式”（growth mindset）则意味着你可以通过努力改变自己。如果个体确实付出了努力，那么学习成绩、智力甚至人格特征都是可以被改变的。研究表明，在学业和习惯改变等领域中，如果你付出更多努力，那么你就能实现更多目标。德韦克和其他人甚至发现，让人们看到成长型心智模式的威力，并教给他们通过主观上的努力重塑大脑的能力，这可以使学习成绩在各种情况下都得到显著提升。

即使是应激对我们的影响也是可以被改变的。例如，如果我们将“应激体验”中的心率加快和出汗解释为兴奋而非无助和恐慌，我们就会在当众演讲时以完全不同的方式表现自己。这种信念的改变同样能将我们的生理状态从面临威胁的破坏性状态改变为振奋的、积极应对挑战的状态。我们对心智的运作会改变我们的大脑活动和躯体的生理反应。

如果你反思一下那些你认为在生命中不可改变的事，即你建构起来的个人化叙事，你也许会发现有些东西确实是不可改变的。并非一切都可以被改变，我那只有 1.73 米的身高是没法儿改变的，所以就算我一厢情愿地做梦，也不可能成为顶尖的职业篮球运动员。但如果我确实喜欢这项运动，那么我也可以找到某些办法参与其中。

---

① “心智模式”的另一个常见译法为“思维模式”，鉴于本书是在心智的大框架下做讨论，此处使用“心智模式”一词。——编者注

你同样可能发现，那些你认为固定的、不可改变的心智模式实际上可以通过主观上的努力被改变。我们已经知道心智能改变大脑的结构和功能，知晓这一点而不要怀疑它或许能帮助你认识到，主观上的努力可以改变那些我们认为恒久不变的、长期存在的特点。

回想一下关于心智的内在性和间性两个位置的观点，你此刻的感受如何？你是否能感觉到你的内在心智就是心灵地貌的一部分？你是否能感觉到能量和信息流在你的身体和大脑中流动？你可以在这里将这种感觉有意地保留在自己的心智中，利用它调整自己的躯体功能。这并不夸张，它既非猜测或主观臆断，也不是一厢情愿的想法，它是实实在在的科学。无论你是否将心智聚焦于本书，是否从事冥想之类的反思训练，是否通过其他许多方式培养让自己活在当下的开放的觉察，你都可以有意地增进自己的幸福感，既在你的内在生活中，也在你的大脑和身体中。

如果你再接着回想一下心智的间性位置，回想一下心灵圈，那么你的感受又如何？如果你习惯用自上而下的概念化方式理解你内在的心智，在放松之后，你是否能开始感觉到来自间性的某种东西引发的更微妙的感觉，某种存在于你和你生命中的重要他人之间的“存在物”？你大可以用涌现出的第七感去“看”它。这里的重要他人既可以是与你关系密切的人，也可以是宠物，还可以是外面的一棵树。

对与他人、宠物、我们生活的地球和一切身外之物的连接保持开放，这就是我们在谈论心智的间性时所要谈论的一切。也许在我邀请你思考这些连接的时候你已经感受到了这一点。也许你会觉得这种感受起初很模糊，甚至根本无从体会。对我们中的许多人来说，我们不熟悉这种感觉，我们既没有在家里或学校中学过它，也没有在社会中提倡过它，因此学会体验这种感受或许并非易事。它仿佛一种未经开发的潜能、某种我们与生俱来的体验，只是需要我们耐心培养而已。

我们随后会深入探讨“觉知环”的练习，探索我们的第八种感觉，即我们对与身外之物的连接的感觉。届时你可以尝试体验觉知环，且看它会带给你怎样的感受。现在你只需要知道，如果这些关于精神生活的科学推理和密切观察都是成立的，那么你就会发现探索第八感，即发展你的感觉、知觉并最终提高对间性的觉察，既令人欣喜，又令人受益匪浅。

MIND

认为心智既在个体内部，又在人际之间，这为促进自我改变提供了新思路和新方式。

我们既要研究自己心智的内在生活，包括我们关于成长型或固定型心智模式的信念，也要研究心智的外在生活。心灵圈充满能量和信息流，这些流的改变可以促进或限制我们的幸福。我们赋予他人以尊严，区分开诸多生活方式，然后以富有慈悲心的方式将其联系在一起，这就是一个关于整合的简单的工作框架。这个工作框架既适用于内在的、个体的心灵地貌，也适用于外在的、关系性的心灵圈，即我们生活的社会场域。我们结交的朋友、参与的活动、花费时间得到的健康或不健康的经历，都会以直接且深远的方式塑造我们的心智。

至此，我们已经确认了基本的立场：心智的位置既在个体内部，也在人际之间。在下一章中，我们将着重讨论如何在心智的这两个位置培育目的感和意义感，也即“心智为何产生”和“心智有何意义”。

MIND

A Journey to the Heart of Being Human

第 7 章

心智为什么存在

寻求整合出现的时刻

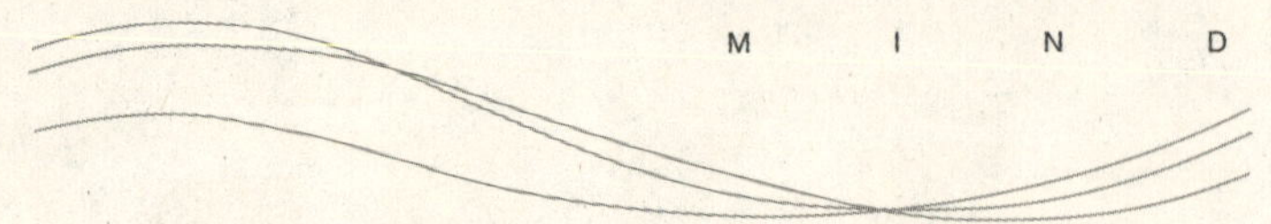

在这一章里，我们将深入讨论心智的意义和目的。我们既知道了心智是能够促进整合的自组织的涌现产物，它发挥导管和建构器的功能，并作为内在的心灵地貌和间性的心灵圈存在，也知道了我们可以通过分享主观体验以引发“感受到自己被感受到”的体验，从而将两个人联系为一个整合的整体。现在我们该思考“心智为什么存在”了。我会在这一章带你走进我自己的心灵世界，并揭示那些最初令我感到惊奇不已的发现。

2000—2005 年：旅途中的生命思考

新千年的到来带给我一个深入探索心智的全新机会，而这个机会是我始料未及的。就在刚开始出书之后不久，我收到了一些来自加州大学洛杉矶分校以外的授课邀请。虽然这些邀请来自不同的群体，但他们都接受了书中将人际神经生物学作为审视我们生活的一种方式的观点。将心智的定义拓展到大脑活动之外，即完全具身且彻底关系性的自组织的涌现过程，这让我有机会在我们小小的讨论组之外接触到更大的受众群体。

我曾受邀去罗马做一场主题为“父母在孩子发展过程中的重要性”的讨论会。在此之前，我写了一篇题为“慈悲的生物学原理”的文章。我在文章中谈到了我们在本书中已经提及的一切：心智不局限于大脑活动，主观体验虽然来自神经元放电但不等同于神经元活动。心智可能包含自组织的涌现过程，这种涌现过程既是具身的，也是关系性的。我们将整合视为健康的基础，然后就能感觉到具身且关系性的心智是如何在促进幸福的过程中趋向整合运动的。关于整合的一个简单的表达形式就是慈悲和善意。

我和妻子以及我们的两个孩子抵达罗马后，被接到梵蒂冈安顿下来，然后就开始了为期 9 天的访问。因为我们得到了“后台通行许可”，所以有幸参观了圣彼得大教堂这座精美而神秘的建筑的后半部分。我们在此流连忘返，沉浸在它的繁复和华美之中。

我们是谁？我们为什么会有个体同一性或文化同一性？我在梵蒂冈时一直思索着这些问题。

MIND

向内看，我感觉自己是一个人，是人类这个大家庭的一员；向外看，我感觉自己是地球上的生命体中的一分子。

如果我让自己的心智走向更开阔的境地，那么我既是这地球上的存在物的一个导管、一个生命体，也是环绕我自己的整个物理世界的一部分。

如果我将自己的注意集中于更狭窄的层面，那么我产生的就是归属于特定层级的群组的感觉，这些群组中的某些人也许根本不知道我是群组成员之一。在这种归属关系中，有时我扮演的角色是家长。我既是两个孩子的父亲，也是全天下的父亲中的一员，我与孩子们手牵着手走过罗马的大街小巷，可以说我与我在街上看到的父亲们存在关联。同理，就像其他公民一样，我也是一个国家的公民。

然而，就在不久之前，我祖父那一辈的人还生活在欧洲。我听到的故事是，大流散迫使他们在过去的 2 000 年中背井离乡，四处流浪，不时被赶出他们定居下来的、被他们称为“家园”的土地。我祖母会给我讲述她在“斯泰托”长大的故事。“斯泰托”是一种在东欧不见容于城市的犹太人建立的小村庄。我祖母生活的斯泰托位于乌克兰。与之类似，我的另外一些祖辈和曾祖辈的先人住在立陶宛和俄罗斯的斯泰托里。虽然我与他们从未谋面，但我在一定程度上知道他们，在我听到的故事里，在我携带的、被千百年的流浪塑造的基因里，在调控那些基因的表观遗传机制里。

如前所述，表观遗传指的是位于基因顶端的非 DNA 分子形成并影响基因表达的过程的方式。一旦基因被激活，它就会影响蛋白质合成，并影响细胞的功能和结构。以大脑为例，我们知道经历能够影响表观遗传的调控，一旦有了这种改变，那么大脑的活动和结构就会被修改，以便适应先前的经历。

研究表明，在一些情况下，如果经历出现的时机恰当，那么我们就能通过卵子和精子将这样的改变传给下一代。例如，对一名女性来说，如果她的母亲在孕期经历了应激事件，比如饥荒，那么她就会获得母亲为应对食物短缺而产生的表观遗传改变，并通过她在子宫里就已经成熟的卵子将其传给下一代。这种适应会令她仿佛处于饥荒状态一样代谢食物。然而，如果食物很充足，那么她的身体就会保留这部分热量，她也就会比其他孩子更容易受到肥胖和糖尿病的折磨。

在我祖母所处的环境中，俄国的哥萨克人经常屠杀斯泰托的犹太人。或许正因为她父亲在她还在子宫里的时候死于这样的屠杀，所以她母亲经历的创伤就对她产生了影响。在母亲的子宫里，我祖母自己的卵巢正在发育，于是这种对危险的适应就遗传给了我的父亲，后来又传给了我。上述适应也许包含有益的神经加工过程，它能帮助我们的后代变得对危险更警觉，从而提高其存活率。史蒂夫·波格斯（Steve Porges）称这种机制为“神经接收”（neuroception），即更频繁地扫描周围环境，并更快、更激烈地做出反应。

我们不仅被自己的经历和自己听到的故事塑造，它们是我们在与他人的关系中形成的经验的一部分。在探索心智时，认识到这一点对我们来说非常重要。我们同时也被自己的身体影响，我们的心智是具身的心智。这意味着受到直系祖先经历影响的表观遗传要素和受到进化选择影响的基因要素都影响着我们身体的形成，而身体又影响了大脑的功能和结构。

我们自然而然地就会想到，从危险中逃离有助于大自然对那些探测到环境中存在危险并选择逃离的个体做出选择。这可能是我自己对医学人的社会化过程拒不接受、不予信任的一个原因。我的直系祖先，即我的祖母的表观遗传的改变也许进一步强化了这种适应，即拒绝信任、保持怀疑，且总是在可信任的表象或表面看起来的安全之下探寻更深层次的真相，而这种对你周围的世界的不信任可以让你活下去。

现在我意识到，我在罗马对同一性产生的感觉可能来自两个因素的共同作用：我的表观遗传和基因传承中蕴含的祖先的渊源，以及我的个人经历，包括在墨西哥从马背上摔下来、丧失同一性的经历，以及接受训练来理解生命过程背后的生物学机制的经历。我虽然感到自己归属于一切生命，并与广大人类联系在一起，但同时也感到我们的世界中漂浮着一种东西，即我们划定的、用于分隔我们的界限，包括我们的心智、文化和信念体系之间的疆界。尽管这些分隔也许是真实的，但它们同时也是肤浅的。既然整合意味着尊重差异并在那些群体认同的存在物之间建立起富有慈悲心的连接，那么整合就有助于我们认识到差异是合理的，而联系则是本质上存在的。虽然我们并非在相同的环境中长大，但我们都是人类的一分子。虽然我们的文化背景或许不同，但到头来我们都始于非洲。无论我们是否位于同一块大陆，无论我们的祖先是否属于一个假定中的、不过几百人的、在10万年前涉过大漠的、从非洲进入欧洲以繁衍生息的群体，我们的源起都是一样的。我们都是生物，我们都是人类。作为人类的核心就是我们共有的心智。

我进一步想到，在面对多背景的听众时，我能讲些什么呢？除了呈现人际神经生物学的视角和我在本书中已经谈到的诸多内容，我还介绍了关于助亲（alloparenting）的研究结果，即我们作为一个物种已经进化到可以有不止一个照料者的程度。这种对抚养子女的义务的分担或许是证明我们合作性本质的一个基础。助亲意味着抚养孩子的责任不仅应该落在母亲的肩上，也应该由父亲和其他人共同承担。而这一点并未得到广泛认可。许多人的回应大抵如此：“西格尔博士，您难道不认为让女性去工作正是美国暴力频发的原因吗？”我们接下来讨论了这一议题，而且我坚定地站了在科学一边：我们人类有能力拥有不止一个依恋对象。没错，我们可以培养选择性依恋，而非仅仅抓着一个人不放，而这个人常常是母亲。

在这冷风呼啸的 12 月的一天，我一只手牵着 10 岁的儿子，另一只手牵着 5 岁的女儿，我们慢慢踱过圣彼得广场，看着鸽子在我们身边觅食。我儿子抬起头望着我，他问："为什么人们都这么确信只有自己的故事和信条才是对的呢？到底哪一个故事和哪一种信条才是对的？"我女儿认真听罢哥哥的疑问，俩人一起抬头看着我，等待着我的回答。

我永远忘不了那一刻。我停下来，思考着该说些什么。我生来被教导要相信自己生而为人，要捍卫所有人获取真相的权利。在人际神经生物学的整合观看来，区分我们的文化同一性和民族同一性，尊重这些差异并促进富有慈悲心的连接，是可取的做法。我们的世界应当是整合的，应当是充满慈悲之心的，哪怕彼此有别，这个世界也应当允许人们找到归属并茁壮成长。我们应当把整合视为善意和慈悲的源泉。我们的世界应当是整合的、繁荣的。在这个世界中，我们应当把善意和慈悲看作幸福的标志。这就是我当时告诉孩子们的话。

另外，我还对孩子们说，人类进化出的大脑能绘制一张图谱，我们称其为"时间"。我们既用时间来想象未来可能会发生什么，也用它来回忆过去。一旦有了时间，我们的生命就发生了重要的改变。时间让我们意识到生命并非永恒，凡人皆有一死。作为社会性动物，我们彼此共享叙事。我们试图通过这些叙事为社会建构意义。

MIND

因此，每个人的故事和信条都在以这样或那样的方式试图回答一个问题，即如何才能为有限的生命建构起意义。

我们为什么会在这儿？我们人生的目的是什么？我们活着的理由是什么？

我们死的时候会发生些什么？

我的儿子和女儿在我说话时一直盯着我看，在我说完之后，我们走过广场，三个人都陷入了沉默。鸽子从我们头顶飞过，人潮从我们身边经过，大理石雕像俯视着这一切。

大概一年之后，当时 11 岁的儿子找到我，并向我抛出了一个后续问题。“爸爸，”他问我，“既然我们有一天都会死，而且我们知道自己会死，那么我们是出于什么理由去做一件事的呢？我们为什么活着？”我看着他，他那还不到青春期的小脸上写满了天真和关切。我该说些什么呢？我告诉他说，找到生命中有意义的东西的使命将在他自己的生命之旅中逐渐浮现出来。我可以告诉他哪些东西在我的生命中有意义，如果他想知道我的意义是什么，那么我也乐意告诉他。如果要找到他自己的路来通往那种意义感并且回答“我为什么活在这儿”的问题，这得靠他自己去探索。

他带着一种恍然大悟的神情看着我，停顿片刻，然后又问我：“好吧，爸爸，既然我们都会死，我们也知道自己会死，那么我还需要做今天的家庭作业吗？”

在 21 世纪的头几年里，我一直思考着“心智为什么存在”的问题，不仅和我的家人一起，也和我的朋友还有科学界及临床工作中的同事一起。我在第一部学术著作出版后收到了一些积极反馈，然后我出版了第一本关于亲子教育的书。在此之后，我感觉我那多疑的心智中有一部分渐渐变得轻松了：也许我的观点和我的研究方向中确实存在一些正确的、甚至有用的成分。

一些本地的临床工作者要求我开设一个学习小组，以便帮助他们将人际神经生物学的观点应用到心理治疗中去。这个小组很快扩充成了 7 个小组，我也从过去 10 多年间一个人在心理治疗实践中运用这些观点的状态切换到了另一种状态，即教其他专业人士如何在自己和他人的生活中理解心智并促成整合。

学习小组中的少数成员是刚刚入行的年轻治疗师，大多数成员则是久经考验的老兵，他们往往比我更年长、更有经验。他们对我的作品很感兴趣，这也让我很兴奋。时光流转，越来越多的治疗师加入了进来，我逐渐开始从他们那里得到反馈："将整合的框架视为健康的核心基础"改变了他们的临床工作。许多治疗师告诉我，当他们的患者和来访者把整合作为目标时，这些患者能够做出更多的改变并达到更高水平的幸福。

不仅仅将心智视为对诸如感受或思维这样的心理活动的描述，不仅仅将心智看作大脑活动而是将其视为完全具身的存在，并将心智的概念建构为自组织的、具身且关系性的过程，这种做法在临床实践中被证明非常有效。无论治疗师具有何种背景，从特定的认知行为视角到以躯体为中心的工作方式，从基于叙事的治疗到精神分析，这些富有勇气的人都参与了这个旨在检验整合是否有效的、开放式的先导研究，成了非正式的开路先锋。

与此同时，越来越多的个人和机构邀请我到洛杉矶以外的地方讲学，这让我得以接触到美国其他州和其他国家的心理健康工作者。有件事格外引起我的注意：在我去到的每个地方，从亚洲到大洋洲，从非洲到欧洲，我们都会在一开始谈到一个相同的事实，即几乎没有专业工作者或科学家在之前曾经学到过任何关于心智的定义。

在那段时间里，我的心中充满困惑。这些看法是准确无误的吗？我们是否能提供一个对心智的定义，至少以其作为开始讨论的一种方式？将整合视为健康的核心的观点是否能令我的患者以外的人获益？在世界范围内，通过线上和线下研讨会传来的与会者的反馈是明确的：这种思路不仅合理，而且可以运用在实践中，它能够帮助人们缓解痛苦，并使他们过上幸福且更有意义的生活。

无论个体罹患经验导致的障碍，比如创伤后应激障碍，还是非经验导致的障碍，比如双相障碍或精神分裂症，大脑中的基本机制看起来都是相似的，那就是整合受损。

MIND

> 就评估而言，重要的不是将个体归入临床诊断中的某一类，这种做法可能会限制我们对“这个人是谁”和“这个人将会变成什么样”的理解，而是将他们生命中的混乱和刻板视为整合受损的结果。

以和谐及“整合一致的流”，即灵活、有适应性、一致、有能量、稳定的流为特征的时刻就是整合出现的时刻。

我们最需要注意的议题就是“不要病理化，不要归类”。地球上有 70 亿人，这意味着有 70 亿种可能的存在方式。无论文化或历史背景如何，我们每个个体都是独立的人。作为人，我们的心智通过个体内部和人际之间的能量和信息流的形式涌现出来。是将这种流感知为非整合的混乱或刻板，还是将其感知为整合式的和谐？这是我们在评估时需要明确的内容，即获得一个关于某人生命中正在发生的事的开放图景。

之前我们谈到过的 9 个整合领域随着经年累月的治疗实践愈发清晰起来。许多同行请我定期开设工作坊，以便让他们学习在人际神经生物学的融通视角之上建立起来的第七感的立场。在教学过程中，我那多疑的心智不时敦促我在这里或那里停下来。一方面，我内在的声音让我与我的患者建立连接，并与他们密切接触。他们中的绝大多数人都有所好转，这已经是足够有说服力的证据，说明我应该继续通过这种以整合为基础的方式助人。另一方面，我最好还是像过去多年来所做的一样，“只将其作为我自己工作的方式”。

如今我面对的同行更多了，其中的许多人比我有经验、比我年长，他们所持的工作方法也各不相同。我不仅教给他们整合的观点、作为自组织过程的心智、心智完全具身且内嵌于关系的本质，还教给他们各种工作方法：将注意的焦点集中于促进整合的做法，不仅能催生即刻的健康功能，也能促成大脑结构的长期持续的改变。

我感到局促不安。他们能在自己的来访者那里验证这种工作方法的效果吗？我想我只能尽力而为，以便把我的观点和临床策略讲清楚。当我在新千年之初开始收到第一批反馈的时候，我感到极为惊讶：我教给其他人的工作方法是有效的。我的许多学生、来访者和学生们的来访者进入了成长的新阶段，而在使用这种新的工作方法之前，没有人料想到他们会取得这样的进展。

对治疗来说，使用第七感的基础就是我们都有天然地趋向整合、朝向理想化自组织的驱动力。虽然自组织是我们心智的基本要素之一，但“要素”有时候会起到阻碍作用。对我们中的一些人来说，这种要素会妨碍幸福，其原因是我们在生命早期对照料者的糟糕体验。对另一些人来说，无论是在生命早期还是在关键的青春期，意外事件、基因、表观遗传、暴露于有害化学物质或感染都可能对神经系统的整合产生负面影响。无论原因为何，对源于整合受损的刻板或混乱进行的干预都与对关系的力量的运用有关，其目的是促使我们重塑大脑，进而实现整合。

在我的同行们继续运用这些新方法进行治疗，并以新方式理解有效的传统方法的过程中，我得知他们找到并发展了能够改善临床效果的新方法。

这些教学经验深深地感动着我，我觉得自己那多疑的心智总算能得到一些宽慰了。我记录了许多个案来阐述 9 个整合领域，并介绍了该如何进行临床评估、制定治疗计划、实施治疗手段和评价治疗效果。这些写作经历和《第七感》一书的出版现在还让我感到惊讶不已。即使那些通过文本或口头方式学到这些材料的人似乎也能接受这些观点，从而将他们的生命从束缚他们自己的混乱和刻板中抽离出来，并进入一个繁荣发展的新阶段，即以整合赋予自己在生命中进行创造的权力。

整合可以作为“生活的目的”吗

我知道，哪怕只是尝试回答“我们为什么活着”或者“生命的目的是什么”之类的问题，也算得上胆大包天了。我那极为多疑的部分，也即我那多疑的心智敦促我停下来，不要继续探索心智“为什么存在”了！可是当我们走到这里的时候，如果我们能继续保持同样的立场，即只是提问而不预设绝对化的或最终的答案，那么，也许继续直接讨论“心智为何存在”的问题不仅是可行的，而且有重要的意义。在这个数码时代，我们被无穷无尽的信息流“轰炸着”，我们的生活中因此充满了困惑和怅惘。因为因特网永无止境，永不穷尽，所以我的心智悄悄地提议将它改名为“无限网”，永无休止、永无尽头的能量和信息既令我们分心、疏离，又连通并制约着我们的心智，使其局限于特定的存在方式。我们时常感到不满足，感到急迫。我们被现代生活的各种内容塞满，这种被信息淹没的感受令“我们为什么活着”这样的问题显得多余。“我们共享，故我们存在。”这是一种思维习惯、一种行为习惯，这种习惯受数字文化中的人造物影响，而现代生活中的很多人就沉浸在“我们活着是为了消费和分享”的文化氛围中。探索“心智为什么存在”的问题会引出一些关于我们生命意义的重要议题，我们在这个信息淹没人的时代也许尤为需要这些议题。我们为什么活着？心智为什么按照这样的方式工作？为什么有多种不同的生活方式、不同的信念，以及不同的故事？

经过多年的探索、实践和思考，一种观点从我观察到的模式中涌现出来。这是一个直截了当又简单粗暴的断言：整合也许就是心智的目的。

我们谈到过，心智不仅仅是大脑活动，它也是完全具身的。因此，我们开始思考用一种更广阔的视角来看待心智蕴含的内容。我们认为主观现实既不等同于生理现象，也不等同于大脑中的神经元放电，因此我们意识到，精神生活与颅腔内的活动不完全等同。我们在本书中也思考了心智超出主观体验和意识的可能性，正是意识令我们得以觉察到我们自己对生活的主观体验。我们至少还意识到，能量和信息流会在有觉察的情况下产生其主观性，我们称之为基本要素，基本要素就像神经活动或其他形式的能量流那样，是不能再被分解的东西。主观体验可能会从这种流中涌现，但涌现只是流的一种产物而不等同于流本身。还有一种更可能出现的情况，那就是能量和信息流会在没有觉察的情况下出现。精神生活，包括思维和感受可能由能量和信息流引起，但未必总伴随着觉察的参与。

当我们进一步提出心智可能不仅仅是体内的能量和信息流，即它不仅是具身的心灵地貌时，我们就会意识到，心智同样出现在我们与他人的关系中，出现在我们与身体之外的、外部世界中的其他存在物的相互连接中。我们在这里看到了同心灵地貌一样重要的心灵圈。能量和信息流如同公约数那样，将我们躯体内在的经验和关系中的经验联系起来。这就是我们的心灵地貌和心灵圈共享的东西。当我们将这种流视为一种不被颅骨或皮肤局限的系统中的基本成分时，我们就接受了一种具身且关系性的心智观。当我们认为心智系统具有开放性、可趋于混沌和非线性三个特点时，我们就能将心智视为一个复杂系统的一部分。

这个复杂系统也被称作动态的系统，它具有种种涌现出的产物，我们认为其中之一就是生活的主观现实。我们在前面的章节中谈到过，这也许意味着导致主观体验产生的意识也是我们复杂的心智系统中涌现出的一种产物。我们提出的另一种可能与之相关的涌现出的产物是自组织。我们已经看到，从能量和信息流中出现的这种涌现性的、自组织的过程会反过来对能量和信息流做出调控。这是自组织的循环递归的特点：它源起于并塑造着作为它来源的系统。这就是递归循环。这就是我们阐述“心智中通常蕴含了关系到自身的心智”的一种方式。

除了自组织循环递归的特点，我们也看到了它是如何天然地、不借助程序员或程序就令一个系统趋向极大复杂度的。人们经常将“极大复杂度”视为一个负面概念，尤其是当我们在这个越发烦冗的世界上追求简单的时候。我们意识到，这种天然地趋向极大复杂度的驱动力实际上非常简单，它来自我们对系统中的各种要素进行区分和联系的方式。当我们这样做的时候会发生什么？和谐。就像一个乐队区分每个个体的声音又将其以和谐的音程联系起来那样，自组织带给我们的也是一种深沉且有力的生机感。这就是天然地朝向和谐的自组织运动。

“整合一致”指的是自组织的系统在将区分开的要素联系起来，即进行整合时表现出的灵活性、适应性、一致性（随时间动态整合、保持弹性）、能量和稳定性。彼此联系、开放、和谐、涌现、善于接受、高度投入、全然理智、富有激情、充满共情，这就是整合的流具有的一致性特点。

心智是我们具身且关系性的生活以及个体内部和人际之间的能量和信息流中的自组织部分，心智中蕴含的趋向整合的内在驱动力或许就是其目的。无论是在我们内在的、个人的心灵地貌中，还是在将我们彼此联系的心灵圈里，整合都可能是我们存在的核心理由或“目的”。

从这个视角出发，再看看我们已经走过的路，你也许能理解我在此时有多么激动。我也好奇你对此会有怎样的感受、想法和疑惑。探讨“心智为什么存在”的做法是否太过蛮横无理？我们讨论这个问题是否走得太远？虽然我那多疑的心智在此刻相当紧张，但我想与你分享一次经历，它让我感觉到，试图阐明有关“心智为什么存在”这个议题的一部分内容也许是有意义的。

当我要对不同的人群介绍整合的不同内容时，有些令我惊讶的事总会一再发生。我经常呈现的一个临床个案表明，大脑前端的中央区域，即前额叶共有9种功能。它们包括：

1. 对身体的调控：平衡身体的制动或驱动单元。
2. 与自我和他人进行调谐和沟通：将注意聚焦于内在精神生活。
3. 情绪平衡：带着丰富的内在感受生活。
4. 反应灵活性：能够在做出回应之前暂停。
5. 平息恐惧：平复恐惧导致的反应。

6. 洞察：用自我理解联系过去、现在和未来。
7. 共情：理解他人的内在精神生活。
8. 道德感：超越个体自我，作为一个大群体的一分子思考并行动。
9. 直觉：觉察来自身体的智慧。

当我在世界各地做讲座时，人们都会就上述列表发表自己的看法。例如，当我在阿拉斯加讲课时，一位因纽特部落领袖对我说：“你听说过那个列表吗？就是那个关于整合的列表。”我说我知道，那是关于前额叶在连接中的作用，使大脑皮层、边缘系统、脑干、躯体和社会的能量与信息流彼此联系，以形成一个连贯的整体。“是的，那是你曾经谈到过的，我知道，”她说，“这个列表的内容和我们因纽特人过去 5 000 多年来口口相传的内容完全一致，它构成了我们明智且宽容的生活的基础。”我就这么看着她，很长一段时间都处于沉默状态。当我终于明白该说什么的时候，我试图告诉她我对她分享这些想法深表感激。在我只说了很短的几句话后，我就意识到语言的表达效果是不够好的。在听完她的话之后，我们的沉默和目光交流的效果也许更好。

随着时间的推移，我从身具不同古老文化传统的人们那里听到了相似的回应，从美国中西部的拉科塔部落文化，到南太平洋的波利尼西亚文化。这究竟是怎么一回事呢？

我想起了我儿子的那个关于“不同的故事和信条如何共存”的问题。这是否意味着那位因纽特领袖所指出的内容就是这些故事和信条所共有的内容呢？整合不仅是健康的基础，也是全世界一切智慧传统的基础，有这种可能吗？

如果这是真的，那么我们也许就能深化各方的对话并促进合作的产生。以整合为基础的做法可以帮助我们整合我们共有的人性：尊重彼此的差异，并促成富有慈悲心的联系。我对自己迄今为止经历的一切心怀感激，我已经准备好继续探询有关“心智为什么存在”的问题，以及有关“我们如何建设一个更加整合的世界”的问题。

邀请你思考：让意义自然而然地出现

至此，我们已经走过了很长一段路。你是否曾经想过，问出基本的问题不仅仅是为了好玩，也是为了实现一种普遍的实用价值，比如意识到宗教和科学研究之间的联系？

在我不断将人际神经生物学的融通观点应用于临床工作中时，我发现这些观点对治疗产生的影响不仅限于缓和混乱和刻板导致的恼人症状，它们还使患者向着新的同一性迈出了一步。

我们在前面谈到过这种贯穿所有整合领域的现象，我起初称其为"蒸腾式的整合"，如今则简单地称其为"同一性整合"。从意识整合到垂直整合，再到人际整合和时间整合，就在人们对其他领域的整合进行研究的时候，同一性整合似乎就那么出现了。这给我的感觉就好像他们的生命，即作为复杂系统所包含的天然的驱动力，可以通过正确的干预解放出来一样。这种工作方法意味着我们的主要任务是将碍事的"要素"去掉：不是对某人做某事，而是允许某种东西被释放出来。如此一来，内在的趋向整合的驱动力，也即心智的目的，就会被从"牢笼"中释放出来。

这里的"牢笼"之一似乎是同一性。个体同一性的最基础的水平是归属于我们自己的身体，即一个个体化的自我。然后我们有了与家人、依恋对象和他人的关系，这些人构成了一个紧密结合的小单元。有时候，这种扩展后的个体同一性的单元会涵盖我们的社区、邻里或我们所属的社会团体。就像一个古老的犹太笑话所说的那样：一个男人被困在一个孤岛上 20 年，当他终于获救的时候，他邀请救援人员去观赏他搭建的建筑。他带领救援人员参观了他自己建造的小宅子、图书馆、运动场、一座位于山顶的神庙以及一座位于海滩附近的神庙。救援人员问他，既然岛上只有他一个人，为什么还要造两座神庙。这个男人回答说："我绝不会成为那个教派的一员！"因为在"古时候"，住在另一个山洞里的人会伤害我们，所以内群体与外群体的差异是深植于我们的

DNA 的。来自我们甲山洞的人一个比一个强，来自乙山洞的人则尽是堕落的渣滓。我们需要从属于一个群体，这样才可以获得安全感，并且知道应该信任谁、提防谁，以便生存下去。

除了从属于一个群体，我们也可以凭借宽泛的种群纽带、宗教信仰和文化实践在一个群体中找到归属。没错，我们能感觉到与那些“像我们”的人产生“相似”的连接，随后我就不免怀疑，这种“像我们”的边界是人为设定的吗？所有人类不都是彼此相似的吗？我们有不同的肤色、国籍、性别、性取向、政治派别和宗教信仰，这些东西既将我们绑定在一起，也让我们彼此争斗。

既然我们进化到了拥有内群体和外群体的差异，并利用这点帮助我们生存，那么我们就可以自然而然地想到拥有群体归属的重要性，这有时意味着生死之别。我们大脑中的分组加工过程，即塑造我们具身的心智的力量最终会把我们引向何处？正如我之前谈到的在梵蒂冈散步时的体验那样，难道我们不都是人类的一分子吗？这种将“一类人”与其他类型的人分开的做法在今天究竟能对我们的幸福起到什么作用呢？进一步说，难道我们不都是生命体中的一员，甚至是整个地球生态系统中的一员吗？当我们消解掉这种对相互区分开而又相互联系的整体的归属后，我们又会被引向何处？

在这个全球化的时代，制约个体的同一性看起来是与整合背道而驰的，这尤其不利于实现一种宽泛的、兼收并蓄的同一性整合。在遭受威胁的时候，我们该如何在生活中进一步拓展整合的范围呢？部分解决方案也许在于深入探寻我们的关系性心智，它并非被命运决定，并非不可避免地受制于大脑的进化。换言之，心智可以超越我们大脑中的先天倾向，超越受基因和表观遗传影响的、破坏整合的习性，以推动我们采纳一种更有益、更健康的整合式的存在之道。

在这场解放运动中，有一种存在之道和行为之道是有益的，它就是感知混乱和刻板，将注意集中于混乱和刻板可能出现的领域，然后促进区分并推动联系。这是一个基本的概念框架。限制区分或阻碍联系的神经倾向或社会压力不时存在，它们会导致我们远离整合式的和谐并朝向混乱和刻板。然而，我们可以暂停以活在当下，保持觉察，并有意地创设趋向整合的新路径。对我来说，无论在彼时还是此刻，当下就是整合涌现的窗口，当下就是生活的目的，当下就是植根于生活每一刻的意义。

简言之，虽然我们应当在事物发生时产生感知，但是我们不必遵循基因和文化决定的神经反射驱动的自动化机制来冲动行事，我们可以超越这种自动化，以有意识的心智做出选择。在许多层面上，这些趋向整合的路径就像一句老话所说的那样：

> 在刺激和反应之间，有一个空间。在那个空间中，我们有力量选择自己的反应。而我们的反应展现了我们的成长和幸福。

人们经常误认为这句话来自纳粹大屠杀的幸存者维克多·弗兰克尔（Viktor Frankl）。我最近与弗兰克尔博士的孙子亚历克斯·维雷利（Alex Verely）交流了此事，他说自己的祖父事实上从未说过这句话。史蒂芬·柯维（Steven Covey）在其早期作品中引用过这句话，致使其广为流传，后来他承认事实上自己第一次读到这句话是在某本不知名的书上，作者并非弗兰克尔博士，只是这句话契合弗兰克尔关于“寻找意义和自由”的观点罢了。不过，无论是谁写下了这句话，它都阐述了一个放之四海而皆准的真理，即我们可以通过有意识的思考自主选择一条不同的道路。

MIND

为了在生活中找到意义，我们需要培养这种镇定的心态、反应的停顿以及心灵的空间，以便使趋向整合的天然驱动力出现。如前所述，这就是我们让意义和目的自然而然地出现的方式，而非刻意把它们找出来。

当人们提出关于是非的道德问题时，我发现反思关于整合的最基本概念是很有帮助的。目前的道德困境是否会导致混乱或刻板，或者说，它是否能促进和谐的产生？在这个困境中是否有对区分的尊重和对联系的促进？当我们用整合作为核心原则指导道德分析时，随后的讨论往往有助于促成在一个更广泛的背景和信念范围内的尊重。整合既能够将我们联系在一起，也能够推动包容和赋权的过程。

现在我们知道，所有这些目的和意义的概念都是随整合而涌现的，再加上从多位治疗师那里得到的持续反馈，它们都表明我这种个人化的、基于整合来计划、评估和实施临床干预的方法行之有效，这既重要又令人深感欣慰。在运用心智的这种定义以及促进整合的过程中，我的同事们和学生们与我一路同行，筚路蓝缕。他们和受益于这种方法的人都找到了新途径，他们不仅疗愈并缓解了痛苦，而且找到了自己生命中新的意义、整体感和目的感。

德博拉·马尔穆特（Deborah Malmud）是一位来自纽约诺顿出版公司的出版人，她极具勇气和创造力。是她的一通电话促使我将口述的那些内容拓展成为这么一本书。德博拉邀请我出版一个专业书系，本书则是其中之一。我倾向于将本书写得概括一些，着重强调人际神经生物学的整体。我们决定在一开始聚焦于心理治疗。在我的同事们的帮助下，我们现在已经出版了十几本心理治疗领域的专业书籍。这是我莫大的荣幸。我对所有参与其中并共同开拓这个心理健康领域的新方向的人们怀着难以言喻的感激之情。

这个方向不仅仅意味着出版一套新书，它也为我们共同向前探索开辟了一条新的道路。从数学和物理学，到神经科学和精神病学，再到心理学和人类学，我们可以设法将这些学科整合在一起，并提出一个融通的、关于心智是什么和心理健康可能是什么的工作框架。在诸如心理健康、教育、亲子关系和组织等领域，人际神经生物学可以成为一条启发我们的全新路径，而不仅是作为一种特定的研究视角。人际神经生物学可以作为一种基于健康的生命观。基于这种观点，所有人，包括教师和学生、家长和孩子、治疗师和患者，都属于一个多样化的人类大家庭和一个彼此连接的世界，他们都是其中相互联系着的成员。

圣雄甘地的一句话一再回响在我的脑海中。也许你很熟悉它，“你必须实现你希望看到的改变”。书本上与之最接近的观点大概是这样的：“最好的宣传不是散发小册子，而是我们每个人都试图以我们希望全世界都拥有的生活方式生活。”这种观点能赋予我们权力：我们可以过好自己的生活以激励他人。

这些观点经常被错误地归于某个名人之口：这句话是甘地说的，那个关于心理空间的观点是弗兰克尔提出的，另一个认为“并非所有有价值的东西都可计算”的理念则来自爱因斯坦……这让我们意识到，智慧并非某一个体独具之物。我们不需要一个名人将一些观点炮制成金句就能理解这些观点的重要性。虽然知道这些误读起初令我感到好笑，但随后我就深刻地认识到了我们共有的人性和集体的智慧。无论如何，那些名言警句都是人说的。智慧可以来自我们中的任何一个人，并且可以被所有人共享。我们每个人都能探索现实，彼此激励，以拥有充满真相和连接的生活。我们不需要等待一个天选的智者或领导者，我们中的每个人都可以发展出领导力。成为你希望看到的改变；在刺激和反应之间有一个空间；生命中不可计算之物有其重要性……无论这样的话出自何人之口，它们都在我们的生活中发挥着重要的作用。难道不是这样吗？它们都是人的观点，它们都展现出了人的智慧。上述每一句话都在提醒我们下面这些做法的重要性：为不可计算、通常不可见的内在世界留出空间，来区分我们的精神生活并创设当下，这让我们得以尊重个体内部和人际之间的生活中那些被区分开的要素，并随后再将它们联系起来。

在讨论“心智为什么存在”的时候，我们回到了我们一路走来发现的那个简单的事实真相：

MIND

整合也许就是我们存在的核心理由。从内在的整合出发，然后将整合扩展到与你联系的事物，再将整合引向我们更广阔的世界，这也许既是我们存在的理由，也是引导我们一路前行、在今生存在和行事的指明灯。

来自传统智慧的一种普遍看法如今已经被多个学科的审慎研究所证实：如果你想获得幸福，请帮助他人；如果你想让他人获得幸福，也请帮助他人。当我们将整合视为生活的核心动力时，我们就是在培养意义和连接、幸福和健康。找到一种方式以区分自己和他人，然后再通过帮助、促进他人的幸福与他们建立联系，这是一种双赢的情境。这样一来，我们就不仅促成了富有慈悲心的关怀，也创造了将心比心的快乐，即分享他人生活中的成功的人际体验。

你是否能想象我们的世界有可能向这个方向发展？我要请你思考整合可以或能够在你生命中扮演怎样的角色。反思生命中的更广阔的价值，回想在你生命中的每时每刻都有意义的那些东西，研究已经证实这种做法有助于改变生活中不可逃避的压力对我们施加的影响。在你思考“心智为什么存在”的时候，你能如何促进自己生命中的整合？如果生命充满混乱或刻板，那么你会如何暂停并反思是哪一个整合领域出现了问题？允许自己暂停，在你的生命中留出空间，以便反思混乱、刻板及和谐三种状态，这种做法能照亮你的生命之流。如前所述，这种流就像一条河，它中间流淌的是和谐，即整合带来的和谐。然而若区分和联系在某一时刻失去了作用，河流就会偏向河岸的一侧或两侧，也就是出现刻板或混乱，或者二者兼备。为心智留出暂停的余地，反思你生命中的流，这样做既能让你觉察到自己体验中需要调整的部分，也能帮助你进一步进行区分和联系，还能让你找到趋向你个体之内和人际之间的和谐的途径。

整合的开放潜力意味着整合之路是永无止境的。在一条没有尽头的路上，我们不断发现区分和联系的新方式，不断在我们的生活中建立更多的整合。无论我们找到细微的、个人的方式，还是宏大的、关系性的方式，在我们的生活中留出空间和向整合前进的做法都能让人感觉充满力量、连接感和意义感。

反思生命之流时，你也许会发现你体验中的要素需要修补或调谐。你要关照自己，确信你留有心理空间，你可以运用自己的觉察进行区分、联系，以便向更一致的存在之道前进，这会让你在更深的层次上更有权力。我们都是涌现性的存在。在蜿蜒的生命之流中，一些东西会被推向混乱，另一些东西则会被推向刻板，对自身的善意便包含了对这种事实的接纳。整合之路永无止境。整合是一个机会、一种过程，它既不是最终目的地，也非固化的产物。你必须成为你希望看到的改变，认识到这一点就是邀请我们以一种由内而外的方式迎接整合。为人之道即一条探索之路，它是一个动词而非名词，接纳这一点意味着我们将整合作为一个原则加以接受，而非将其视为“监狱”。我们可以在不预设某些特定的结果或产出的情况下设定趋向整合的意愿。然后我们的生活就变成了一场在每时每刻都拥抱新知的冒险。若我们在这冒险的途中能拥有发自内心的连接感和满足感，甚至意义感和目的感，那么我们也许就会发现，这场生命之旅中不仅有困惑和挑战，也有惊奇和幽默，甚至还有愉悦和欣喜。

整合涌现自我们生命中的每时每刻。在下一章里，我们将探索时间的本质和心智的时间性，并深入讨论“每一刻”究竟意味着什么。

MIND

A Journey to the Heart of Being Human

第 8 章

心智在哪一刻发生

活在当下就是要诀

MIND

当我们思考我们从哪里来、要到哪里去的时候，我们就是在思考时间的本质。也许某些物理学家提出的观点确实是对的，即我们所认为的时间也许并不存在。因为我们能将作为一种流动着的存在物的时间“用光”，所以我们拼命想要抓住它。时间其实是一种心理建构、一种自寻的烦恼、一种心智中的错觉。无论是从科学和心灵的视角审视，还是基于精密的定量研究和慎重的冥想思辨，当下都是我们拥有的全部。如果当下不仅影响着我们是谁，也影响着我们在何处、我们如何变成现在这样，那么当下又是由什么构成的？我们是如何觉察到当下的？为什么我们会感到有些东西并不存在于当下，于是对过去在意、对未来担心？既然如此，有关“心智的时间性”的问题就是探寻“活着”的每一时刻的现实的本质。这里的时间性与前面我们探讨过的关于心智的问题存在怎样的关联？现在就让我们深入其中，看看会遇到什么惊喜吧！

2005—2010 年：在心智中和当下时刻探索"在场"的体验

当我在各种讨论会上和出版物中提出本书最开头的几个问题并阐述自己的观点时，我收到了一份不可思议的邀请。那时我在加州大学洛杉矶分校任职已满 10 年，我的学术研究工作让我比任何时候都更加忙碌。哈佛大学医学院邀请我就情绪和叙事在医学领域的重要性做一个大会主题演讲。我很清楚自己当年从这所学校离开的原因正是他们没有将焦点放在内在的心智体验上，并且对生命中的感受和叙事毫不关心。我因此感到既困惑又欣喜。距我因为失望而宣布离开医学院已经过了差不多 25 年，此刻我又一次回到了波士顿，现身于哈佛大学附属麻省总医院（Massachusetts General Hospital）的"乙醚厅"[①]。

人们终于意识到心智的关系性和具身的本质，这为"医生需要通过认识患者的心智而非仅仅认识患者的身体来促进疗愈"提供了直观的科学解释。要是当年我就能认识到这一点，要是当年我们就有这样的认识，那该多好啊！当我注视着学生们的脸庞并与他们讨论这些议题的时候，我意识到科学可以帮助维

---

① 乙醚厅系美国国家历史标志建筑，近代以来第一例麻醉条件下的手术在此公开演示，并获得成功。——译者注

系医学领域的人性。

心智是我们成为人类的核心。我们共同参与的、对生命本质及心智的探索令我们能够提出一些最基本的问题。如果我们要将心智带入生活中、让心智被真切地看到，并揭示心智在健康和疗愈中的核心作用，那么这些问题就是不可或缺的。

第七感中的洞察和共情就是用来看到并认识心智的。第七感既是我的护身符，它令我得以回到这个讲台，并引导后人前行。第七感也是一种意愿和态度，它既得到了科学的证实，也在我内心深深扎根，从而让我得以保持清醒。第七感不仅是一种我们感知自己或他人主观精神生活的方式，它还要求我们尊重差异，并以富有慈悲心的沟通建立连接。整合同样也是第七感的一部分。

MIND

第七感就是这些基础的、相互关联的人类经验的三位一体：用洞察深入心智的内在，用共情进入他人的心智，并用整合促进善意和慈悲，而善意和慈悲存在于健康的和有助于促进健康的关系中。

来到乙醚厅，在这间 25 年前令我深感绝望的屋子里探讨上述议题，这种感受难以言表。我 15 岁的儿子坐在台下，他目不转睛地注视着周围发生的一切。看着他的反应，我更加心绪难平。

差不多就在那段时间，我和我女儿的学前教育主管玛丽·哈策尔合著了《由内而外的教养》。在这本书中，我们将我早期作品中的科学研究结果提炼出来，然后将这些人际神经生物学的原理改写为故事和科学小结，以供家长们学习并对他们自身的生活进行意义建构。由于我们在书中不经意间用到了“正念”一词，因此许多家长问我们何时可以教授他们冥想。玛丽和我都不是专业的冥想师，因此家长们的请求令我们深感困惑。在我离开全职学术研究岗位后，我既主张关系能够塑造大脑，也主张我们有心智参与的行为能够改变大脑的结构。在当时，提出这样的观点已经算“越界”之举。我妻子卡罗琳（Caroline）几十年来每天早晨都静静地练习冥想，即使如此，冥想在那个时候还是显得很“过分”，差不多到了我根本就不该将其引入学术领域的程度。玛丽和我使用“正念”这个词只是为了提醒家长们在与孩子相处时要细心负责、谋定而后动。

就在我们出版了该书并开设了工作坊之后不久，我受邀与乔·卡巴－金（Jon Kabat-Zinn）一同出席一个研讨会。作为一名世界级的专家，他将正念用于自己的减压研究，并将其引入了医学领域。在准备这场由《心理治疗网络》（*Psychotherapy Networker*）杂志主办的研讨会时，我尽力搜罗了有关正念的科学原理的文献，并努力阅读了这些为数不多的文献。令我感到惊讶的是，测量正念训练效果的指标似乎与我自己擅长的领域，即依恋的结果评价指标完全一样。安全型依恋和正念似乎是两个相似的过程。安全型依恋关系是基于共情和慈悲、善意和关怀的，它与正念之间可能的共性引起了我极大的兴趣。

通过冥想习得的正念觉察和依恋关系中的共情沟通，二者之间有着怎样的共性呢？

在研讨会上，我就正念训练、安全型依恋和大脑中的前额叶三者之间不可思议的重叠提出了问题。正如我们在第 7 章中提到的那样，前额叶负责将大范围内分散的脑区彼此联系起来，它将大脑皮层、边缘系统、脑干、躯体和社会的能量和信息流联系起来，形成了一个连贯整体。通过将上述五个不同的能量和信息流的来源联系在一起，前额叶脑区的整合纤维就能对其进行协调和平衡。

正念觉察、安全型依恋和前额叶皮层是否是整合的不同体现呢？正念觉察是心智的整合状态，安全型依恋是关系性的整合状态，前额叶皮层代表了具身的大脑的整合，有可能是这样吗？

尽管我在依恋领域训练有素，但我对冥想训练并不熟悉，于是我接受了卡巴－金的劝说，决定亲身体验一下正念冥想。在接下来的 18 个月里，我参加了一系列正念培训，并因此写出了一本书，主题是我作为一个新手对正念的探索，这就是《正念之脑》。在这次研讨会上，我还和卡巴－金，以及另外两位与会同行黛安娜·阿克曼（Diane Ackerman）和约翰一起主持了一场题为“心智与时刻”的讨论，然后我就想到了更多的问题。有时，我会在第七感学院与学生们一起看那场讨论的视频回放，在这种时刻我总是能充分地感到活在当下。那种感觉真的可能在十几年之前就出现吗？我仍然觉得那仿佛就是现在发生的事，我们当时体验到的当下就存在于我们观看视频的屋子里，那是一种在一定程度上变得永恒的当下。也许这就是本章要着重讨论的问题，即时间在心智中的意义。我们对时间的主观体验以及过去究竟意味着什么呢？

那场“心智与时刻”的讨论的副标题是“日常生活的转变中蕴含的神经科学、正念和诗意”。我一直对这场讨论怀着深深的感激和敬畏：阿克曼具有自然主义者和诗人的洞察力，卡巴－金有能力将正念练习变成一种可以被大众理解的减压方法，约翰则横跨哲学家、诗人等多种身份。我们每个人看到讨论的视频录像后都决定将其公开发表，希望它能够将人们吸引到一起以探索生命并唤醒心智。然而就在我们制定出具体的正式计划之前，约翰意外去世了。在我写下这段文字时，我正翻开他的最后一本书，此书在他去世前不久问世。我重新读了其中的一些章节，包括他对自己的父亲和一位朋友的描述，他在致谢部分提到了这位朋友。约翰以美妙的语言对他的父亲帕蒂（Paddy）进行了描述，我在约翰身上同样感到了这种美好。“他安静地存在于当下的天赋改换了空间，他怀着爱的温柔的双眼与无形的世界同在。”好吧，虽然约翰并非是个全然安静的人，但他的眼神却十分平静、惹人喜欢并充满怀疑。他用来描述一位同样英年早逝的朋友的语句，我此刻也觉得同样适用于他自己，“不要太早期待死亡的降临，我孤身一人，等待着一切尚未发生的对话。”

我们与其他人的关系竟然这么深刻地影响并转变了我们。有了这一切的爱与生命，我们仿佛感觉到某种新生的、深深打动我们的东西正在出现。就在我想到这一切的时候，就在我意识到我在专业领域的探索跨越新千年的时候，我的心智对那些我从未想过的新视野敞开了，而它们将成为我生命的一部分。个人和专业两个世界并未分离，主观与客观两个世界则彼此交织。作为整体的我感到自己向某种新生的东西敞开了，那是超越我理解和控制的涌现。我有一种感觉，即我最好就让这些事自然而然地发生，以一种宏观的立场、开放的心智将自己置入这个世界，而不要让生命沿这样或那样预先设定好的狭隘方向前行。

在 21 世纪的第一个十年中，我与很多了不起的人，包括上面几位建立了友谊，我的心智也应邀开启了新的大门，即以全新的方式认识我们是谁，并以全新的方式探索并表达我们存在的奥秘。

另外，我还认识了杰克·康菲尔德（Jack Kornfield），在 20 世纪 70 年代，他率先从东南亚将正念练习引入西方，并在美国向大众传授内观冥想的训练方法。他是卡巴 - 金最早的内观冥想导师之一。在向康菲尔德学习以及和他一起授课之余，我发现人际神经生物学的研究结果与正念练习之间存在非常多的共性，并对此产生了很大的兴趣。我和康菲尔德之间的联系令我不断以新的、有时甚至是令人震惊的方式发现正念练习和科学之间的共性。

回到 21 世纪的第一个十年，我那时主要作为一名儿童精神科医师从事临床实践，我的工作对象是儿童、青少年、成人、夫妻和家庭。同时，我也一直在思考着上述有关心智和时间的问题，琢磨着那些我们能看到的和看不到的事物，并思索着我们的关系和具身的大脑与正念练习之间究竟存在怎样的关联。我们的关系与冥想在什么地方存在共性呢？

作为一名受过科研训练的精神科医师，我参加了一系列科学学术会议。其中之一是一个为期一天的、关于孤独症的神经科学基础的会议。与会者报告了最新的实证研究结果，并讨论了社会沟通、情绪调节、感觉加工等领域面临的问题。就在我准备去吃午饭之前，我听了一个研究报告：有学者通过脑磁图研究发现，孤独症个体的 γ 波水平显著下降。脑磁图令我们能一窥大脑的运作情况，而低水平的 γ 波意味着整合水平很低。我也从其他与会者那里听说了其他一些研究结果，这些研究结果表明，整合受损在功能和解剖学上的证据不仅在孤独症患者的大脑中被发现，也在其他非经验导致的障碍，如精神分裂症和双相障碍的患者的大脑中被发现。

后来，在 21 世纪的第一个十年快要结束的时候，当我与 15 名实习生着手修订《心智成长之谜》第一版的时候，我们回顾了过去 10 多年来发表的数以千计的研究文献。我要求实习生通过文献检索推翻该书第一版的若干观点，比如心智是具身且关系性的，而非仅仅具脑的，以及心智可能是促进整合的自组织的过程。他们很奇怪我提出的要求居然是质疑、证伪并推翻上述观点，于是我对他们解释说，唯有如此才能确定我们并不是选择性地随便找一些支持我们主张的研究结果，并以此证明我们最初的观点是成立的。哪怕只是少数人的看法，我们也需要找到证伪自己观点的研究结果。我提议我们应该写本新书，然后把旧的那本丢掉。

我和我的实习生们发现，那些最初在缺乏实证支持的情况下仅仅通过科学推理得出的大多数观点，即那些关于心智和整合的假设，最终与后来的研究者得出的结果一致。当然也有一些观点被推翻了、被新的实证结果证伪了，其中最主要的就是我们之前提出的“右脑的情绪强度较左脑更高”的观点。我们发现，情绪强度与身体的关联可能更为直接，我们没有可靠的证据证明它在左脑中更低。

我和我的实习生们从文献中找到的大多数研究结果支持了我们的观点，虽然我们的假说预测了这些结果，但假说的合理性并未得到证实。看到人际神经生物学先前提出的基本理论框架预测了后来独立研究得出的实证结果，而这些研究结果与心智的自组织本质和整合在幸福中发挥的核心作用有关，这让我们倍受鼓舞。科学的进步就是这样通过无数个一小步得以实现的：它通过一项又一项的研究为理论提供支持。在探索心智的过程中，与这些年轻人共事也让我感到由衷的欣喜。我们既促进了多学科之间的融通，在智慧的旅途中先人一步，也从中得到了许多乐趣。我对我们的合作心存感激。看到我们迄今为止发现的图景，并持续从大范围的科学研究中找到对上述基本原理的支持，这真是令人激动啊！

当我听说脑磁图研究发现孤独症患者大脑中的 γ 波水平下降的时候，我问研究者他们认为这意味着什么，他们回答说不确定。其他研究表明，出于某些未知的原因，某些受孤独症谱系障碍影响的个体的大脑在其出生后的头两三年里停止了分化。我在想，γ 波水平下降是否表明功能方面的整合受损源于解剖结构的整合受损？影响整合的神经缺陷是否会导致这些个体在人际整合方面出现某些缺陷？人际神经生物学在此时此地为一系列情境和科学研究提供了理论框架。

在一场由精神与生命研究所（Mind and Life Institute）主办的会议上，我有幸听到了许多口才出众的科学家对他们关于冥想及其对大脑产生的影响的研究结果的介绍。同时，学校对社会学习和情绪学习的兴趣与日俱增，教育界、各种组织机构和社会上都涌现出了一种对正念的现代式的关注，《时代周刊》2014 年某期的封面文章也以“正念革命”为题。这一切似乎都反映出我们文化的心智中的一种转变。在一个集体化的心智过程中似乎正酝酿着某种兴趣，以设法增强并连接我们孤立的心智。从企业到课堂，从会议室到卧室，这是一场跨文化、跨领域的共同行动。

我在这次会上听了很多学术报告，其中包括萨拉·拉扎尔（Sara Lazar）关于正念冥想能改变大脑结构的新发现的报告。这一年早些时候我在乙醚厅做报告时曾听到人们的谈论，称拉扎尔和她的同事很快会发表一项研究结果，即从事冥想练习数十年的人的大脑中的整合区比一般人更厚。神经系统中的哪些部分发生了改变？正是那些负责将彼此分散的区域联系在一起的区域，比如海马、前额叶和脑岛。稍后的研究同样表明，负责联系大脑左右半球的胼胝体也会随正念冥想而增长。

MIND

总体来说，这些研究可以被一句话概括：正念练习整合了大脑。

我要求我的实习生们找出一种不依赖于大脑中的整合而存在的自我调控的形式，他们未能找到。对注意、情感或情绪、思维、冲动、行为和关系的调控都依赖大脑不同区域之间的联系。我们现在可以认为，正念练习很可能通过促进神经系统的整合而增强了自我调控能力。

我还出席了这次会议的论文海报展，研究者会将研究数据贴在展板上供与会者简单浏览，而与会者可以直接向研究者询问其发现。在一个关于正念冥想的展板面前，我先向一位年轻的研究者询问其数据，然后就开始讨论我们的工作。当我告诉他我对正念冥想和依恋之间可能存在的关系感到好奇时，他告诉我他不明白我在说什么。我对他的看法表示认可，我向他承认虽然我从未冥想过，不过我很快就会参加一个为期一周的、研究型的正念练习。他说自己不是这个意思，他想说的是我谈论的概念是错的。他迫切地告诉我说，在冥想的哲学和实践中，你要想办法摆脱依恋。什么？没错，他重复了一遍，你要摆脱依恋。

我对他说，我谈论的依恋不是关于执着的，而是关于爱的。充满爱的关系与大脑中的依恋系统有关，这种依恋系统既是所有哺乳动物共有的，也是作为人类的我们共有的。因为他不熟悉关系研究视角下的依恋，所以你能想象我们的讨论有多激烈。他的研究生似乎对这两种心智和两种知识的碰撞很感兴趣。虽然我们最后没分出对错，但对我来说，只要能在这些关系到求知、科学、冥想和日常生活的不同领域之间建立起桥梁，将其联系起来形成一个一致的整体，就已经很令人兴奋了。

我接着参加了卡巴－金的一个正念练习，同行的还有大约100名科学家，尽管我很想和他们交流，但我们都默不作声。这是一种“高贵的沉默”，不仅没有言语的交流，甚至也没有目光交流或其他形式的非言语沟通。我本以为我就要丧失心智了，但接着我就找到了我的心智。脱离尘世的忙碌、放下他人的需要、处在高贵的沉默中，几天之后，我的内心中涌现出了一种深沉的平静和清澈感。我被我内心的避风港惊呆了。当我们离开沉默、重新开始科学讨论和社交之后，这种避风港又消失不见了，这让我有点儿难过。

在接受过卡巴－金的正念减压训练之后，在与卡巴－金、阿克曼和已故的约翰一起主持“心智与时刻”研讨会的时候，我心中充满了想法和疑惑。那一年晚些时候，我应邀为精神与生命研究所的暑期讲习班授课。我在那儿的论文海报展上巧遇了拉扎尔，我和她以及其他人讨论了正念冥想可能如何影响大脑、心智以及关系。

这些偶遇和思考让我把自己接触冥想的神经科学的经历写成了一本书，即《正念之脑》。在这场新手的探索之旅中，我提出了一个假设：

MIND

调谐的某种形式，即心智中的内在调谐和安全型依恋中的人际调谐，可能是心智和依恋共有的核心。

研究表明，早期经历中的支持性关系可能是促进健康的因素。有关儿童期不良经验的研究表明，我们生命早期的糟糕经历可能会导致心理健康和躯体健康两方面的问题。例如，发展性创伤和关于遭受严重虐待或忽视的早期经验都会导致大脑中负责整合的部分的发育受阻，包括海马、胼胝体和前额叶。无论是情绪平衡还是道德感，我们前面谈到的 9 种前额叶功能中的绝大部分都是安全型依恋关系的产物，这一点已经得到了研究证实。同样，研究也证实这些功能可以经由正念练习实现。安全型依恋即关系性的爱，正念即爱自己、与自己和谐相处，二者似乎都既来自个体内部和人际之间的整合，也能够反过来促成这样的整合。

新的研究证实了传统智慧几百年来的教诲，即对当下的时刻保持觉察而不要陷入评判，并保持正念，以便获得幸福。活在当下似乎就是通往幸福之路。

有一点需要澄清，那就是“不评判”这个词意味着不被“事情可能会如何发展”的预设立场带走。心智总是以评价、估计和评判等方式做出自上而下的过滤。正如卡巴－金最近和我一起讲学时告诉我的那样，在许多层面上，“不评判”其实是意识到我们不需要受到评判这种心理活动的制约。这意味着：既能看到自我和他人的心智、又能促进整合的第七感，其实包含了正念这种看待世界的方式。同时，我们也可以用反思性的心智做出辨别，以便对当前状况做出有效的评估。就像结构工程师评判一座桥是否能安全承载一定数量的车辆一样，有些人会使用“评判”这个词。有辨别力的评判是健康生活的重要组成部分。活在当下意味着对事物本来的样子保持开放，同时不被我们的评判制约，即预设的信念和期待被淹没，而它们会把我们和当下事实上的存在隔离开。尽管“不评判”这个词本身可能就很“评判”，但这就是我们想要通过这个词表达的意思。当我们为自身活在当下时，我们就拥有了正念觉察；当我们为孩子活在当下时，我们就建立起了安全型依恋。无论在生理意义上，还是在心理意义上，安全型依恋和正念都能促进幸福的发展。

如今的一系列研究都表明，正念冥想可以帮助牛皮癣、纤维肌痛症、多发性硬化和高血压患者缓解病情。研究者如今也证明了正念可以提高免疫系统机能，甚至提高端粒酶水平，而端粒酶有助于维持和修复染色体末端。研究还表明，正念练习对心理亦有好处，它有助于缓解焦虑、抑郁、进食障碍、注意力缺陷、强迫症和物质滥用等心理障碍的症状。

不过，内在的当下或人际关系中的当下，究竟是如何促进幸福的呢？

我自下而上的心智像一根导管，它使得那些诞生于且浸淫于古老观点或现代研究发现中的东西流动起来。我自上而下的心智负责进行解释，以便对那些不断呈现出的内容进行信息加工和意义建构。

在正念冥想中被激活并获得发展的脑区就是负责整合的脑区。当我第一次沉浸于正念练习时，我能够体验到许多不同的觉察之流的分化，比如将感官流从观察流中区分出来。对我来说，正念意味着一种整合心智的方式，至少它能将被我们称为“导管”的部分与“建构器”区分开来，将导流的经验和建构的经验区分开来。

我的自上而下的建构器心智是否将一种过去的经验投射到了我当下沉浸其中的新世界之上呢？或者说，整合是否确实是正念和依恋的核心呢？

精神病学家埃里克·坎德尔（Eric Kandel）因发现学习能够改变神经连接的基本分子机制而荣获 2000 年的诺贝尔奖。如前所述，对精神疾病患者的研究表明，解剖学和功能方面的差异似乎构成了这些精神疾病的基础。心理治疗领域的初步工作表明，即使在没有药物治疗参与的情况下，我们也能改变大脑的结构和功能。

最吸引人且最重要的研究结果之一也许是，你聚焦注意的方式能改变你大脑的生理结构。在卡巴 - 金及其同事里奇·戴维森（ Richie Davidson）等人的带领下，科学家们研究了正念减压项目的参与者和其他一些长期从事冥想训练的人士，该项目后来获得了盛誉。研究结果极为明确：

MIND

> 训练心智将注意聚焦于当下而不被评判带走，这不仅能让你感受更积极，而且能改变你的生理状态，并改善你的生理健康。

进入新千年之后，一些初步研究也表明，日常的正念训练可以优化调控基因表达的非 DNA 分子机制，即我们前面谈到过的表观遗传对特定基因组的配置，这有助于防止与特定类型的糖尿病和癌症有关的炎症的发生。因此，正念似乎能够优化你的基因组中的表观遗传调控。

卡巴 - 金认为，正念是一种有意地、非评判地将注意集中于当下时刻的方式。其他研究者，如肖娜·夏皮罗（Shauna Shapiro）及其同事则认为，正念练习是以一种“开放的、善意的、分辨的”方式将注意集中于当下时刻的做法。这些观点都认为正念中贯注着一种被我们称为“COAL”的感觉，这个缩略词代表了“好奇心”（curiosity）、“开放”（openness）、“接纳”（acceptance）和“爱”（love）。正念觉察就是对当下保持开放的状态。不过，因为这些学界带头人主要关注的是注意，所以我们需要先回顾一下注意的概念。

注意发挥的其实就是能量和信息流的通道作用。注意在大脑中起到了什么作用呢？能量和信息流，即心智的本质直接导致了神经元放电。我们能按照这个顺序回忆起注意、神经元放电和神经可塑性之间的关系。注意指向何处，神经冲动就“流向”何处。神经元放电反过来会激活基因，使得神经可塑性四种改变中的任意一种被启动。你还记得吗？这四种改变分别是新神经元的出现、突触的形成、髓鞘化以及表观遗传调控的改变。换言之，心智对能量和信息流的加工过程在分子和解剖层面上影响了大脑的生理过程和属性。心智改变了大脑的生理属性，既包括其功能方面的属性，也包括其结构方面的属性。

我曾经在一场公开演讲中谈到过这一点，一名听众礼貌但坚决地认为我犯了错误。我当时的说法是“心智运用大脑创设其自身”。这名听众坚持认为我的意思是“大脑创设了心智”。

这就是这个议题的核心：如果我们将心智的一个方面定义为一个复杂系统的高阶的、调控的、自组织的涌现产物，那么这种对能量和信息流的调控在我们的身体，包括大脑中就是自显现的。它在我们的关系中也是自显现的，甚至在你和我此刻的关系中也是如此。

因此，更完整的主张也许就是，心智运用身体及其大脑以及我们彼此之间的关系，加上我们与地球之间的关系来创设其自身。“创设其自身”意味着心智自我组织的方面在每时每刻涌现以产生我们对心智的体验。至少，能量和信息流在当下的时刻涌现着。当每一个时刻出现时，能量和信息流都在进行自组织。这就是心智在何处发生的答案：自组织运动倾向于将我们系统中区分开的要素联系起来，这个系统位于我们的心灵地貌，即我们栖居的身体，以及我们栖居的心灵圈之中。心智在何时发生？在当下。心智的时间性就是这种当下的涌现。

正如我在本书一开始谈到的那样，当下随后就变成了过去，具有了固化的特点。虽然我们无法回到过去或改变过去，但它仍然是某种形式的当下，或者，借用一个物理学概念来说，它是一个“事件”（event），它是在过去发生的某事。当下还可以是未来，是那些开放的、但尚未涌现的事件。无论是固化的过去、开放的未来还是涌现的当下，它们都是心智时间性中永恒的当下事件的属性。

MIND

一旦我们意识到心智这种当下的状态可以与善意的关注、接纳以及不评判的关心共存时，我们就能意识到正念能够导致一种对当下时刻的完全开放的状态。

我们可以将感官流和观察流区分开，然后对当下时刻可能出现的一切保持开放。有了安全型依恋创生的爱，我们就能感觉到，与他人一起在场令我们能够参与他人的主观体验，尊重他人的主观体验，并以富有慈悲心的沟通与他人建立连接。活在当下就是整合我们生活中的每时每刻的要诀。

调谐、整合以及时间

此刻，我们彼此联系在一起。孩子和照料者之间的安全型依恋会带来幸福，观察此过程的一种方式是聚焦于整合的本质，以看它如何在每时每刻显现。安全型依恋的基础是与孩子的内在世界进行调谐，如果这种调谐无法实现，那么我们可以试图修复裂痕，重建连接。我们可以把调谐定义为将注意聚焦于内在世界。人际调谐是指善意地关注他人的内在主观体验；内在调谐则是将注意焦点放在个体自身的内在主观体验上。这一切都发生于现在，而且必须基于家长的在场，家长的在场是安全型依恋的核心。与他人或自己相处时，我们都可能进入失去连接和被忽视的状态。这些裂痕在所难免，修复这些裂痕也是常态，在亲子关系或者在自己和他人的关系中是不存在十全十美的状态的，强求不可能的事只能是自寻烦恼。

换言之，在我们与他人相处的经历中，双方并非永远亲密无间。也许在我们和自己相处的经历中也是如此。但是在我们需要连接的时刻，比如情绪强烈的时刻，我们需要被他人看见。当这些需要未被他人的在场满足的时候，裂痕就会出现，我们就会受伤。对裂痕的修复，即心智的重新连接，是获取安全感的关键。即使在失去连接之后，与我们内在的心灵地貌重新连接也能让我们获得深层的一致感及整体感。活在当下为整合的自发出现打开了大门，从而令裂痕的修复成为可能。

人际调谐能够令两个区分开的个体在一个时刻联系起来，从而成为“我们”。虽然区分仍然存在，但联系能够令孤立的自我成为“我”和“我们”。对这种联系的主观感觉就是我在刚做治疗师时听到的来访者的表达：感受到自己被感受到。当我们感受到自己被别人感受到时，我们就能感到自己的内在生活被看到、被尊重。当我们在场的时候，当我们通过将注意集中于他人的内在世界以实现调谐的时候，当我们获得共鸣并被这种互动改变的时候，我们就发展出了信任感。你大概能从我们先前的时刻，即现在已经被固化或者说那些过去了的当下中回想起来，这就是我们谈到过的安全型依恋中的“同在”，即在场、调谐、共鸣，以及信任。这就是位于整合关系中心的人际整合。每个人的差异都得到了尊重，然后被富有慈悲心的沟通联系在了一起。

这可能与正念觉察存在哪些共性呢？整合是否就是正念的一部分？在我自己的正念训练经历中，我能感觉到不同的觉察之流彼此被区分开，然后又在无边无际的正念中被联系起来。我们已经谈到了两种流，一是感官流，二是观察流。我们可以通过思考觉察之流来思考我们内在生活中的整合。

在我个人的经验中，这些输入觉察的能量和信息流就包含了感官流，我们既可以通过它从直接经验中产生感觉，即我们的视觉、听觉、嗅觉、味觉和触觉，也可以将感官流扩展到我们对身体内部的感觉，我们还可以将其扩展到我们对自身思维、情绪和记忆的感觉，以及我们对和他人连接的感觉。这些都是直接的感觉，是心智的导管功能，这种流为我们提供了尽可能自下而上且直接的经验。

另一种流就是观察流了。如前所述，这是一种更加疏离的觉察感，会引发见证的产生，令我们能进一步疏离感觉或冲动，但仍然能像观察者一样在场。虽然我们此时尚未见得开始建构概念，但我们已经不再全然处在导管的感官流之中了。这种观察在心智中创设了空间，令心智不必将正在发生的经验认同为我们存在的全部。我们既可以观察又可以见证，然后通过将经验转换为话语、画面或音乐等方式，从观察流的角度对生活进行叙述。你还记得“拥有”（OWN）这个缩略词吧，即观察、见证和叙述。我们从感官流的导管功能走到了观察的桥梁上：不仅仅是导管，不仅仅是建构。当我们沿着桥梁继续前行时，我们会进入见证阶段，尽管它包含着一种像观察者那样的感觉，但已经更靠近建构。走到桥的另一端，我们就进入了叙述阶段，无论我们跳舞、唱歌、吟诵诗歌、讲故事还是做讲座，这些形式都是符号化的建构。不错，这与导管功能大相径庭，甚至与这座桥的第一步，即观察不尽相同。

在我看来，当我那多疑的“OWN 回路”推动我写下这段话给你看的时候，至少还有其他两种流存在于我的心智中。其一是概念化（conceptualization）。对事物怀揣想法或概念并不意味着确实感觉或观察到了事物。概念化已经超越了见证，甚至描述，描述所用的语言在我们的叙事中负责建构符号化却直截了当的那部分。叙事中这种描述性的一面就是我们在直接的、激发情绪的故事中“展示而非陈述”的方式。有了这种概念化的流，我们就完全进入建构之中。你可能对狗有一个概念，这个概念是一个心理模型或图式，它影响着你看待狗的方式。你先前的学习塑造了你的概念，让你产生了对世界的期待和评判，这就是自上而下的、深层的建构性要素展现自身的方式。通过话语来呈现的概念化更像是解释，而非描述。概念化很像写一篇说明文，而非小说中的场景描写。这种概念化的流在心智的运作中起到了很重要的作用，它能够帮助塑造我们的反应。我们不需要将每一条狗都视为一个新的活物，概念化可以让我们知道这只动物是狗或者它并不危险。我必须重申一点：每一种流都是不同的，它们在我们关注、培养和连接的过程中都是重要且独特的。

在感官流、观察流和概念化的流之外，还有一种显而易见的流，它是某种更深层的“知”，一种对更宏大的图景的一致性的感觉、一种整体感、一种对事实真相的感觉。这种智慧的觉知中存在的东西与仅仅觉察到事物存在的“知道”不尽相同，“知道”只是你对此刻自己正在读这句话有所觉察。我们讨论的这种觉知是对智慧、对事实真相的“知”，而不仅仅是在觉察到事物存在的这种“知道”中的感觉、观察或概念化。

MIND

在我看来，上述四种流，即感官的、观察的、概念化的和觉知的流，构成了正念觉察的“浸泡”（SOCK）[①]。

这又是一个首字母缩写词，我那独特的心智就是这样工作的，如果你不喜欢，那么我只能说句抱歉。在我自己的正念练习经历中，上述四种流中的每一种既彼此有别，又互相联系。对我来说，内在的调谐就是内在整合的一种形式，它能够将这四种觉察的流区分开，再将其彼此联系起来。

在我写下这段话的当下，出现在我回忆中的这四种流的每一种都是独特的。也许它们都是注意的流，是将能量和信息流引入我单一的意识的不同方式。也许是我心智的建构器接收了来自导管的独特感觉，并将其贴上“觉察之流”的标签，将它们放在一起加工成一个首字母缩写词，然后我又把它和你联系在一起。无论我们选择何种语言符号，无论我们如何调整注意来引导同一种觉察之流或不同的觉察之流，我们都会走向同一个终点：区分开的流彼此联系，进而形成一个整体。

① 即 sensation, observing, conceptualizing 和 knowing 的首字母缩写。——译者注

MIND

导致我们与当下失去联系的一种方式是，对未来太过担心，或对过去太过在意。

在许多方面，我们都可以把这种做法视为这样一种过程，即建构器建立起表征，令我们远离导管中流动着的当下。对未来忧心忡忡，或者对过去太过在意，这都会让我们远离当下。是的，虽然我们确实是在当下感到担心或在意的，但我们却在这些建构起来的表象中迷失了。这些我们在心智中形成的、对固化或开放的当下的表象令我们感到担心，或试图控制，或企求其产生不同的结果。从许多层面上来说，这些做法都是我们试图回避的怨憎，或我们不愿离开的依恋，在我看来，这些都是心智建构的产物。

虽然我们可以同时对导流和当下的建构都保持开放，但导流是回归当下的第一步。其中的关键是促进觉察中的有意识分辨，其本质是每时每刻的涌现。此时此地意味着什么？此地涌现出的一切就是此时，因为这一切就存在于此地。对时间的感觉就是对事物变化的觉察。作为感觉的此地和作为观察的此地是什么？作为概念的此地和作为觉知的此地又是什么？答案皆是当下。区分这些不同层次的觉察之流能让我们获得解脱，让我们免于被在意或担心从当下带走。当下允许整合自然而然地发生。它是如何做到这一点的呢？

除了觉察之流，我们也可以通过意识整合的概念来看待内在的整合。我在“脑的十年”中设计了一个名为“觉知环”的练习（见图3-1），它旨在将意识的不同成分彼此区分，然后再通过注意将其联系在一起。对一系列心理治疗和教育方式的回顾表明，要想发生改变，就需要调整意识。若如此，当一个人实现意识整合的时候会发生些什么呢？

如果我们可以在最基本的概念化层面上把意识整合视为一种对“觉知的动作”和“觉知的内容”的基本感觉，那么“觉知的动作”和“觉知的内容”是否能够被区分开呢？如果有了意识的聚焦，我们既可以系统地区分“觉知的动作”和“觉知的内容”，又可以将“觉知的内容”中的不同成分彼此区分开，那么我们是不是就可以通过这种方式实现意识的整合？

我通常将患者带到我办公室的那张桌子前，然后告诉他们玻璃材质的中央部分代表“觉知的动作”，桌的边缘代表“觉知的内容”，像辐条一样的桌腿代表注意。我没有将这张桌子命名为“觉知之桌”，而是将其称为“觉知环”。

这个思想训练要求我们将这个隐喻性的环的中央与边缘区分开，即将“觉知的动作”与“觉知的内容”区分开。这里的“觉知”可能不同于我们前面谈到过的四种“浸泡”的觉知之流，它主要意味着将意识中两个不同的部分加以区分，它们分别是“觉知的动作”和“觉知的内容”。

桌的边缘分为四个部分，象征觉知的四种内容：

1. 外部感觉：听觉、视觉、嗅觉、味觉和触觉。
2. 内部感觉：对来自身体内部的肌肉、骨骼和内脏器官的信号的内感觉。
3. 对心理活动的第七感：这里的心理活动包括情绪、思维、记忆、信念、态度、渴望、欲望及意图。
4. 第八感：对我们与他人和我们生存的世界的关系的感觉。

将“觉知的动作”和“觉知的内容”区分开，并以代表注意的辐条围绕边缘的系统运动将觉知的不同内容区分开，这就是觉知环的练习促进整合的方式。只看语言描述或许显得过于抽象。如果你还没有尝试过这一练习，那么你不妨试一下，看看自己能从中获得些什么。

从我自己的治疗实践、跟我学习心理治疗的学生以及之后在全世界范围内不同的工作坊参与者那里得到的积极反馈都表明，意识整合能够有力地将混乱和刻板转变为和谐和幸福。

觉知环的练习在许多层面上都表明，意识整合也许是我们在生活中获得疗愈和健康的重要方式。在第 9 章中，我们将探讨一种观点，这种观点或许既能解释整合的作用，又能揭示意识的机制。

作为一种定义意识整合的方式，内在调谐可能是一系列古老的、用于促进正念觉察的练习的核心。能量和信息经由这些练习被整合起来。安全型依恋中固有的人际调谐令“感受到自己被感受到”的经验成为一种与照料者区分和联系的可靠经验：它并非每时每刻在场，但长期可得。

我们将心智视为具身且关系性的自组织过程，由此我们提出的观点引出了一个可操作的假设，它能够解释安全型依恋研究和正念觉察训练的结果之间的潜在共性。卡巴 - 金在一次题为“正念即关系性”的演讲中陈述的观点支持了这种解释。卡巴 - 金的观点与我们认为能量和信息流发生在个体内部和人际之间的观点是一致的。我们既拥有关系性的内在之流，即心灵地貌；也拥有关系性的间性之流，即心灵圈。带着善意和慈悲活在当下就是保持正念。

在那些忙于《心智成长之谜》第二版的实习生们回顾文献并从各学科研究中得出鼓舞人心的新结果时，一些根本性的发现浮现出来，这让他们欢呼雀跃。以我那多疑的心智，我甚至不敢相信自己那些简单的观点能得到这么多科学研究的支持。比如有这么一个简单的观点，我们找不到证据推翻它，而只找到了一些支持性的实证研究结果，这些结果将我们引向这个方向：人际整合能够促进内在的神经整合。

这意味着当我们与他人“同在”时，即当我们尊重差异，并促进富有慈悲心的连接时，我们就刺激了大脑中神经纤维的活动和生长，令其将彼此孤立的脑区连接起来。

另外一个我们只找到了支持证据的简单观点是这样的：神经整合是健康的自我调控的基础。

在我们寻找自我调控，即执行功能的神经机制时，我们发现，对注意、情感或情绪、思维、自我觉察、社会联系、冲动控制和行为的调控都依赖于大脑中负责将不同区域联系起来的神经纤维。我们可以通过一些新的技术手段来看到这种连接，比如弥散张量成像（DTI），它向我们揭示了连接组，或者说大脑中相互连接的结构和功能。我们简单地称这种彼此区分开的脑区相互联系的现象为内在整合或神经整合。

稍后，在21世纪第一个十年之后的研究中，我们又不断发现了正念冥想能导致大脑改变的证据，这种大脑改变可以被概括地归结为神经整合水平的提高，比如海马、胼胝体和脑岛等整合脑区的增长。令我们感到惊讶的是，这些脑区恰恰是遭受虐待或忽视等发展性创伤的患者受损的脑区。我们前面谈到的关于默认模式网络的研究表明，该脑区对一个人的健康状况有着重要的影响。默认模式网络即一系列相互联系的脑区，与我们对自我和他人的觉察有关，我们称之为"OATS回路"。正念冥想能够增加默认模式网络的整合水平。

能活着体验到这一切可真好。这些受科学启发而得出的观点正得到越来越多研究证据的支持。对当下时刻保持开放会促进整合的发展，包括内在整合和人际整合。我和实习生们都被这些观点的简洁所打动，而这些观点最终可以归结为一句话：

MIND

> 我们在觉察中将注意集中于当下，与自己和他人建立起调谐的关系的做法能促进神经整合，而神经整合是构成健康的自我调控的基础。

邀请你思考：能量的改变与时间

我们能否以一种世俗的观点阐述如何建设一个更富有慈悲心的世界？我认

为，也许整合就是朝向更加富有慈悲心的世界的通途。如果健康来自整合，而且人人都有过上健康生活的权利，那么我们只要促进整合，就可以促进健康。既然善意和慈悲可能是看得见的整合，既然富有慈悲心的生活之下的机制就是整合，那么促进整合也许就是为更加富有慈悲心的世界孕育种子，并能够让复原力和幸福得以生根发芽。

我曾与荷兰的商界领袖以及从幼儿园到12年级的学生们进行了为期一天的讨论。我们是否能在组织和学校中培养更具情绪化和社会化的智力？我们以整合作为一个联系性的概念讨论了一整天。学生们一组一组地向我们展示了他们为建设更富有慈悲心的世界而做出的努力，商界领袖们则列席聆听，并参加了讨论。

在探索心智的旅程中，在苦苦思索的过程中，我既感受到了个人心智汇聚在一起的力量，也感受到了在我们范围更大的文化交流中出现的新模式。这种新模式不仅像在华盛顿的神经科学会议那样出现在科学界，而且出现在全世界范围内的人类大家庭中。第七感和整合等概念的影响力让我有机会在商界和政界参与的气候变化会议上发言。其中一次这样的会议约有150名科学家列席，其中大部分是物理学家。我们的主题是“科学与心灵的联系”。

在科学与心灵之外，或者也许是在二者之下，我迫切想要揭示的要素是能量与时间。能量与时间是物理学的范畴，能与终身进行物理学研究的人士共处，一起散步、用餐、交流，这实在太吸引人了！

如果你现在开始理解心智、身体和生命中的模式并开始知道“我”，那么你大概就不会惊讶我有一肚子的问题想问。我们的讨论无休无止。我对他们阐述了一些我的个人见解。首先是对每个人来说都适用的一点，即科学家的观点实际上也各不相同。其次，在被我们广泛接受的专业刊物上发表的内容未见得总能透彻地表达出做研究和写文章的人所具有的不确定性或情感。作为一名受过训练的治疗师和一个对心智感兴趣的个人，我本能地想了解这些物理学家看待世界时所用的方式，而不仅是他们公开发表符合他们专业立场的观点时所用的方式。

上述这些都是背景铺垫。我们现在有两个议题，其一是能量，其二是时间。当我们思考心智在何时出现的时候，这些议题对我们深入认识心智的时间性发挥着关键作用。

我们用“能量”这个词指代以各种形式出现的广泛的现象。光是光子，声是随分子运动产生的波，电作为电荷流动。如果你要问这些不同形式的能量有什么共性让我们都称其为能量，那么科学家最先会告诉你的答案也许是“我们不知道”。“噢，别这样，”我若把皮球踢回去，“你们是物理学家呀，你们是研究能量的专家，它到底意味着什么？”“好吧，”他们就会回答，“能量就是势，做某种事情的势。”

我们如何才能观察到这种势呢？我遇到的很多物理学家都说，能量的势通过确定性的度量得以体现。确定性的度量就像一条概率曲线那样，它的一端代表确定性趋近于零，另一端则表示确定性达到 100% 。

然后我就问，如果我们说能量随时间流动，那么我们能否认为这意味着概率曲线上的位置变换，从趋近于零的确定性到 100% 的确定性？答案是肯定的。那么，例如，我们不知道一个光子出现在某个位置的概率究竟有多高，当它在确定性的曲线上趋近于零的时候，这是否类似于我们所谓的“充满无限可能性的大海”或者“开放的可能性平面”？不错，他们认为这是说得通的。

因此，能量确实是一种势在开放性和确定性之间的运动，它表现为能量概率曲线上的位置变化。

虽然我们在前面的章节中提到过这个概念，但第一次或第二次看到它的人的确会感到难于理解。不过牢记这个概念是非常有用的。我们在后面的章节中会继续深入探讨它。在这里我只是简要介绍一些基本的观点，我们不仅可以将其用于对心智的时间性的讨论，也能将其用于对心智本质的更广泛的探索。

我在自己好奇的心智中试图理解那些物理学家所说的内容。此刻我心中的问题是这样的：如果在能量概率曲线上的运动就是能量流的字面含义，即在开放性和确定性之间运动，并跨越不同的概率，那么这种现象是否在空间和时间中发生，并跨越没有时空参与的势？能量流究竟意味着什么？

为什么我会如此执着于这个问题？我们至少有了对心智一个方面的定义，即它是一种自组织涌现式的、来自能量和信息流并对二者进行调控的加工过程。这样一来，了解能量流究竟意味着什么就很关键。在一些物理学家看来，信息就是具有符号价值的能量模式，我们之前已经谈到过这一点。爱因斯坦方程，即能量等于质量乘以光速的平方，向我们表明宇宙中充满了能量，就连物质也是凝缩的能量。

MIND

因此，在这种观点看来，能量既是有限和无限之间流动的势的体现，又是不确定性和确定性之间的运动的体现。流动意味着某种事物发生了改变。能量流意味着在一个概率范围内的转变，从接近无限的、广泛的开放性到逐渐提高的概率或确定性，再到势完全实现、成为现实性。

这种在能量概率曲线上的运动也能随变换而往回退。这条曲线是我们通过图示的方式将这种潜在的“低可能性 - 高可能性 - 确定性”的连续体简化成数学图形而得到的。这就是我们所说的概率曲线，即一个用于表示概率范围的可视化图形，曲线的一端是极端的开放性，另一端则是完全的有限性。

将“流”这个词与能量的改变联系在一起进行定义能令我们进一步深入探

讨有关时间的议题。如前所述，我们用“时间”这个词描述一种对某种流动之物的感觉，与其说它是一种真实存在的现实，还不如说它是一种心理建构。虽然我们确实有着对时间的感觉，觉得仿佛有某种东西流过，但正如一些物理学家所言，时间可能从字面意义上来说就是我们心智的创造物，它是一个被我们用来标定四维世界中的位置的标签，我们称这个四维世界为“时空”。我们用“时间”这个词标定自己在那个世界中的位置，并用各种各样的时钟测量时间的流逝，即在时间维度上的运动。时钟就是某种周期性往复的事件，它既是一个信号，也是一种模式。我们的心脏会跳动，我们的神经系统和内分泌系统中也有其他测量时间的生物钟。在我们的身体之外，我们能感知到太阳的运动并用其标记天，我们用月亮的运动标记月，再到四季和年。换言之，我们在心智中建构并命名的时间也许并不是我们认为它应该是的样子，时间也许既不是某种流动的东西，也不是某种你拥有很少或会耗尽的东西。对某些物理学家来说，对那些感兴趣于这一领域并想对此进行讨论的人来说，从我在自己的能力范围内可以读懂的出版物的角度来说，有一种关于时间的看法非常简单：尽管我们认为时间就是我们认为的样子，但时间事实上并不存在。

请允许我对上述令人费解的理论做一番简要的概述，我的概述来自顶尖的理论物理学家肖恩·卡罗尔（Sean Carroll）的一个引人入胜的观点。我们可以把时间看作自己所持的一个概念，它描述了宇宙的一种属性，即事件如何在时空中展开。换言之，我们的时空有四个维度：长、宽、高，以及时间。在物理学的弦理论看来，现实还有许多其他维度，不过此刻我们只需要关注上述四个维度。有些人用“块宇宙”（block universe）的概念来表述上述四个维度组成的现实中的一个大块。在这个概念中，时间只用于表示我们此刻在这个块宇宙中的位置，以及我们相对于被称作“过去”或“未来”的某事物的位置，这里的“过去”或“未来”指的是，我们在这个块宇宙中此刻不处于但曾经处于或之后可能到达的位置。时间只是在这个四维块宇宙中用于定位的坐标之一。

时间本身并不是某种流动的东西。时间只是我们作为人类用来指代我们栖居的宇宙的一个标签。我们在时空块中改变的是位置，时间只是用来衡量位置改变的参照标准。不过既然我们在自己的宇宙中拥有“时钟”，即我们身体内部的呼吸和心律，以及我们身体外部的手表和联网的智能手机，那么我们就能用这种重复的信号来衡量“时间的流逝”，即在时空中的第四个维度上的运动。爱因斯坦提出的广义相对论认为时空既不平坦也不统一，也就是说，时空有曲率，它会发生弯曲，因而看起来恒定的时间间隔将会随事件的速率和引力发生改变。你的速率越是接近光速，引力场的强度越大，时间走得就越“慢”，更准确地说，是时间间隔比你在低速率和弱引力的情况下变得更大。因此速率和引力改变了时空块的形状。这里不存在什么流动的东西，只有不断延伸和弯曲的四维世界。引力在其中的作用机制仍然复杂且神秘，这一切与量子物理学的关系仍然有待进一步的研究和理论解释。

上述物理学背景知识没有提到的一个问题是过去、现在和未来的关系。有了预测微小粒子运动的基本物理学定律，以及量子物理学，过去和未来就不再有本质区别了。即使量子物理学对观察导致“概率波函数坍缩”的方式进行的探讨也已经表明，这只是将经典物理学强加到了量子态函数上，因此这使得量子理论自身仍然没有时间上的方向性。宇宙中的基本粒子和能量创设出所谓的“微观态”（microstates）。微观态物理是对称的，这意味着它是可逆的、不存在固有的方向性。预测微观态行为的基本物理方程表明它们可以朝向一个方向或另一个方向运动，它们是对称的。

然而就像你的身体是由许多分子按照一系列特定的方式排列而成的那样，世界是由微观态大量累积并按特定方式形成的宏观态（macrostates），这事实上意味着其形成遵循某种方向性。它是不可逆的，也是不对称的。就像原因和结果一样，在宏观态下存在着一种连通过去、现在和未来的方向性。这种宏观态的时间的方向性可以通过诸如下面的形式体现：我们将蓝莓汁和草莓汁混合，最后会得到紫色的混合物，这种紫色混合物不会自行还原为一半蓝色和一半红色。宏观态的发生方向被称作“时间箭头”（Arrow of Time）。这个箭头象征着事件发生的不对称性、改变的不可逆性和时间的方向性。我们不能回到过去或改变过去，我们只可以预测并影响未来。我们说过去是固化的而未来是开放的，就是这个意思。因为我们生活在一个宏观态世界中，所以时间看起来是不可逆的。

即使我们的精神生活也通过认识论的发生证明了时间箭头的存在：我们只能知道过去，即使我们能预测未来并预先做好准备，我们仍然不可能知道未来。虽然我知道一些人可能基于自己的经验对此表示反对，但我阐述的是现代宏观态物理学的观点，而非仅仅基于我们心智局限性的认识。

可是为什么宏观态有时间箭头呢？尤其是在物理学的基本定律，即那些被实验证实的、关于能量和宇宙中基本粒子的微观态的规律并没有这样一种关于改变的方向性的情况下。回答这个问题的第一步是指出宇宙中宏观态发生的方向性，即时间箭头实际上并非时间自身的属性。时间的方向性，即我们体验到的过去与未来不同的事实，实际上是宏观态宇宙的一种属性，而非时空中的时间维度的属性，这听上去很奇怪。一个有助于理解时间箭头方向性的法则是广为人知的热力学第二定律：一个像宇宙这样的孤立系统或封闭系统总是向着熵增的方向运动。

MIND

乍看之下，熵是用来表示随机性或者混乱度的概念，但这种看法并不完全准确。

对熵的更完整的定义是在一个给定的宏观态水平上看起来相同的微观态分布的数目。一个微观态由一个系统的最小组成部分构成，基于分析的尺度，这个最小组成部分既可以是能量、原子的一部分，也可以是联系在一起的原子，即分子。这些微观态集合在一起，即原子、分子以及所有这些微观态的更大尺度的分布组合在一起，就构成了宏观态。我们不妨回到刚才那个混合果汁的例子上：在两个不同的容器中分别倒入蓝莓汁和草莓汁，然后把两种果汁都倒进一个大碗里，直到把这个碗装满，会发生什么？我们可以认为我们在这个碗中间放了一堵隔离墙，这两种果汁一开始各自占据了碗的一半，左边是红色的，右边是蓝色的。在我们撤掉这堵隔离墙后会发生什么呢？没错，在热力学第二定律中，那些一开始位于一个特定的熵状态下的分子，现在开始向熵增的方向运动了。通过什么方式呢？它们开始向整个碗扩散。为什么会这样呢？因为两种果汁混合起来比它们各自待在分开的地方的概率更高。因为这种概率很高，所以它们会以各种分布方式逐渐混合起来，而非继续彼此分离。是否存在两种果汁待在原地不动或者互相交换位置的可能性呢？存在，但这种概率非常非常低。微观态可以通过很多方式分布成一个混合的紫色果汁的宏观态，这种事件发生的概率非常高，这意味着我们很可能看到这样的现象发生。随着时间的推移，即改变在宇宙中的发生，你会看到个别果汁分子的微观态运动，即它们位置的改变导致了宏观态的改变，熵也随之增加。如果用色彩来说，那就是紫色的混合物组成的宏观态比单独的红色和蓝色组成的宏观态发生的概率更高。

因为我们对过去、现在和未来的感觉对精神生活非常重要，所以即使在你不太喜欢物理学的情况下，也请你多给我一点儿时间，以便我向你解释热力学第二定律的要点，以及它为什么对我们理解心智至关重要。

对于我们生活的宇宙，物理学家有一个公认的理论，叫作“过去假设”。我们大体上可以将该假设理解为先前发生的事件比当前发生的事件的熵更低。这符合热力学第二定律的内容，即宇宙总体上将向熵增的方向发展。当然，并非所有的宏观态都必然增加自身的熵。例如，作为生命体，我们在清理自己的书桌时可以降低我们个体的熵，而“收拾”我们的心智也可以起到同样的效果。因为热力学第二定律指出，宇宙整体随时间向熵增的方向发展。所以，即使你清理了自己的书桌，降低了你个人的熵，你工作时散发出的热量还是会增加整个世界的熵。好吧，虽然你可能会觉得这很不可思议，但我们为什么要关心它呢？如果我们考虑到心智在伴随对过去的在意和对未来的担心时的存在方式，那么时间的方向性就会对我们的心智体验产生巨大影响。这一点如何能解释过去、现在和未来之间的关联，对于时间箭头它又能告诉我们些什么？如果熵增就是时间箭头的驱动力，推动它从过去指向未来，那么我们就能在许多层面上观察到它：因为熵就是一个由许多微观态叠加形成特定宏观态时导致的更高的发生概率，所以时间的方向性直接与概率有关。

你也许会好奇这与生命体的关系何在，尤其是与我们的关系何在。我对此的回答如下：没有人知道时空为何具有这种方向，只有热力学第二定律及与之相伴的过去假设将熵从低向高的运动称为“我们在时间中的运动”。要知道空间本身是没有箭头的。虽然我们可以在空间中往复运动，想去哪里就去哪里，不必受一系列规则的制约。但在时间的维度上，在宏观态的尺度上，我们是有这样的箭头的，我们在时空的块宇宙中的运动是有方向性的。

你也许会想到，上述观点引出的实证发现就是物理学和天文学上有关大爆炸理论的宇宙观测结果。大爆炸理论认为，在很久很久以前，熵曾经达到无法再低的最低点。科学家通过计算认为，大约在 137 亿年前，即在时间开始的时刻，我们的宇宙分布在一个非常小的范围内，其熵和变异性非常低，其状态极为致密。在大爆炸开始之后，宇宙迅速膨胀，于是恒星、星系以及宇宙的固有属性，即引力逐渐产生。

宇宙这种初始的、小小的状态极为简单，它一点儿也不复杂。当宇宙开始膨胀后，就像热力学第二定律指出的那样，万物的熵都将增加。一些人认为这种运动最终将达到一个终点，即所谓的热平衡，就像混合果汁中的蓝色和红色充分混合形成紫色时那样，达到熵的最大化。那是一个充分混合的、没有任何分化特征的世界。即使是这种热平衡的最终状态仍然非常简单，它一点儿都不复杂。那么我们是从哪里获得这种地球上的生命体所具有的复杂性的呢？或者说，宇宙中有数千亿个星系，每个星系中有数以亿计的恒星以及围绕它们的行星，如此多样的宇宙是怎样产生的呢？这也意味着相当程度的复杂性啊！好吧，其实这种高度的复杂性就是在宇宙整体从熵极低的状态向熵极高的状态变化的过程中产生的。

用卡罗尔的话来说，也许正是由于封闭的宇宙向熵最大化的方向发展，才让我们能够以生命体的形式存在。经过了 137 亿年之后，我们现在至少处于宇宙发展的中间状态。虽然定义生命并不容易，但我们在自身的开放系统中至少做了一件事，那就是与热平衡斗争。不过计算表明，无论我们以光子的形式从太阳那里获得能量，繁殖植物和动物，还是以红外线散热的形式将能量返回大气层中，地球上所有生命产生的总体效果都是增加宇宙整体的熵。因此，尽管你我作为单个生命体在与热平衡对抗，但我们整体上还是让宇宙的熵增加了。

虽然这也许无法让人完全满意，但是研究时间的科学在此时此刻认为，时间的方向性，即从过去到现在，再到未来，在宏观态上是不对称的。根据热力学第二定律和过去假设，时间箭头是存在的。作为生命体，我们的生命是被时间箭头支配的，我们生活在一个封闭的、符合热力学第二定律的宇宙中的宏观态水平上。不过，因为热力学第二定律本质上是主宰宏观态的经典物理学观点的一部分，所以量子理论中并不存在时间箭头。

既然量子的微观态没有时间箭头，而经典物理学的宏观态有时间箭头，那么我们可以从二者的差异中得出一个有趣的推论：心智既能体验到没有时间箭头的、微观态的涌现，又能体验到概率流的、有时间箭头的、宏观态的运动。这有可能吗？你可以在由前后、左右、上下和时间四轴组成的时空心智中保留这种看法，我们会在后面的章节中继续探讨它。

宏观态沿着一个方向，从过去、现在到未来，时间只是用于描述这种运动的术语。时间是我们时空的块宇宙中的一个位置。有了时钟，我们就可以像用尺子测量空间间隔那样测量时间间隔。在我们所谓的“时间”是有箭头的，它向着一个方向前进。现在我们至少既对时间这个术语的意义有了初步的了解，又知道了为何我们生命的宏观态的发生有其方向性。

事件既发生在我们所谓的“空间”中，又发生在我们所谓的“时间”中，即发生于“时空”之中。因为这些构成宏观态的微观态分布的改变是由能量和粒子决定的，粒子其实也是由能量组成的。所以我们可以想象，当这些凝缩的能量形式，即粒子的位置在时空中运动时，它们也能以其他方式发生改变。它们可以在没有空间的情况下改变吗？这怎么可能？一种可能的方式是通过在能量概率曲线上的运动。这种在能量概率曲线上的运动是不需要空间位置的改变的。这也许就是心智之流可能的意义，即一种概率状态的改变。我们并不完全知晓微观态改变的意义。有些改变或许与时间箭头有关，有些改变则可能有其他性质，我们之后会再谈到。在谈到心智时，在能量概率分布曲线上的运动也许就是能量流的本质含义。我们对这种运动的觉察可能是由心智建构的对心理时间的体验的一个来源。例如，当我们看到某种新奇事物或得知某种事物的更多细节时，我们会在主观上认为，时间的流逝仿佛变慢了。想象一下你自己身处一个新奇的城市、在陌生的大街上漫步的感觉吧，在那种地方散步一下午就仿佛过了一星期。如果你是在自家的草坪上度过了一个下午，时间可能就流逝得快一些。有些人认为可以通过我们所处环境中的信息比特密度来理解这种现象，它在某种程度上影响着我们对时间流逝的体验。然而除了这种基本的对时间的主观感觉，心智对于改变和对于沿时间箭头发生的事件的体验中也可能包含一些来自大自然的关于时间本质的要素，这些要素或许与我们对心智的探索有关。

接下来，我要在此分享一些学者对心智和时间本质的深刻反思，以便让你对专业文献中讨论的种种议题有一点儿感觉。我们已经深入探索了心智、涌现和时间，以下的引文有助于我们管窥那些基础的、作为背景的学术研究。哲学家克雷格·卡伦德（Craig Callender）指出：

> 在一个量子引力研究者惯常主张时间根本不存在的时代，一种在物理学范畴内对时间的更好的理解就显得越发重要，哪怕只考虑到在缺乏这种理解的情况下我们失去了什么也足够了。时间的方向就是事件发生的方向，我们最好的理论可以据此给出最有力、最具信息量的“故事”。换句话说，时间是我们的理论能够得出最多决定论的方向。时间不仅是“伟大的放大器”，也是一个伟大的知情者。

我们可以因此认为时间塑造了我们的经验，而它并非某种流动的东西。它是基于概率的过程，我们能够通过它为自己的生活提供信息。

物理学家鲁道夫·甘比尼（Rodolfo Gambini）和久治·普林（Jorge Pullin）进一步指出：

> 在量子引力中不存在绝对的时间概念。就像量子理论中的其他数量一样，引入时间的概念是“理性的考虑”，是通过研究某些被其他人看作“时钟”的物理量的行为引入的。在量子力学的这个方面和其他方面，对时间的常见看法会受到经验或数学的挑战。

哲学家乔治·埃利斯（George Ellis）进一步把我们引向了我们熟悉的观点：

> 时间最重要的特点在于其展现过程。现在不同于过去或未来，这三者是完全不同的。过去是固化的，未来是可以改变的，现在则是介于前两者之间的当下的过渡。作为当下此刻的时间，将在下一刻成为过去。这种发生的过程以一种不变的方式往复：尽管我们能影响时间中发生的事件，却无法影响时间发生遵循的轨迹。正如奥玛·海亚姆（Omar Khayyam）所言：“移动的手指书写着，且写，且行；任尔如何虔诚或智慧，皆不能诱其回头，消去半行；任尔泪水流干，亦难洗去片言。”

虽然我们对时间的一种感觉是，它是一直向前且不可逆的。但是这种“时间的不对称性”在微观的、量子的尺度上也并非总是成立的。如机械工程学教授塞思·劳埃德（Seth Lloyd）所言：“时间和现实都是我们难以理解的大概念。我们的工作表明，在时间的物理本质中存在一些反直觉的精妙之处，这是我们可以用微观的量子信息加工过程来揭示有关大自然的宏观问题的一个例证。”虽然在微观尺度上，时间似乎是对称的，即“时间反演对称性”。但在宏观尺度上，时间是单向度的，也就是不对称的，它只能朝向我们所谓的未来。

劳埃德的物理学同行雅各布·比昂特（Jacob Biamonte）将其有关量子复杂网络的新理论做了这样一个类比：现实的量子性就像树木，经典物理力学尺度的现实则是整个森林。按照这种类比，经典物理学尺度的、更高水平的复杂性实际上是低水平的要素，即树木或量子涌现出的现象。“关于涌现的最古老且也许是最重要的例子之一就是这个问题：虽然我们生活的世界似乎被经典物理学完美定义，但它实际上又是量子性的，这是为什么呢？”

哲学家杰格迪什·哈廷昂甘地（Jagdish Hattiangadi）在名为“心智在时间和空间中的涌现”的章节中探讨了一些与我们的研究有关的议题。我在这里节选了他的一些重要观点：

> 人们通常将当代物理学世界中的一种非决定论中的一部分看作对量子现象的正统解释，并认为涌现不仅与这种解释一致，而且是我们可以找到的最好的解释……对于发展一种充分的、关于在时间和空间中涌现出的心智的理论而言，人们将证明涌现是重要甚至不可或缺的。

哈廷昂甘地进一步指出：

> 在任何一个系统中，只要系统状态中的物理学条件的排列没有完全被定律决定，且这些定律来自系统的先前状态，那么涌现就是可能的。任何关于涌现的理论都需要提到概率事件，或能导致较低尺度的事物的特定分布形成的事件。这种分布的稳定性不同于通常对较低尺度的事物的期望。任何稳定的结构这时都会拥有一些组成系统的基质没有展示出的特性。我们只需要注意到一点就行，即所有涌现性的存在在某种意义上都是一个稳定的整体，其起源需要一个特定的解释。一旦它出现了，我们就可以把它的稳定存在理解为自续。

在讨论量子力学与尼尔斯·玻尔（Niels Bohr）对心智这一议题的贡献这两者之间的关系时，哈廷昂甘地指出，“量子力学不需要被支撑，它本身就具有权威性。这并不是站在玻尔的权威角度的争论。这个问题之所以值得研究是因为它与物理学的基础有关。”

为了继续讨论还原论的观点，作者提出：

> 有一点值得我们注意，那就是在微观物理学中，在亚原子尺度中，对还原论的质疑是最清楚不过的。分析表明，只要事物是涌现出的，且这种涌现是不可还原的，这种反还原论的特征就可以一路表现在最宏观的尺度上。分析还表明，尽管整体由部分组成，但有时在不描述组成整体的部分是如何与它们所构成的整体发生相互作用的情况下，我们并不能将这些整体的事物完全描述为与其存在因果关联的部分。

我们在探讨心智的过程中已经认识到，整体大于其组成部分之和，以及涌现的自组织现象的基础是整合。

哈廷昂甘地继续讨论玻尔的观点的意义：

> 玻尔的意思是，我们不需要接受还原论。他的理由是，即使是物理学也不能被还原为力学。除非我们以更大尺度的物体研究这些法则的相互作用，否则我们无法理解关于世界的最基本的法则。我们不能预期生命或心智可以被还原为力学，或在某种中间水平上得以还原……在包含其成分的整体（下向因果性）的水平上的、基于存在物的涌现性整体，其因果功效是一种特性，它可以被各个水平的涌现所阐明。

当前存在着一种对物理学、时间本质，以及二者与我们心智中的经验的关系的激烈争论。此时此刻有一件事是肯定的，那就是我们还不能肯定被我们称作“时间”的经验究竟意味着什么。这种不确定性邀请我们对某种经验保持开放，即随着可以被我们称作“时间”的、作为一个语言符号存在的概念发生，并产生不可避免的改变的经验。这种改变的发生伴随着生命在事件中的展开，即经验在每时每刻的涌现。复杂系统各个水平上的涌现似乎是我们在探索时间和心智的过程中一处坚实的安全地。这种涌现在此时此刻发生着。

MIND

在生命事件涌现时对其不寻常的发生保持开放，这也许就是保持心态开放的全部含义。

这里有一个我永远忘不了，或者也许永远无法完全理解的例子。某一年我在西雅图讲学期间，我离开讲课的酒店去很远的地方和朋友一起吃晚饭。在晚饭前，我们中的两个人起身去找洗手间。可是这家餐馆的洗手间出故障了，我们只能穿过马路到对面的酒店去上洗手间。于是，我们穿过正在下雨的院子，走进酒店大堂，并四处打探洗手间在哪里。这时，一个穿雨衣的男人突然出现在我面前对我说，“丹尼尔？！”震惊之余，我透过他帽子上落下的雨滴看着他的脸，并回答，“不错，我是丹尼尔。”他摘下帽子，我发现他是一位出席过那次在意大利召开的科学与心灵会议的物理学家。我们拥抱致意，然后我问他从马萨诸塞州跑到西雅图来做什么。“我是来这儿听你的演讲的。”“可我的演讲在城市的另一头啊。”我说。他碰巧选择下榻这家酒店。

那位物理学家叫亚瑟·扎伊翁茨（Arthur Zajonc），他是精神与生命研究所的主席。该机构的联合创始人之一是神经科学家弗朗西斯科·瓦雷拉（Francisco Varela）。精神与生命研究所旨在研究冥想的科学和其他训练心智的手段，以实现慈悲与幸福。扎伊翁茨加入了我们的晚餐。因为他已经吃过饭，所以他只和我们一起吃了甜点。不过在我们用餐时，我询问他是否能给我们讲讲物理学家关于时间的最新见解。

他说，时间不像我们通常认为的那样，它更像是概率分布，而非某种流动的东西。我们称为“现在”的存在比我们称为“未来”的存在有更高的概率被预测到。这种说法在某些方面符合卡伦德有关时间是知情者的论述，这有助于我们讲出最好的故事，即有最高的概率为真的故事。距离当下时刻越遥远，这种确定性就越低。

正如这些论述所表明的那样，我读到的有关时间本质的资料越多，这种概率居于核心地位的观点就随时间的推移越发清晰。如前所述，一种普遍的共识就是，发生在我们认为是“过去时”的现在的事件实际上是当前时刻，是现在，只是它们被固化了下来，不能再被改变而已。我知道这听上去有点儿奇怪，而且有些物理学家根本不信这一套。这个议题实际指的是某种感觉，即某种独立于改变之外的、被我们称为“时间”的流动的东西。对一些科学家来说，没有任何证据支持“某种东西确实在流动”的观点。在改变发生时，时间的方向性既可能变得很清晰，也可能变得很模糊，这取决于现实的尺度是宏观态的还是微观态的。也许时间根本就不是“某种东西”，而是一种我们在心智和社会沟通中创造出的、用于标记改变的参照标准。即使事件在我们称为“时间”的东西中发生，仍然有可能没有任何东西在流动。从这个意义上来说，“我们所认为的时间不存在”就是我们要强调的观点。

尽管如此，但我们看待过去、现在和未来的方式确实会影响我们的生活。例如，在发展心理学领域，家长对自己的童年经历进行意义建构的方式是其子女与其依恋关系最好的预测因素。和成年人一样，在所谓的前瞻性记忆的研究中，着眼于未来的儿童比那些从不预期未来或从不为下一步做计划的儿童能取得更出色的成绩。此外，在人类学领域，大卫·斯科特（David Scott）发现，将过去发生的集体性故事讲述为浪漫的还是讲述为悲剧性的，可以直接影响一种文化的未来。

所有这一切都告诉我们，尽管“流动着的时间”并不存在，但我们思考对现在而言的过去时刻并为其赋予意义的方式，以及预测未来的时刻并对其做出计划的方式，都会对我们的幸福产生重要影响。在许多层面上，我们都可以把这些做法看作时间整合的方式，即我们将不同的此时此刻在我们称作“时间”的维度上联系起来的方式，这里的时间实际上意味着生命中发生改变的那些时刻。

这一观点会产生深远的影响。现在就是我们拥有的一切。我们在我们此刻提出的这种心智建构出的概念上耗费了相当多的心力。这个概念基于我们对改变的知觉，它又构成了我们对这些改变产生知觉的意识的基础。时间有其局限性，并对我们产生制约。我们太在意过去，又太担心未来，并且如前所述，我们感觉到这个叫作时间的东西从我们身边掠过、离我们而去、在我们身上耗竭，我们想紧紧抓住它不放。

MIND

虽然改变确实会发生，但流动的不是时间，而是生命。

当这种改变之流锁定在某处，当它固化下来的时候，它就达到了一种很高的概率，我们通常称之为“过去事件”。过去事件有很高的确定性，它们是不可改变的。与之相对，发生在当下时刻的事件是涌现性的，它们在涌现时伴随着一定的不确定性，它们有中等的概率。我们称为“未来”的事件则是开放的，有最高程度的不确定性，我们并不能确切地知道在那些时刻会发生些什么。

上述对时间和能量本质的讨论，既对我们提出的关于心智的问题极为重要，也对我们提出的假设极为重要，这个假设认为心智是由能量和信息流涌现出的特质。如果心智的主观体验成分，即生活的主观结构也是从能量和信息流中作为基本要素涌现出来的，那么时间在这里意味着什么呢？如果时间就是可能性从一个概率的范围中展开成为现实性的过程，那么它就意味着心智是作为能量流涌现的，它在概率曲线的连续谱上运动，从确定性到不确定性，从可能性到现实性。

现在我们对概率的范围有了一种稍微不同的感觉。首先，我们初步了解了时间的本质，并看到了从固化到涌现再到开放的连续谱。这种连续谱对应于我们对变化的主观体验以及被我们称为“时间”、将其标记为“过去—现在—未来”的东西。其次，我们现在更深入地了解了当下时刻的涌现。这不是严格关于跨越改变的固化、涌现和开放的，而是着眼于此时此地这个现在时刻的涌现。让我们再多讨论一点儿这个现在吧！

在现在的任一给定时刻，我建议我们都要考虑这样一点，即能量处于概率曲线上的一个特定位置。无论它在哪个位置，作为这个当下时刻的一部分，它都在不断地涌现着。某些时刻我们可以达到最高点，即确定性的高峰。一个相关的例子是思维。例如，我们可以认为这是 100% 的确定性：你知道你此刻正在思考金门大桥。然后，在另外一个时刻，我们可能在一个次高峰的确定性水平上，比如 80%：现在你的思维，或者表象、记忆、感受中不是只装着一件事了，在这种情况下，你在思考所有你生命中知道的或见过的桥。接下来，你的确定性在能量概率曲线上降到 50%：你在一个拓展得更宽广的思维水平上休息，想象着所有你见过的建筑。接着你的确定性水平降得更低了，假如它是 20%：你的思维，或者表象、记忆、感受中开始有其他东西进来。你甚至可能有过能量曲线下降到接近于零概率的时刻。我们只是为了方便而将其标记为零，实际上这种概率可能永远不会达到，我们在下一章会谈到其细节。正如我们将要看到的那样，这也许就是意识本身的起源，我们稍后会再谈到它。

这种关于心智的信息加工成分，甚至关于心智的意识和主观体验成分的观点表明，这些心智的成分或许可以通过由能量流涌现出的特质在概率分布曲线上的运动加以深入理解。几年后，当我将这些观点讲给一些物理学家，包括扎伊翁茨的时候，我收获了相当多的支持，这个将量子物理的能量观与心智的本质联系在一起的理论框架也引起了人们的一阵兴奋。

心智是由能量和信息流组成的复杂系统的自组织涌现产物，它既是具身的，也是关系性的。上述对能量和时间的讨论或许也能以另一种方式阐述心智中的其他成分。如我们所见，自组织能够将不同的领域彼此联系起来以允许极大复杂度的出现。我们称这种对区分开的领域进行的联系为整合，并承认这并非数学或物理学家选择使用的术语，对他们来说，“整合”这个术语只是一种补充。我们之所以称这种联系为“整合”，是因为它是一个被惯常使用的术语，整合表明整体大于各部分累加之和。整合是自组织的天然产物。

当可能性朝向现实性运动时，当开放的可能性包含的不确定性转变为一种可能出现的形式呈现出的确定现实时，概率就会发生变化。许多人用这种感觉来描述主观体验。我们认为，尽管这种主观体验可能会最终成为内在过程，即意味着我们是从具身的心智或心灵地貌内部感受到我们的感受的，但是我们也许仍然在自组织中同时拥有关系性的一面和具身的一面。也许我们还会在主观感觉中感受到在人际之间发生的事物。主观性和自组织也许各自都是具身且关系性的能量和信息流的组成部分，即作为可能性向现实性或现实性向可能性的改变而涌现的感觉和调控。

这就是能量流的本质意义。这种改变可能正是自组织在其永恒的、趋向整合以实现极大复杂度并创设和谐的驱动力中所运用的力量。当这种流受挫时，当概率不能将不同的要素结合起来形成一个一致地联系在一起的整体时，当我们不能实现整合时，我们就会变得混乱或刻板。

我们可以将混乱和刻板视为在能量概率曲线上的特定运动模式。刻板可能是一系列固化的确定性，或在当下时刻的高概率，它反复发生，几乎不怎么改变。我们不仅会较长时间处于较高概率的抑郁心境中，也会重复产生无价值的思维，或以精神生活中反复发生的现实性为我们从未做过的事感到内疚。混乱可能是在一个给定时刻同时出现多种彼此大相径庭的概率状态。与这种混乱和刻板相对，整合式的和谐可能包含一种多样的、流动的运动，它横跨一个动态的概率曲线，在开放的平面、可能性高原和现实性高峰之间自由运动。

我该如何将这一切以视觉化的方式呈现呢？

在那场会议后的返程火车上，我给我的学生们画了这样一幅图（请翻回到第 2 章看图 2-2）。我们可以从“流动就是概率的改变”的视角来探索心智的深层本质，既包括其主观体验，又包括其自组织。

从“脑的十年”开始，我一直运用前面提到的觉知环的练习，先是对患者使用，然后是对我的同事使用，最后还对参加工作坊的人使用。这种能量和时间观既帮助我进一步深入探索了有关心智本质的问题，又阐明了觉知环所能揭示的内容，包括意识的深刻本质和作为整体的心智。

我们会在下一章继续深入探讨觉知环以及关于心智之流的一些议题。我知道这部分内容很多，不过有关心智时间性的问题使得我们从表面上看起来为真的部分，比如对时间的主观感觉后退一步，然后再更深入地探索改变之流和心智的本质。

在你的生活中，你是否能感觉到你的感受、思维和记忆的发生概率可以在不同的时刻发生改变？无论是在你的内部，还是在你的人际关系中，抑或是在你与环绕你的更大的环境的关系中，这种主观体验也许都反映了能量流的内在变化。我们既在此时此地探索你的心灵地貌和心灵圈中的这种感受是怎样的，也在此时此地思考对你来说尝试这种概念的、建构性的流会是怎样一种体验。这种建构性的流的改变可能是概率函数的改变，即在普适的能量概率分布曲线上的运动。

为什么你对这些改变进行概念化的方式很重要？对此我的看法是这样的：如果你能在每时每刻的经验中发展出自己分辨导管和建构器的能力，那么你就向整合又前进了一步。为什么？因为你已经能够对心智中最基本的经验做出区分。

接下来，我们可以将这个框架进一步扩展以包括“浸泡”，即感觉、观察、概念化和觉知。我们前面谈到过，感觉是导流的核心，观察是导流和建构之间的桥梁，概念化是建构，觉知则意味着真相，对事物的整体和真实性的感觉可能是导流和建构的某种结合。这就是清楚地“看”带来的整合，这就是带来幸福的整合。

如果我们在现实中加入这样的考虑，即以一种新的方式思考心智是什么，那么我们事实上就离心智的真相更进一步了，那时我们就可以放下某些自上而下的建构器，它们以往可能会在未经觉察的情况下阻止我们全然地活在当下。例如，把时间当作某种我们会耗尽的东西的观点，可能会让我们感到焦虑，以及从存在性上感到被剥夺。我在前面提到过的朋友约翰将这种感觉描述为“时间仿佛掌心的一把细沙”。约翰于 2008 年去世，如果我能和他再来一次对话，那么我希望讨论的话题是时间并非某种不可控制地流逝掉的东西。我们将时间看作某种流动之物，这种感觉的起源乃是对改变的觉察。接受这种观点确实能将我们从存在性焦虑中解放出来。我们将在下一章讨论这个问题。

我的建议是，我们事实上应该将时间视为我们在心智中体验到的概率的改变。你的心智是作为概率改变涌现出来的，而非作为某种物体或名词性的东西在时间流逝的过程中发生变化。这令我们得以在当下的时刻栖居，并对各种觉察之流中涌现的事物保持开放。

我邀请你接触这些概念并对其进行思考，请你在自己的生活中思考它们，同时观察自己的经验，以这个框架作为背景感受当下的时刻，并打开你的觉察之流，完全浸泡在这一切的感觉、观察和概念化之中。如果有了这种整合的“浸泡”，那么你也许就能够全然地开放你的生活，从而迎接当下的力量和可能性。

这个当下就是通往整合的途径。

我们会在下一章继续心智探索之旅。我们不妨将心智本身想象为一段旅程、一个逐渐展开的过程和一场探索。这段旅程永无尽头，我们永远在路上。当下就是我们拥有的全部，当下就是可能性不断展开并趋向产生现实性的过程，每时每刻皆如此。

MIND

A Journey to the Heart of Being Human

第9章

优化心智的途径一

学习在场

M I N D

这是本书的倒数第二章，我们将在本章继续深入探讨我们已经讨论过的一个议题，即将能量感知为一种从确定性到不确定性、从高概率到低概率的概率分布。在这个框架下，我们认为意识可能源起于一片可能性的海洋、一个无限可能性的平面。诸如意图或心境之类的心理过程是能量曲线向更高确定性，即我们称为“可能性高原”的地方运动而产生的结果。情绪、思维和记忆等心理活动及其产物位于从曲线上升而起的次高峰，随后就涌现出了现实性高峰。我们可以据此将心智视为由可能性到现实性的、不断涌现的过程。我们还认为，在意识和心智的主观体验之上，也许甚至在信息加工之上存在着心智的一个方面，它可以被定义为涌现的、自组织的、具身且关系性的过程，它来自个体内部和人际之间的能量和信息流，并对能量和信息流做出调控。将心智的一个方面定义为自组织的过程有助于我们定义健康的心智，并提出促进心理健康的方法。在这一章中，我们将为提出的一些问题寻找可能的答案，并让探询之流继续下去，这种探询之流本身就会把我们导向引人入胜且始料未及的新视角，从而让我们进一步窥见“心智是什么”。

2010—2015 年：整合意识，照亮心智

我从小睡中醒来。此刻是凌晨 4 点，群星还在天空中闪烁。我知道这是本书的倒数第二章，我们的旅途即将暂停，将要画上某种休止符。潮水拍击岸边的合唱中夹杂着海狮的悲鸣和咆哮，从这俯瞰太平洋的峭壁的底端位置传上来。此时已经 25 岁的儿子和我在一起，他正睡在我头顶上方的阁楼里。在儿子的陪同下，我来到位于大苏尔（Big Sur）的伊沙兰学院（Esalen Institute）进行为期一周的讲学。这家机构的历史有 50 年之久，它在美国开发人类潜能运动的历史中发挥了重要作用。我心智的导管中回放着我儿子的一首歌，在我带着本章的灵感醒来时，我想到了这首歌里的歌词："我生命的一半已经远去，远去，远去……我需要一条可靠的腿来站稳。……对我所听到的教诲，我有太多太多的疑问。"歌声在我心中回响，海潮在我脚下激荡，星星在我头顶上闪烁，话语从我的个体之内来到人际之间，现在又来到你的个体之内。这一切都是一种连贯的运动。

我在学校里学到的答案总让我感觉有点不对劲儿。几十年来我对心智的探索，以及我在这些章节中分享给你的内容，都始于这种不对劲儿的感觉。推动我一路向前的力量是一种渴望，我渴望更清楚地看到实际存在的、真实的东

西，并将它们完全分享给别人。这种驱动力被来自患者、同事、学生和读者的反馈维系着，它驱使我探询我们心智的本质，就“作为人类的核心究竟可能是什么”做出更多的探索。

再过几个小时，我就将站上一个有150名听众的大教室的讲台。我们关于慈悲、感恩、宽恕和正念的会议要用到海边这块圣地的全部空间，我曾聆听过这所学院的讲师关于这些主题的动人讲述。首先，我会把觉知环呈现给他们，以深入到整合的经验中并探索意识。其次，我们会探讨基于科学的、有关觉知环体验的原理。此时此刻，我身处峭壁顶端、星空之下、波涛之上，我感到这整段旅程就是某种流动的过程，而我来到这里是为了某种使命，是为了发现并讲述某些可能有助于世人的东西。虽然我宁可自己现在还在熟睡，但我的心智已经活跃起来，与其说这是对某种事物的感觉、表象或躯体感受，还不如说这是我头脑中的一个小棉球需要在某种程度上被表达出来。一个需要被表达出来的小棉球，虽然我知道这乍一听很没有道理，但这就是我实实在在的感觉。

这里的海岸极为古老，千百万年来，潮水一直这样拍击着海岸。在我们这个时代，人类已经改变了地球的面貌。由我们创造的世界正在改变着我们心智的内在样貌，即我们的心灵地貌。它同时也改变着塑造我们此刻所处文化的、间性的心灵圈。内在的心智和间性的心智，即心灵地貌和心灵圈，它们是我们身为人类的核心。在这狂热的、令人揪心的年代，我们的心智亟待被拓展。这也许就是我们齐聚此处的原因。我感觉这仿佛就是我今天起得这么早的原因。

做人既不止于做一个大脑，也不止于在一艘迷失于海上的、孤零零的船上掌舵。我们既全然地归属于我们的身体，也全然地归属于我们的社会。这种具身且社会性的现实意味着我们确实是开放的系统。既不存在一个我们在其范围内可以彻底掌控的边界，也不存在一个能令我们从其身上找到完全、彻底的慰藉，并告诉我们“一切都会好起来的”程序员。基于此，就算我们完全接受最严格的科学信念或彻底拥抱最虔诚的宗教信仰，我们也还是需要对充满谦卑的人性敞开胸怀。

可是我们从社会、学校甚至科学家那里听到过太多这样的告诫：我们孤独地活在一个竞争残酷的社会里。因为我们活着的时间有限，所以要尽可能利用好它。我们被教导为了个人的幸福而积攒所有物，并为了个人的成就感而实现目标。这些努力之所以令我感到误人子弟，是因为它们潜在地假定我们的自我仅仅存在于自己的身体或大脑之中。对于我所听到的教诲，我有太多的疑问。我儿子写的歌词就是令我如此焦躁不安的源头，是它推动我们在这段充满疑问的发现之旅中前行。自我并不受限于时间，时间是某种单一的存在，它的流动性也许根本就不存在；自我也并不被颅骨或皮肤局限。自我是我们栖居于其中的系统，我们的身体是一个更大的、相互连接的整体的节点，我们不可避免地归属于这个大整体。

我听到脚下传来海狮的呼唤。晨光渐显，星光渐次黯淡，蝙蝠扑打着翅膀从我头顶飞过，捕猎嗡嗡作响的昆虫。我们都已经醒来，都在这里，都是生命构成的整体、心智构成的整体以及我们相互联系在一起的现实的一部分。

我在前面提到过一位好朋友约翰，他在几年前突然去世了。我们曾经在一起讲学：他以他诗人、哲学家和神秘主义者的背景讲学，我则以我人际神经生物学的视角讲学。我们第一次见面是在俄勒冈州的海岸，一处同样峭壁嶙峋的地方。我们最后一次见面、最后一次一起讲学是在峭壁嶙峋的爱尔兰西海岸，那是他从小长大的地方。因为约翰和我有许多共同点，所以我们喜欢与彼此相处，我们永远坦诚相待。约翰曾经说他喜欢像一条河流一样活着，从自身所成为的样子中发现惊喜。我们共处并一起讲学的时候并不能确切获知我们将会变成什么样子。约翰和我年龄相仿，彼时都是50岁出头，我们在临近他故乡的地方讲学后几个月，他突然就去世了。“我们”在我们的连接中被创造，这种连接不仅来自我们的关系，也来自作为个体的我们。因为我们曾经是“我们”，所以在他去世后的这些年里，我始终还是我自己。

在上一段中我的口吻是“曾有过一位朋友”，也许我可以或者应该代之以“我有一位朋友”。因为约翰仍然活在我心里。

我们的本质，即我们的心智，确确实实是关系性的。人们常常问我心智是否需要一个大脑才能存在。我们是否需要一个活着的身体才能让心智存活下来？我能想到，约翰关于主观现实的经验也许必须完全依赖于他具身的大脑才能存在，因为现在他的身体已经不再活着，所以他心智的这一面也就不复存在。不过，哪怕约翰的身体已经死去，他心智中自组织的一面可能确实仍然活着。

MIND

> 我的意思是，也许你自己也经历过这种事，即一个你爱的人影响了你、改变了你，并由内向外改变了你的生活轨迹。当这个人去世后，哪怕其肉体已经死亡，你仍然会感到他或她与你同在。从这种意义上说，我们与他人的深层关系仍然活着。这是心智关系性的一面。

心智的自组织的方面还可能在一个人肉体死亡后以另外一种方式存在：虽然我们影响过一些人，但这些人也许从来不知道我们这些具体的人的存在。约翰去世后，当我在演讲中提到约翰、他的书或他的节目后，总有许多人来找我。他们读了约翰的书、听了约翰在节目中动听的声音，他们对我说，他们与约翰的关系深深地改变了他们自己。很多人在约翰在世的时候也这么说过。对我来说，这就像是约翰送给我们每个人的礼物，它就像一种提醒，提醒我们这个时代的伟大以及我们生命的魔力、神秘和崇高。

我曾经告诉约翰，即使我们似乎在随时间向前运动着，现实中也可能存在一种“永恒印刻”（eternal imprint）。我对他说，如果我们想象一只蚂蚁沿着一把尺子爬行，从 2 厘米的刻度爬到 3 厘米的刻度，然后从 3 厘米的刻度爬到 4 厘米的刻度，再从 4 厘米的刻度爬到 5 厘米的刻度，那么它也许会认为，此时此刻唯一存在的东西就是 5 厘米的刻度。虽然尺子并没有消失，2 厘米、3 厘米和 4 厘米的刻度也仍然存在，但蚂蚁不断前行的认知只会注意到 5 厘米的刻度。约翰不仅很喜欢这个观点和表象，也很喜欢“永恒印刻”这个概念。我希望他存在于此时此地，就在我俯瞰这片大海的时候，就在我生命尺度的这一厘米的标记上。虽然这也许只是我一厢情愿，但如果作为某种流动的东西的时间确实不存在，那么事实上约翰的肉体活着的时间就停留在生命的永恒印刻的这个刻度上，而非在太平洋沿岸的这个刻度上。我希望这是真的。只要想到我们一起经历过的生活永远不会被夺走，我就感觉很棒。这既是一种永恒的印刻，一个在四维块宇宙的时空中永存不灭的位置，也是一种提醒，提醒我们接纳这种了不起的特权，即带着对我们生命中的每一天和每个人的感恩活下去。

一个又一个的当下在能量和信息流的变化中过去了。春去秋来，四季轮回，随着这一路上的每个章节的展开，我的日历翻了一页又一页。

今天早晨，我又一次在醒来的时候回忆起年初的那个周末。拂晓的天空中星光渐渐淡去，蝙蝠仍然在我上方盘旋，海狮的咆哮与翻滚的潮声交缠在一起……我这是在做梦吗？当我开车往返于教学地点时，我一直在听我这本书的手稿，它被转换为电子合成的机器人的声音。这场探索之旅真的在进行吗？我们是否重组了心智的表层，且正在探索它更深的层面？几个月前那场让我印象深刻的活动真的发生过吗？

很久以前，我曾参加过一场鲁道夫·利纳斯（Rodolfo Llinás）关于意识的演讲。他在演讲中谈到，意识本质上是一场清醒的梦境。他说，我们在神经事件中并不能真正区分睡眠中的叙事和日常生活中觉察的展开。活着就是一场梦。在他的著作中，他提及了一种意识相关神经区，它包含一种在丘脑和大脑皮层之间每秒扫描 40 个周期，即频率为 40 赫兹的波。任何被这种往复的波扫描到的事物接着都会在我们的意识中被体验到。这种观点与其他有关意识的看法一致。例如，托诺尼（Tononi）和科赫（Koch）认为，本质上通过将大脑，可能还有其他系统的不同部分联系起来所形成的复杂度，即整合程度，在某种程度上导致了意识中的心理体验。上述作者及其他许多认为存在一系列意识相关神经区的研究者，针对意识的主观体验如何伴随大脑活动而出现提出了复杂的解释。

当我今早醒来时，我想是我心智中的建构器模式启动了，从而将我从梦中唤醒。我那能够对自身进行反思的建构器，现在又启动了其建构功能，因此我产生出了信息，自上而下地知道了我们人类建构出的日历上的日期，并知道如今距离我回忆起的那场活动已经过去了数月。同时，我的建构器也对这些知识做了解释，并从中找到了如下意义：

- 对发生在今年早些时候的集会的联想（association）；
- 关于“生命不仅仅局限于日常表象”的信念（belief）；
- 对于发生在那个周末的集会、我们的交流以及我们对意识本身的讨论的认知（cognition）；
- 对本书中按时代划分的章节在时空中引发的体验的发展历程（developmental period）；
- 由此引发的情绪（emotion），即作为感受和心智状态改变而涌现的整合中的变化。

以上这些内容合称为意义的“ABCDE”，这就是我们在心智中解释并产生意义的方式。我能感觉到我回忆起的活动并非做梦，它不是被我醒来的身体中的建构器心智凭空制造出来的。也许它是发生在梦中的事件，是在预期此事会发生的某些预言家的心智中被创造出来的某种东西，现在它发生了。然而，所有发生的这一切似乎都与约翰自组织心智在此刻的存续有关。

埃德 · 培根（Ed Bacon）是教堂的一位牧师，他在很多年前就听说了约翰的事。他深受约翰的著作和节目的启发，于是在 8 年前听说约翰去世之后，他通过云游去探访了那些约翰生活过并受到启发、产生灵感的地方。埃德设法找到了约翰的家人。在约翰的兄弟得知埃德来自加利福尼亚州南部后，就把我与约翰的关系告诉了他。

很快，我就接到了埃德的来电，我们选在洛杉矶会面，并在电话中交流了我们的共同兴趣。当他受邀加入我们每月一次的第七感会议之后，埃德想出了一个点子，他提议举行一次周末禅修，地点就定在他所在的教堂。他们的教会不仅富有创造力而且很乐于参与社会活动，其目的则是探索科学和心灵的关联。我们举办了一个名为“心灵与突触”的活动，我之所以将活动如此命名是为了通过实验性的、沉浸于觉知环的练习和对人类生活的科学讨论来探索意识，进而探索心智的本质。我从电脑中找到了我的记录，并将我在活动次日写下的文章中的一些内容分享于此。

在教堂度过的那个周末于我而言是极为重要的经历。我与 300 多人汇聚一堂，一起深入进行了觉知环练习，分享了对这种体验的直接的、第一手的主观感受，然后再次进行了觉知环练习，进一步分享，最后对可能发生的事进行了思考。作为禅修活动的主持者，我不仅强调了认识到主观现实的重要性，而且强调了我们需要将这些信息视为一种尝试，即尝试将练习中的感受性体验转换为语言，并对这种尝试表示尊重。虽然我可以将这次禅修或其他关于觉知环的禅修经历写成一整本书，也许以后我会这么做，但在这里我只会分享其中几个高光时刻。

对某些人来说，觉知环练习令他们失去了方向感。他们描述了一种感觉，即在完成练习后他们看待世界的方式发生了改变。某些来自活动第一天的陈述表明，这种感知世界的新方式令人感到不自在，这些人不时感到一个有敌意的声音告诉他们自己做了错事，或者他们应当对这样那样的事感到焦虑、不应该继续跟随。对其他人来说，知觉方式的转变则像打开了一扇新的大门。例如，在将注意集中于鼻腔中空气的进出时，他们注意到了空气温度的差异。对于这种对差异的感知，一些人表示兴奋，另一些人则感到平静而松弛。这大概是一些较为常见的心得，它们不仅出现在觉知环练习中，也出现在各种邀请人们进行内观的反思训练中。

在第二次做觉知环练习时，我引入了“弯曲辐条”的环节，如此一来，参与者不仅要通过辐条沿边缘的运动来区分觉知环的边缘和中心，即区分“觉知的内容”和“觉知的动作”，还要体验到对觉察的直接觉察。代表注意的辐条直接指向觉知环的中心。虽然对某些人来说，他们很难产生这种体验，他们的心智“走偏了”，于是他们迷失在边缘代表的这样或那样的活动中，比如思维、记忆或知觉的流中；但对另一些人来说，他们报告说自己产生了高度的延展感和平和感，对现在的我来说，这已经是寻常之事。其中一名参与者说：“我感到自己在心智中走到了之前从未体验过的某处。我什么也不必做，什么也不必抓住，什么也不需要应对，只要存在，存在于此时此地即可。这是一种不可思议的平和感。”另一名参与者说：“由身体的边界定义的那个我消失不见了，我产生了一种奇妙的感受，自己不仅与其他人和万物联系在了一起，还成了他人和万物的一部分。”有人说：“我体验到我就是宇宙，它雄伟而壮丽，也许那就是我本来的样子。”还有人告诉我，她“从未感到如此平和过。这就是爱，我想我再也不会失去它了”。

第二天，我们继续探索其他体验。根据大家的反馈，一种从封闭的、基于躯体的同一性中脱离的体验已经发展为一种对改变的深层次体验。这种同一性的改变、这种发生在觉察中的对“我们是谁”的感觉的改变似乎对一个人的幸福感产生了深远的影响。一位参与者甚至在休息期间找到我，因为她觉得与这么多人分享体验有点儿不自在，所以她建议我请大家将自己的反馈写下来。我问她体验到了什么，她说：“好吧，不是我吹牛，这是我目前为止有过的最惊人的体验。我感觉到完整、宏大、无尽和平静。感谢你，我想我再也不是过去的那个我了。”

觉知环练习也并非总是很顺利。例如，在第一天，几位在童年时有过创伤史的人提到，他们在练习时感到了惊恐，而且当他们把注意集中于觉知环的中心时，他们首先体验到的是解离，即与经验失去联系并被令人不适的表象、情绪或躯体感觉淹没。他们说，虽然他们“能够在这个环境里掌控”这些感觉，但这种体验很不舒服。在第二次做觉知环练习时，其中一人的不适发生了转变。在第二天的沉浸体验中，又有几个人的体验发生了改变。某个人反馈说：“我感觉自己逃出了牢笼。”我请她多讲几句，她说：“我的身体中不再只有那些记忆和那些感受。在一定程度上，觉知环的中心如今已经成了我的朋友，这个觉知环不再是困住我的牢笼了。我发自内心地感到我自由了。”

我们在这些活动中发现了一个不可思议的事实，即我们在这些心智和觉察的活动中都不是被动的。有了意识的参与，我们就有了做出选择和改变的可能。当我们考虑到对心智、能量、时间和意识本质的新见解时，上述观点究竟意味着什么呢？

我在不同的工作坊中带领成千上万人做过觉知环练习，并从在网站上下载过觉知环练习的人那里收到了超过 75 万份反馈。我从中发现了一些很有意思的体验模式。无论文化背景和国籍，无论受教育程度和年龄，无论是无冥想练习经验的新手还是接受过不同流派冥想训练的老手，包括冥训练习中心的负责人，我收到的他们的反馈大体上是一致的。

虽然并非所有人都喜欢觉知环练习，但对那些对该练习感兴趣的人来说，无论其背景如何，都会对该练习表达相同的看法，即在讨论觉知环的边缘时，会有各种对外部世界的感官体验或对躯体感觉的描述。当看到象征心理活动的边缘部分时，许多人反映，邀请感受、思维或记忆进入觉察的过程在某种程度上可以令心智平静下来，并让他们感到清晰、稳定。某些人还是第一次在生活中产生这样的体验。当他们抱着接纳的姿态时，心智就变得更加清晰了。他们既不需要刻意寻求什么，也不需要刻意拒绝什么。当我们进入代表关系的第八感，即边缘的第四部分时，人们通常感觉到强烈的彼此连接。体验到我们与其他人和整个世界的相互关联，这令处于边缘第四部分的许多人产生了强烈的感恩和归属的体验。

在讨论“将代表注意的辐条弯曲 180 度”以便产生对觉察的直接体验时，我们会用一些常见的词来描述发生的一切：开放、如天空般开阔、如海洋般深邃、神、纯粹的爱、家庭、安全、清晰、醒悟、无限、无边界。在那个周末，大家总结出了不少这样的词。

请你想想接下来会发生些什么吧！我们用了觉知环这个简单的隐喻，将环的视觉象征赋予心智，以其边缘代表“觉知的内容”，以其中心代表“觉知的动作”。我们系统地移动代表注意的辐条来逐步探索每一部分，先将每一部分彼此区分开，再将它们联系在一起以获得一种整合的体验。这个简短的练习可以为人们带来深刻的、通常能够被表达出的体验。即使在当面带领上万人做过这个练习之后，人们对每一次练习中发生的情况的描述还是会令我惊讶。

我们在工作坊中提出的下一个问题是这样的：如果觉知环是一个隐喻，那么其下真实的心智工作机制是否可能是可能性平面上的概率曲线呢？我们在第8章谈到过概率曲线，现在让我们进一步探讨这种可能性。

量子物理学的一种理论认为，能量沿概率分布曲线运动，这是我们之前谈到过的。我们先来回顾一下这种理论的要点及其与觉知环练习中的第一人称描述的关系。概率曲线的一端是100%的确定性，另一端则是零或趋近于零的确定性。可能性平面的图（见图2-2）给出了关于这个能量曲线的图示，包括从趋近于零的确定性向上直到现实性带来的确定性。当我们在概率曲线这个视觉化的定量描述中描绘可能的心智相关区时，其中包含一种潜在的观点，它表现为一种现实性的思维，其可能性会达到次高峰水平或者达到概率为100%的高峰水平。当我们产生一种意图或心境时，这可能意味着一个较高水平的可能性高原，它既为随之出现的可能性设定了方向，同时也制约了其方向。

然而这个平面究竟是什么呢？我将这个问题抛给了参与者们。觉知环练习是否可能确实揭露了意识的某些成分，以及某种甚至对物理学家来说都有些神秘的能量流动方式，而这些东西可能成为觉察的起源？可能性平面是否可能是意识的起源呢？在将数以万计参与觉知环练习的人的主观报告作为实证数据纳入考虑后，我产生了上述想法。当辐条转动180度时，参与者不断报告感到开放、无限、广阔，以及与万物连接。无论文化、受教育程度、年龄或经历是否相同，他们的陈述都很相似。这表明，觉知环的中心的隐喻代表了平面的机制。

近 100 年来的量子物理学研究表明，观测行为会直接导致一个光子的波函数坍缩为粒子性，一些人认为观测出于人类的觉察。波的值或位置是一个广泛的范围，一个粒子则只有一个值或一个位置。这项疯狂的发现意味着，对光子的位置形成印象或拍摄照片这样的动作会将其从波转变为粒子。一些物理学家将这种理论称为量子力学的正统哥本哈根解释，对他们中的许多人来说，上述实证研究引出了这样的观点：相机的观测行为意味着拍照者的意识的存在。对其他人来说，这种理论与意识无关，而是某种需要进一步解释的、关于相机和对一种可能的波的特定值进行测量的议题。这种波可能关系到其他一些问题，比如多重宇宙。虽然上述争议产生的影响极为深远，目前尚无定论。但对一些物理学家来说，这个议题再清楚不过了：意识似乎是宇宙的某种固有成分。

简言之，观测能够导致能量在概率分布曲线上从不确定性向确定性运动。即使对这种现象的解释及其在物理学的这个分支中的意义尚存争议，这种量子性的现实，即这种观测在一定程度上改变了能量性质的现象也是毋庸置疑的。

如果这种对意识所起作用的解释确实成立，那么意识自身就与能量概率分布函数的变化有关，觉知环练习则可能揭示了心智体验中的一种连续性。这种心智体验来自平面上的觉察，可能性高原上的心境和意图，以及接近于固化的高峰水平的心理过程。我曾将这种假设讲给一些量子物理学家听，他们告诉我，虽然量子理论并未提出这种观点，但我的假设完全符合量子物理学的基本法则。

这种能量的运动或者说这种在概率水平上的流动，或许可以帮助我们解释思维、情绪和记忆的行为如何变成其内容。我们可以用“次高峰的值趋向现实性高峰的运动”来描绘这种变化。开放的可能性平面或许是意识的源头，我们能在这里体验到所谓的“初心”，它能将我们从不时出现的、自上而下的过滤器的禁锢中解放出来，而自上而下的过滤器会妨碍我们以更开放的方式进行觉察。这可能就是产生行为的神经冲动和行为之间的心理空间，以及刺激和反应之间的心理空间的内在机制。自上而下的过滤器可能是先前经验的高原和高峰，它们组成了我们建构好的关于世界的经验，从观点、概念直到对自我的叙事经验。当我们能够接触到这一平面时，我们就下降到过滤器之下的水平，进入心智的广阔空间，按兵不动，在行动之前暂停。这令我们能够看得更清楚，从而更全然地活在当下，而非迷失于对过去的在意或对未来的担心。

考虑到第 8 章中我们对时间的讨论，我们不妨如此设想：从没有时间箭头的微观态中涌现出的心智体验，以及从有时间箭头的宏观态中涌现出的心智体验，二者或许是有区别的。我们记得量子力学理论认为微观态中不存在时间箭头，而包含热力学第二定律和过去假设的经典物理学则解释了宏观态的发生为何有方向性，即为何有时间箭头。如果我们可以把能量体验为量子性居主导地位的微观态或经典物理学特性居主导地位的宏观态，那么我们就有两种方式来体验作为能量流自身涌现出的产物的心智，其中一种有时间箭头，而另一种则没有时间箭头。虽然改变或者流可能同时存在于这两种形式中，但主观体验和精神生活的属性可能是明确的。那么问题来了，我们在觉知环练习中清楚地觉察到的意识是否可能揭示出了一个可能性平面，该平面更接近于一个具有开放属性和广阔属性的微观态？这就是觉知环的中心的隐喻和平面的机制可能用以揭示心智的微观态的流的方式。反过来说，我们从在时空块宇宙中的运动中更直接地感觉到了那些在觉知环的边缘高于平面的值，它们事实上可能是能量模式在一个范围内分布的宏观态。我们可以带着这个关于心智的假设继续前行，探索关于觉察的经验，它可能包含意识中“无时间感”的“觉知的动作”和“有时间感”的“觉知的内容”的冲突。

上述理论将心智的深层内在机制看作一种不断展开的概率的分布，而这种概率可以被我们的心智影响。有了这种理论，我们现在就可以设法描述意识中“觉知的动作”。意识中“觉知的动作”来自能量曲线上趋近于零的确定性，这意味着近乎无限的可能性。即使它并非完全无限，至少也是非常开放的。我们可以让自己沉浸于这个开放的可能性平面中，这是一片可能性的海洋，从中涌现出可能性，随后则是现实性。

上述关于平面的理论是一个有力的工作框架，虽然它尚未被最终证实，不过却得到了参与者以反思的形式提供的第一人称经验的支持，他们在工作坊中提出这些反思时比我讲授平面理论时更早。虽然这种理论并非量子物理学理论的一部分，但它的确符合量子物理学原理。这种理论既与个人体验其精神生活的报告一致，又预测了参与者报告的内容，包括他们在觉知环练习中的发现。

作为一种工作假说，可能性平面给我们提供了一个参照框架，令我们可以为经验赋予意义。不过既然它是一个工作框架，那么我们就需要对这种自上而下的方式保持心智开放，因为自上而下的加工会以语言模式或视觉隐喻的方式对我们形成制约。也许这种假说是对的，也许它部分成立，也许它根本就是错的。我们要对各种可能性保持开放。

MIND

> 可能性平面的一个引人入胜之处在于，当听到这种观点时，许多参与者通常会强化练习，以扩展自己对“此刻发生了什么”的感觉，并对他们意识中的转变产生更清晰的感受。他们感觉到更有能力为自己的生活带来平静和连接感。

一些人甚至告诉我，他们的膝盖、颈部、后背或臀部的慢性疼痛消失了。这种事几乎在我指导的工作坊中都出现过，他们发来的电子邮件让我知道这类疼痛的缓解是长期的。这究竟是怎么一回事？如果疼痛处于觉知环的边缘，那么加强与觉知环的中心的连接就会带来缓解。从可能性平面的角度来看，如果慢性疼痛是导致强烈疼痛的高峰的持续性的高原，那么达到可能性平面事实上就降低了心智主观体验的水平，将其降到了可能性平面上，从而远离了疼痛高峰持续的折磨。

“待在”平面上的感觉又是怎样的呢？对许多人来说，达到平面与我们前面提及的一系列感受相关联，包括开放、平和、无限的可能、爱、连接、整体和宁静等。如果我是在自己不熟悉这些体验的情况下远远地朗读这些词，那么若非我已经反复从参与者那里听到这样的描述，否则我是根本不会相信这些感受的。

为了让觉知环发挥作用，个体并不必然需要知道这个平面的存在，但对其理论的理解似乎不仅有助于形成概念，巩固练习效果，而且能促进人们体验到被赋权。虽然这种现象十分有趣，但并不能算作证明这种假说成立的证据。

在那次周末禅修的最后，我们安排了一个总结环节，我和埃德一起走上讲台，讨论了一系列话题，包括一个被称作“新叙事计划”的计划。这个计划旨在找到一种跨学科的方式将科学和心灵联系起来，以便生活在不同领域的人们能够团结起来。我望向听众，看着不同年龄、不同背景的人们。我认为，埃德将他在冥想领域所受的训练与关于心智的科学结合在一起的激情有助于促成所有在这个周末与我们分享体验的人发生改变。

埃德向我提问：我们如何才能将觉知环引起的某些反思与人们关于心灵和科学的体验联系在一起呢？我听完他的问题，沉思了一会儿，却不知该如何回答。约翰在我的意识中浮现出来，我在心智中不仅回忆起了我们对科学、社会和心灵的诸多讨论，也回忆起了他对凯尔特神话的看法、他的哲学工作，还回忆起了我对他的体验，即他不仅是个诗人，而且是行走的、呼吸着的诗歌。约翰和我曾经通过心灵和科学两个视角就“心智觉醒”这个主题做过讲学。在某种意义上，约翰心智的自组织的灵魂全然在场，既在埃德心中，也在我心中，还在这间屋子里。

我做了一次深呼吸。在我思考现在这个时刻的时候，我能想象出我自己的觉知环有环绕中心的四个层次，它们通过能量流的涌现流动不停。用约翰的话来说，那就是从可能性的海洋、可能性的平面中“变换”出的现实性。这四个层次就是我们之前谈到过的“浸泡”：自下而上的导管中的感官流将我充满；观察流令我稍稍拉开距离，虽然我仍在导管里，但我已经开始见证当下所发生的，而非仅仅作为感觉的参与者；由一系列自上而下建构的类别、观点、语言组成的概念化的流也许是叙事的源头，它们既阐明了我的理解又限制了我的理解，并负责将我的观点组织起来；最后是觉知流，它不仅超越了意识，也许还超越了导流和建构，它是某种高于话语或概念并先于二者的、对目的和真相的深刻感觉。

我开始回应埃德的问题：一种真正科学的立场应当接纳一种现实，即提出疑问和回答疑问的存在主体都部分地涌现自某个人的身体内部。身体的组成部分在认知和建构概念的方式上存在局限。一种科学的立场应当接纳一种可能性，我们也许此刻无法，甚至永远无法从科学的角度对某些真实存在的东西进行彻底的了解。说完这些话之后，我继续提出，这个周末的体验能令我们深入洞察心智的本质可能具有什么特点，以及埃德提出的疑问的本质是什么。

如果埃德所谓的“心灵”指的是宇宙中某种肉眼不可见以及理性不可知的、以结构化的方式起作用的力量，那么我们就可以用科学法则来支持这种不可见的现实。就像并非所有有价值的东西都可测量一样，并非所有真实存在的东西都可见。如果埃德的意思是，探索心灵实践和科学研究的共同基础能够最好地满足我们作为人类的需要，那么我对此有些想法。如果将心灵视为相互联系且有意义的存在，并将科学宽泛地理解为对现实深刻本质的阐释以及揭开事物的表象以探索其深层机制的努力，那么也许存在一条路径可供科学和心灵找到共同的基础，并令二者相互启迪。

接下来我讲到的内容在这里就不容易复述了。在讲出这些话之前，我一直在思考我们之前一路探讨过的内容，以及所有在这个问题范围内我和埃德的关联。如果心智有主观性，且主观现实和自组织是心智的两个基本要素，那么从许多层面上来说，心智就有关于其自身的心智。无论我们此刻主要被自下而上的导管影响，在不受控的情况下让感官流充满觉察，还是主要被自上而下的建构器影响，其概念化的过滤器在不受意识控制的情况下形成并影响着我们的认识和行为方式，我们的意识都会感觉到仿佛有一个“在我们之外”的东西负责掌控。如果我们不再阻碍自己，如果我们有时候允许感觉之流和概念之流自发涌现，那么当我们让观察之流和觉知之流也参与其中而没有尝试主导这些自发过程的进行时，某些有益的体验就会自然而然地涌现。这是我在开始讲话之前想到且感受到的。

我感觉到了约翰自组织的存在，看到了埃德关切的眼神和会场里 300 张一动不动的脸，我的意识集中于这场对话，然后我开始讲话。我想这种感觉大概是这样的：如果我们将能量看作宇宙最基础的本质，甚至质量也是凝缩的能量，那么能量的模式就是现实的本质。如果我们把能量自身的表现看作可能性，认为它跨越了从开放的可能性，到概率，再到现实性的范围并在其中往复，那么我们就能感觉到自己体验精神生活的方式。如果我们想到开放系统存在一种天然地倾向于将区分开的部分联系起来的驱动力，那么这种整合也许就是驱使我们自组织心智的看不见的力量。

我接着说，当我们做觉知环练习时，我们就是在能量的概率分布曲线这个谱系上区分不同的要素。这个谱系就是心智的体验。我们体验到各种在觉知环的边缘的要素，它们是涌现出的心理活动，作为现实性涌现，然后消解为可能性。当我们令负责引导能量和信息流环绕边缘的辐条运动时，我们就在本质上将边缘要素彼此区分开了，而且将觉知环的中心与从边缘中涌现出的要素分开了，也即区分开了可能性平面以上的能量模式，区分开了可能性的出现和现实性从可能性中的涌现。

辐条的运动通过加强中心的力量而开发了个体的力量，从而令他们得以达到可能性平面。当我们接下来将代表注意的辐条弯曲 180 度，令其直接指向觉知环的中心时，我们就得到了对觉察的直接体验。

我认为，觉知环的中心也许就象征着可能性平面。从这个开放的平面上可能会产生一种对无限的感受。我有一种涌现性的觉察，即你的中心和我的中心，以及所有人的中心，本质上并无二致。无限就是无限，我们每个人的可能性平面都代表一片可能性的海洋，代表无限或趋近于无限的可能性。每个人的可能性平面都是相同的，或者差异很小。我环视了一下人群，看着这些在这个周末一起深入探索心智的人们，然后我说，尽管我们活在不同的躯体里，但我们有着本质上相同的可能性平面。即便这个平面代表趋近于零的确定性，我们仍然可以通过觉知环练习尽可能趋近于这种无限的、开放的感觉。当我望向人群中一张张英俊、美丽的脸时，我感觉仿佛每个人本质上都是相同的，他们都是群体性存在的一部分，他们中的每一个都是我，而我们彼此联系在一起。我们通过觉知环的中心联系在了一起，在可能性平面上联系在了一起。

我将这一切汇总起来，对埃德和听众说，在某种程度上，对觉察和意识的体验有可能正是神圣的体验。我们对觉察的体验从开放的平面上涌现，然后成为现实。

埃德握住我的手，脸上浮现出动人的笑容，这解除了我的焦虑，我方才还在担心自己可能在这个场合说了什么不敬的话。同时，听众中也爆发出了雷鸣般的掌声。我们将各自在这段时间里的体验归于一体，在这一刻为它画上了一个句号。

在我当众讲话的时候，以及在我写下这些语句将我们联系在一起的此刻，我也想到了你。我知道，在我们的旅途将要抵达终点的此刻，我们尚有一些重要的问题未经解答。也许我们在专注探索心智时收获了一些乐趣，但这些问题仍然没有被回答，我们需要尊重自己的疑惑，接纳这些不确定性。就算真的存在意识相关神经区，其中同步存在着频率为 40 赫兹的波，或者大脑自身存在一种其复杂性达到了一定水平的整合联系，那么，意识的脑基础究竟是什么？这种对意识的觉知究竟是如何发生的？好吧，我们现在就是不知道。没有人知道。如果这一切最终并非仅仅依赖于大脑，那么能量概率值的谱系是如何导致对精神生活的主观体验的？在大脑中，在作为整体的身体中，甚至也许在超越身体界限的水平上，可能性平面是如何导致意识中“觉知的动作”的？我们就是不知道。尽管如此，但我们在这一路上至少探讨了更深刻的问题，它们有助于我们获得有用的工作方法来缓解个体的痛苦，并促进同一性的转变以服务于个体、他人和整个地球的幸福。

向你提出这些我们未能解答的问题，这让我既感悲伤，又觉喜悦。我的心智中有一部分希望得到确定的答案。我下到我的水平面，焦虑的高原和固化思维的高峰在这里消解为宁静的庇护所，即可能性的海洋，它令我有家的感觉。那似乎既是一个你我可以分享的地方，也是一个我们可以发自内心地找到彼此的地方。

在开始这段旅程时我就说过，我们也许会在这段旅程结束时意识到，到达一个最终目的地、得到一个终极答案也许并非真正的价值所在，提出问题才是。也许这就是可能性平面这种心智观的美丽、魅力、能力和潜力所在吧。

因此，到目前为止，我们可以做个深呼吸，然后提出意识可能是可能性平面的基本要素这样的看法。这个平面代表能量概率曲线上趋近于零的位置和状态。至于曲线上的这个能量概率位置的意识相关神经区是什么，尚需进一步的实证研究。这种状态是否包含显著降低的神经元放电水平，即与对涌现保持开放的主观状态相对应的神经活动？这会不会就是神经冲动和行为之间的暂停、沉静和空间的神经机制？是否如另外一些关于意识的理论所言，这里包含某种更高水平的神经协调和神经元放电，即某种更高水平的整合状态？大脑如何以心理活动的方式在其具身的意识体验中创造出更多趋近于零的概率状态，仍然是开放且值得研究的问题。

MIND

> 这种关于开放的可能性的能量状态，即这种可能性的海洋，也许不仅仅是意识的起源，而且还是心智通向整合的门户，它令自组织内在涌现出了朝向区分和联系的天然驱动力。

当影响整合的阻碍存在时，我们也许需要对平面保持开放的觉察，以便下降到刻板或混乱的高原和高峰以下，因为它们阻止了内在趋向整合的驱动力。无论这种心智状态的神经机制为何，也许它们都与大脑中的整合复杂性有关。这自然而然地指向了那个关于心智和身体的问题，它不仅是重要的、令人困惑的，而且时常引起争议：意识能够不经由大脑产生吗？意识是否利用了大脑以产生它自身？意识是否能产生超越大脑水平的影响？如果量子物理学的正统解释是准确的，即有意识的观测在光子波函数坍缩为粒子性的过程中扮演了至关重要的角色，那么这种将一系列可能性转变为当下时刻一个特定的现实性的过程就是受到意识的影响的。如果这种解释正如一些实证数据所指出的那样是成立的，那么我们就可以做出肯定的回答，即意识似乎确实产生了超出观测者的颅腔和皮肤以外的影响。然而，产生这种超出颅骨和皮肤的影响，或者说以超越身体的方式对世界产生影响，并不一定意味着意识可以不依赖于身体而存在。这是一个存在争议的大问题，我们在这里无法给出最后的答案。

有些人可能对“意识可以超越大脑的范围或意识不需要依赖大脑而存在”的观点感到不快，我们可以为这些人提供一条推理的路径，它至少能在这个问题上为我们的心智打开一扇门。横跨一系列神经系统区域的整合似乎与意识相关联，它们被称为“意识相关神经区”。这种神经整合是如何引起意识的，哪怕是如何部分地导致意识出现的，基本上没人说得清。即使有了微管、扫描式神经元放电模式、与社会化大脑有关的表征性过程和整合性神经复杂度等许多有趣的命题，我们还是不知道神经系统的活动模式是如何导致对意识的主观体验的。面对这么多我们现在不知道也许永远不知道的东西，面对这么多此刻仍然显得神秘且有魔力的东西，我们既需要在某种程度上放轻松，又需要对这一切保持好奇。我们既惊讶于身在此时此地，也惊讶于我们知道自己知道身在此时此地。再次强调，我们这个物种的名字不该是“智人”，即“知道的人”，我们应该叫“知道自己知道的人”。这就是身为人的基本要素，这实在是疯癫之极！这实在是太不可思议啦！

唤醒生活，解放心智

觉知环练习的作用之一是揭示了意识的重要性。我们也看到，心智除了意识中体验到的“觉知的动作”之外，还有着其他维度，即“觉知的内容”和对“觉知的内容”的建构。无论“觉知的内容”是来自感官导管的能量流，即由五感从外部世界中引入的信息，还是通过第六感从身体内部传来的信号，我们都对这些形式的感觉产生了主观体验，即从外部世界和身体内部的物理世界中觉知到的内容。通过对“觉知的内容”进行建构，我们有了情绪、思维、记忆和信念，我们称之为心理活动的第七感。它们还可以是对我们与他人及整个星球的连接的觉知，我们称其为第八感。这些“觉知的内容”都在意识范畴内，都是心智的建构器将能量转换为信息形成的信息流。

我们假设心智系统的基本要素是能量流，其中有些成为被我们称为“信息”的符号化形式。信息加工过程被能量驱动，它可以在意识中产生，即对“觉知的内容”进行的“觉知的动作”。然而心智中的大部分事件，也许是绝大部分事件其实发生在意识之外。我们可以将其看作未被意识体验到的能量和信息流，它们在未经“觉知的动作”体验到的情况下成了“觉知的内容”。弗洛伊德将这种过程称为无意识。现代科学家已经证实，这种不需要意识参与的信息加工过程不仅真实存在，而且影响着我们的日常生活。我试图避免不同学科在使用“无意识”“潜意识”和“前意识”等术语时可能产生的混淆，因此我只使用一个术语即“非意识”(non-conscious)，它指代未经意识觉察的能量流。

因为未经意识觉察，非意识的能量流便与主观体验无关，但它仍然是真实存在的。这些非意识的能量涨落每时每刻都在发生，有些具有符号化价值，有些则没有。无论我们怎样称呼精神生活的这一部分，我们都要为其下一个简单的定义，即能量和信息流。因为“有意识意味着你在掌控”的观点可能会让人产生一种控制感，所以这些非意识的能量流有时可能令人感到不快：我们不仅无法控制它们，我们甚至也不知道它们对我们的生活产生了怎样的影响。

MIND

换言之，对某些人来说，“在意识之外发生着某些事件”的观点可能是令人感到害怕的。但实际情况并非“意识等于掌控”和“非意识意味着乱七八糟的、不受控制的放弃”。

自组织并不依赖于意识而存在。如果存在一种趋向整合的天然驱动力，那么这种驱动力就可能在有意识的“觉知的动作”缺席的情况下出现。

MIND

我们要从这里学到一个教训，那就是有些时候我们需要为自己让道，以便让能量流的多个层级涌现，并让自组织发生。我们可以称这种开放性的状态为在场。

在场是通向整合的途径。如果我们有意识的心智试图掌控一切涌现，那么就可能会导致固化的高原和高峰的出现，从而制约趋向整合的驱动力。这种紧紧抓住掌控感不放的做法可能导致趋向混乱与刻板的结果，而这两种状态表明系统的运动脱离了和谐的、整合式的河流，心智的状态倾向于冲向河的两岸之一，或在刻板中卡顿，或被混乱所淹没。

我们在探索过程中实际上更进一步地定义了上述流可能的意义，即心智由谁参与、是什么、存在于何处、为何发生、怎样发生，以及何时发生。我们提出了一种看法，虽然它之前也许只存在于你的非意识精神生活中，但它此刻被我们的沟通触发，出现在了你的有意识心智中，即“一种具身且关系性的、对能量和信息流进行调控的自组织涌现式的过程”。不仅这种能量和信息流不受颅骨或皮肤的局限，从这种流中涌现出的心智也不受此局限。心智既是内在性的，又是间性的。这种流也不被意识所局限，它既发生在意识之中，也发生于意识之外。

作为一种调控过程，心智依靠监控和调整发挥其调控作用。觉知环练习通过这两种调控方式，既增强了心智的功能，也揭示了心智的内在结构。觉知环在深层次上引导着我们，让我们看到了心智神奇的作用机制。

增强监控功能意味着以更强的稳定性感知能量和信息流，如此一来，个体就能以更深、更专注的方式感知到更多细节。许多时候，我们用于感知内在和间性的能量和信息流的"心眼"是不稳定的，其结果就是我们看到的图景模糊不清，从而也就难以对这种流进行调整。

MIND

> 我们可以通过三个"O"来稳定"心眼"，它们分别是"客观性"(objectivity)、"观察"(observation)，以及"开放性"(openness)。

客观性意味着我们将觉知环边缘的"觉知的内容"感知为注意的客体，而非我们作为人的全部。观察即从被观察的内容中稍稍疏离的功能，这是一种观察者的感觉。开放性意味着我们接受事物自发涌现出的样子，既不以主观期望作为过滤器来筛选经验，也不试图回避正在发生的事物或紧紧抓住其不放。这三个"O"组成了一个三脚架，令我们能够感知心智的"心眼"稳定下来。我们可以将"在场"这个词视为开放性、观察和客观性这三个"O"的总和（见图 9-1）。

增强调整功能意味着建立一种意图以允许能量和信息流趋向整合的运动。有时候这意味着探测混乱和刻板，这样一来我们就可以引导自己的流进一步实现区分和联系。我们如何建立这种意图呢？通过在场来建立。因为整合是复杂系统的天然驱动力，所以有时候我们要做的就只是"把废物清理掉"，或者说为自己让道，从而让整合自然而然地发生。"在场是通向整合的途径"就是这个意思。

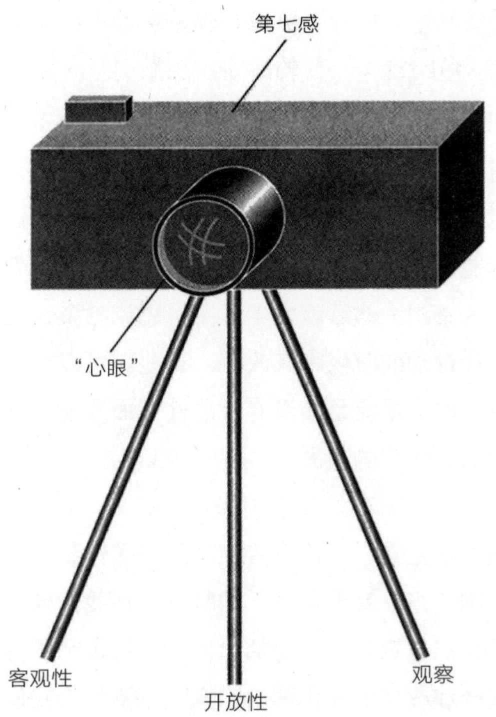

图 9-1 第七感的三脚架

在我们对复杂系统的作用机制有了一些了解之后，我们可以进一步讨论一些问题及可能的答案。既然心智是由能量流组成的复杂系统涌现出的产物，且其中有些能量流因为具有符号价值而被我们称为“信息”，那么我们就来谈谈能量和流的某些科学原理吧！我们已经知道一种可能成立的观点，即能量表现为概率分布曲线上的值的一个谱系。概率在确定性和不确定性之间的改变就是能量流动的方式。即使时间并非某种流动的东西，或者某些物理学家认为时间根本不存在，我们仍然可以把这些概率的改变视为此刻正在发生的改变。当提及时间这个概念时，我们总可以用“改变”这个词将其取代，这样我们就有了坚实的科学基础。生命和现实中充满了改变。我们体验到的改变发生在被我们称为“时空”的地方。即使现实中并无流动的时间，我们仍然可以在概率分布曲线的谱系上发生改变。至于能量和信息流，它们则负责对其概率函数进行改变和变形。上述来自科学研究和主观反思的观点加在一起，在这一路上深化了我们对心智的认识。

以下则是我们要提出的一个激进的假设：意识中关于“觉知的动作”的经验来自无限可能性平面上的能量概率。我们意识到的东西，即“觉知的内容”是关于意图、心境、思维、情绪、记忆的动作和过程，它们都是当下的流中从可能性到现实性的能量运动。我们可以觉知到这些发生的事件，允许我们感觉经验的导管将其导入意识。然后就发生了不可思议的事，我们可以在解释其意义、建构叙事并设计行动的时候将其改变。这些流可以在没有意识参与的情况下出现，因为非意识的能量流是在没有可能性平面参与的情况下涨落的，而可能性平面是“觉知的动作”的起源。

开放的觉察即正念觉察，它代表着在场的接受性状态，它使接纳当下的现实成为可能，即接纳“当下就是全部”的状态。在我们处于混乱或刻板时，上述接纳的状态就是我们有意做出改变的出发点。这提示了意识在我们生活中的作用，即意识是选择和改变的催化剂。正念觉察不仅为我们通往主观体验打开了一扇门，也允许我们选择一条不同的路径。在这种在场状态下，在心智在场的情况下，我们能够获得惊人的洞察力，从而更深入地认识心智和现实的本质。

MIND

可能性平面的在场通过释放内在潜能以实现整合，以此推动我们走向健康。在场是允许整合涌现的途径。

这也许既是心智运作机制中的基本要素，也是我们精神生活中的一种根本力量。当我们卡在混乱或刻板中时，在场能打开一扇门，将我们从固化的高原或无效的高峰的束缚中解放出来。我们既可以改变抑郁、恐惧或焦虑的心境，也可以改变负面的思维、骇人的表象或令人心慌的执念。如我们所见，发展出可能性平面的在场和接近觉知环的中心的做法甚至能够令慢性躯体疼痛得到缓解。

这一切是怎么发生的呢？我们对能量的觉察可以通过改变能量在当下时刻在概率曲线上的位置的方式对其产生影响。就像一些量子物理学家认为有意识的观察可以导致光子的概率曲线从波坍缩为粒子那样，或许意识也是通过概率曲线上的某种改变导致了能量流的变化，进而改变了信息流。这就是意识能改变心理活动的原因。这些心理活动是能量和信息流觉知的内容。一些人认为，在没有意识参与的情况下，意图既会对能量流产生直接影响，也会直接影响个体之内和人际之间的信息加工过程。无论是否有意识参与，意图也许还是改变能量概率模式的方式。我们或许可以在可能性平面图上用一个较低的高原来表示意图，这种能量概率的位置只是稍稍高于平面，它为其他心理活动的涌现设定了一个方向。如前所述，心境和心智状态可能也是高原，虽然它们也许略高于意图，但仍然低于诸如思维、情绪和记忆等次高峰过程。高峰则可能是次高峰的值实现其确定性形式，即思维、情绪或记忆的结果（见图 2-2）。

作为引导能量和信息流方向的过程，注意可能是某种影响机制，它影响着概率模式的发生、改变，及其向高原、次高峰或高峰的转化。

自组织可能对这个能量分布构成的心灵地貌的世界中的能量和信息流进行了区分和联系，要么是通过被称为焦点注意的、对意识的导向，要么是通过非意识的机制，诸如心理过程和能量与信息流中的意图转变。如前所述，未经整合的流的模式既可以表现为刻板，即扩大了的高原和高峰，它们在我们称为时间的 X 轴上保持不变；它也可以表现为混乱，即在一个特定时刻 Z 轴上的极大变化。

正如我们谈到过的那样，意识可能是我们为了觉察主观体验，即生活的主观结构所必需的。这在图中可以被描绘为向平面以上的高峰和高原的短暂试探。意识不仅能令我们对“觉知的内容”的主观体验保持觉察，而且能改变“这些觉知”的内容。这就是意识改变能量和信息流的方式。如同正念训练或觉知环练习中的第七感技巧训练等各种心智训练所做的那样，无论是改变我们内在的心灵地貌，还是人际之间的心灵圈，在意识中建立有意图的状态，并发展出有目的性和方向性的心智状态，可能对我们改变自己的精神世界极为重要。然后，即使没有意识参与，这些有意图的状态的持续，即这些概率提高的状态，这些被我们称为“心智矢量”的、不需要意识参与的状态，或许也能影响能量流模式的改变。意图是一种心智矢量，当能量沿概率分布曲线运动时，意图能够以物理学的方式影响能量。虽然有时候我们能意识到这些影响自己心智的要素，但在大多数时候，我们却意识不到它们。

虽然上述假设激进且诱人，但我们还要在此基础上更进一步。达到可能性平面令我们能得到趋向整合的天然驱动力。在揭示心智的本质时，我们既不需要物理意义上的空间，也不需要作为某种流动的事物的时间，甚至根本不需要时间的存在。心智只关系到当下，即低可能性在此时此地转变为具备高可能性和现实性的“觉知的内容”，以及确定性在不断展开的当下的涌现。

这是我们对心理活动提出的一种工作假设，即心理活动是可能性和现实性之间的往复运动。这种看法同时也能令我们深入洞察意识是如何与这幅图景匹配的。

根据许多来自觉知环练习的反馈，我们认为这也许就是意识的起源。虽然我们不知道其具体细节，不过，“能量从趋近于零的概率水平沿能量概率曲线的值的谱系运动”的观点令我们能够意识到，该如何将这种现象体验为一个宽而深的、令人感到无限的广阔平面。这就是我们假定的意识的起源。在某种意义上，它可以被描述为充满势或可能性的能量状态。如前所述，也许可能性平面这种趋近于零的概率状态具备微观态的量子属性，即没有时间箭头。同时，这也许能够解释某些人为何将可能性平面描述为“永恒”。这是一片可能性的海洋、一个可能性平面，它存在于概率分布曲线上的值趋近于零的情况下。心理活动位于一个有意识参与的连续体上，它们表现为可能性和现实性从可能性海洋上“冒泡”，然后从可能性平面上升起的过程。

在这个平面上，我们能感受到广阔的自由感。这种感觉并不意味着试图处在能量曲线的这个或那个特定位置，而是在所有的位置之间保持灵活性，自由地在整个经验谱系上运动。这种沿曲线将所有区分开的位置建立起联系的做法就是和谐的机制：它能带来生命中的整合一致的感觉，其两侧的边界则邻接着混乱或刻板的模式。这就是整合蕴含的意义，即沿能量概率曲线将区分开的位置联系在一起。

可能性平面也许是我们能彼此关联最紧密的地方，我们能在这里找到深刻的共鸣。如果个人的心灵地貌接触到这个平面，就能影响我们共有的心灵圈中对开放和连接的体验。这种相互连接并不局限于可能性平面。我的平面和你的平面即使不尽相同，大体上也高度相似。在我们各自的身体或心灵地貌中，无尽就是无尽。这给了我们一个彼此连接、建立联系并彼此区分的出发点。整合不仅仅局限于联系，它也包含区分，构成我们个体同一性核心的高原和高峰就是我们彼此进行区分的重要途径。整合就是要尊重这些差异，并促进富有慈悲心的连接。当意识内和意识外的高原和高峰出现并构成我们的精神生活时，区分就会自然而然地发生。不过，接触可能性平面会让我们超越彼此分离的、孤立的自我。我们的高峰和高原都是独特的、彼此不同的，尊重这些独特的存在并接触可能性平面能让我们达成共识。我们能感觉到我们的连接和共性，而不仅是我们的差异。可能性平面就是通往联系和整合的途径。同理，通过可能性平面，我们能够意识到我们不仅与其他人连接在一起，而且与我们共同的家园，即我们称为地球的这颗行星深刻地连接在一起。

通过可能性平面，我们可以找到一条路径，来深入觉察他人的可能性高原和现实性高峰。因此，我们就可以尊重彼此的差异，尊重、珍视甚至滋养彼此不同的存在方式。通过心智在平面上的在场，我们能够对我们人格中特定的倾向和偏好保持开放。你的个体同一性、成长史、偏好和弱点都是高原和高峰构成的模式，而我们可以在自传体式反思和我们关于具身的、心灵地貌的叙事中探索它们。它们既不是我们心中的“邪恶小矮人”，也不是我们急需摆脱的东西，它们只是我们精神生活的完整谱系中的一部分，应当为我们所接纳，但那些处于混乱或刻板模式中的人也不应被困其中。

有了意图，我们就能通过训练学会如何从特定的高峰和高原更自由地离开。这些高峰和高原可能对我们造成了禁锢，制约了我们的同一性，在习惯和信念上束缚了我们，令我们要么在刻板状态下耗竭并停滞，要么在混乱状态下崩溃。我们如何才能实现这种自由呢？通过刻意训练心智以达到可能性平面，我们可以学到令能量涌现的新方式，从开放的可能性和不确定性的心理空间中涌现，朝着现实性和确定性发展。然后我们还可以回到最初，循环往复。发展通往可能性平面的路径就以这种方式为我们打开了一扇门，让我们既能够通过共识与他人建立连接，也能够与我们内在心灵地貌的高原和高峰中蕴含的广泛可能性建立连接。唤醒心智就是让能量沿着这些新的概率模式运动，以便重获体验新事物的自由，脱离我们生活中混乱或刻板的模式。这种解放通常需要我们放下对掌控感的需要，转而放松自己、拥抱未知，并为能够促进整合及和谐的天然驱动力赋权，令其得以实现。

某些人会因为对不确定性的恐惧而排斥令人舒适的放松，这种放松中也许蕴含着一个他们感到陌生的可能性平面。我们必须明白，当拒绝存在的恐惧居于主导地位时，它就会阻止我们靠近可能性平面。不过，当我们超越这种需要并突破这种恐惧时，我们就能解放自己的心智，进而改变自己的生活。遵循此道，有意识的整合便令我们既能尊重能量概率曲线上区分开的位置，同时又能将这些个体内部和人际之间的差异联系在一起。我既尊重你独特的高原和高峰，我也能从我们的平面上与你建立联系。用觉知环的术语来说就是，尽管我们的边缘是不同的，但我们可以在觉知环的中心找到共性。这就是我们唤醒生活、解放心智之道。

邀请你思考：学会在场

意识到某物的存在本身并不意味着我们已经处于接受性在场的状态。我们既可以带着未经聚焦的注意生活，让事物进入我们模糊的觉察；我们也可以带着在场和对觉察中体验到的事物的高度聚焦生活。当我们借以感知心智的“心眼”被开放性、客观性和观察稳定下来之后，我们就能看得更深入、更透彻。

如果从这种开放的心智状态或在场出发，我们就能在意图和自组织参与的情况下促成改变的发生，即最大限度地朝着整合前进。

在这里，我们既要反思保持觉察的体验，又要探讨哪些东西可能有助于揭示那些已经得到研究证实的、能够促进幸福的做法，我们通过它们能够达到可能性平面，并且促进在场的出现。在我们反思的过程中，你也许会意识到有一种做法是有帮助的，即想象这些觉察的层次在你日常生活中如何出现，你的心智如何与大脑角力，以及你最终应当如何用自己的心智在日常经历中创造更多整合。

你也许会问，我们如何才能够在不彻底在场的情况下保持觉察？我们的可能性平面模型或许有助于解释这种意识体验的作用机制。出于这些反思，我们暂且假定，对意识的觉知一定程度上是由能量流涌现出的产物，当能量流位于趋近于零的可能性平面时，这种觉知就会出现。这个假定与我们对心智包括意识的假设是一致的，即心智是一种涌现性的产物、一种能量流的基本要素。考虑到沿着这条曲线的能量流，我们曾经讨论过一种观点，即对意识的觉知可能与曲线上的这个位置是一致的。

也许开放的觉察，即某些人所谓的“纯粹的意识”是一种没有时间箭头的、微观态水平上的量子性存在。当能量概率值升高到平面以上时，也许它们就具备了宏观态的特性，即受到时间箭头的限制。这意味着我们的感受、思维和记忆等心理活动一方面带给我们双向运动的感觉，另一方面又有单向度的、“随时间发展”的方向性，即从过去到现在，再到将来。与之相反，意识可能是具有永恒属性的，即无时间的。若如此，我们精神生活中的冲突就是在考虑到时间流逝的感觉的情况下，量子性的意识和经典物理性的心理活动之间存在的冲突。虽然我们生活在一个物理客体组成的宏观态世界里，这个世界受到经典物理学的时间箭头的束缚，但我们又是通过心智中量子性的意识感知这个经典物理性的世界的。这种经典物理性和量子性之间的冲突也许确实是我们人类经验中的一个根本难题。

我们在一个特定时刻可能处在的意识状态是一个广阔的范围。能量概率分布曲线上某些位置的混合也许能够帮助我们预知接下来可能发生的事。如果我们假定对意识的觉知涌现自可能性平面，且诸如思维、情绪和记忆之类的心理活动涌现自平面之上的曲线，那么我们也许可以用下列方式理解非意识的和意识的精神生活。一些神经科学家指出，当研究对象对某物有意识的时候，某些联系性过程就会发生。例如，如果大脑中确实如利纳斯指出的那样出现了频率为 40 赫兹的波，且如托诺尼及其同事主张的那样出现了整合性联系，那么意识在一定程度上可能就基于一些与觉察的大脑一端相关的神经区。这是关于意识相关神经区的前沿理论的一部分。

纯粹的意识，即不包含“觉知的内容”的“觉知的动作”，究竟与大脑活动有着怎样的关联呢？它是一种特别低水平的神经元放电吗？是否存在一种迹象表明，某种统一的微观态，即觉知的量子起源在由平面以上的“觉知的内容”构成的宏观态成分不存在的情况下占据着主导地位？以及，当我们意识到某种事物时，上述解释如何能将经典物理态和量子态的潜在属性结合在一起？因为我们目前还没有这方面的实证研究结果，所以无从回答这些关于大脑活动和关于意识的“觉知的内容”的基础问题。

在意识的心智一端[①]，我们要检验的是能量流，我们关心的不是能量流在大脑或其他区域的物理位置改变，而是其在各种概率状态之间的转换。这种能量流是什么样子的呢？

让我们回到可能性平面的图上，请你依次将自己的注意力集中于其上半部分和下半部分。就像其他任何图示一样，这张图只不过是张地图，它是一种视觉隐喻，而非“现实中存在的东西”。如前所述，如果我们能意识到作为地图的隐喻的局限，那么它们就自有其价值。这张能量概率分布的图的上半部分代表精神生活，其中的一部分在意识之内被体验为“主观体验”。图的下半部分

① 相对于上文“意识的大脑一端”。——译者注

存在概率上的相应改变，这种改变可能在同一时刻发生于大脑内部。这些改变可能就是意识相关神经区的神经活动。由此我们会得到这样一点提示：有时候，引领方向的可能是大脑，它通过神经元放电模式主导精神生活；在另一些时候，引领方向的可能是心智，它将神经元放电引向一个不寻常的方向。这就是心智影响大脑神经元放电模式的能力，这种能力已经得到了证实。

现在我们要讨论的是在平面上和不在平面上的能量概率位置。对心智来说，上述模式可能是高于可能性平面的活动；对大脑来说，这可能是低于可能性平面的活动。心智中的能量流和大脑中的能量流将以可能性平面为镜子，在平面上方和下方相互映射。不过，我们关于主观体验和神经元放电并非同一种现象的假说得到了图中描绘的现象的支持，如图 2-2 所示，神经和心智虽然彼此相关，但不完全相同。换言之，正如我们屡次谈到的那样，主观体验和神经元放电即使直接相互影响，二者也并不等同。现在我们来继续谈谈在上述概率改变的视角下，意识是如何与神经过程和心智过程这二者产生关联的。

如果我们认为保持觉察，即有意识的“觉知的动作”需要某些能量流的组合拥有平面的部分，即某些能量流在概率分布曲线上运动到趋近于零的确定性水平上，那么正如我们假设的那样，这种现象就可能成为“觉知的动作”的基础，即其能量管理的方式。

不管是只有部分细节的模糊的觉察，还是具备清晰且开放的接受性在场，意识的质量可能都取决于频率为 40 赫兹的波或其他类似的采样过程中平面和高峰或高原的比率，即“觉知的动作”与“觉知的内容”的比率。这意味着“觉知的内容”和“觉知的动作”在一个连续体上各自代表了曲线上不同的位置，也就是说，两者各自代表了一种不同的概率状态。如果我们接受这个推论并将其进一步精炼，我们也许就能看到，不同比例的代表“觉知的动作”的平面和代表“觉知的内容”的非平面的高峰或高原是如何组合起来以揭示我们保持觉察的不同方式的。

如果代表“觉知的内容”的非平面的活动稍微占上风，那么也许我们就会更多地意识到事物的发生，却并未以正念的、接受性的状态充分体验它，而正念的、接受性的状态意味着一种包含选择和改变的开放性。我们将强烈地迷失于体验中，丢掉广泛的、可能包含着自我反思式的观察。这种状态会不会就是我们沉浸于心智中奔涌着感官能量的导管的一个例子呢？也许这就是希斯赞特米哈伊（Csikszentmihalyi）所说的“心流”（flow）的状态，即我们的意识虽然被感官流主导，但几乎没有内省。也许能量分布曲线的状态是感官流中的觉知的内容直接从平面上升起，而极少经过调整知觉的、限制性的高原过滤。这样一来，平面上的能量被我们深刻地觉察到了，而作为升起的高峰的平面以下的能量却保持了尽可能纯粹的状态，它们没有被先前的期待所束缚。也许这种自下而上的、平衡了高峰和平面的能量状态就是心流中存在的模式，其关键在于高峰的起源和平面或非平面位置的比率。

虽然心流能带给我们不可思议的感受，但它不同于可能包含自省的、广泛开放的觉察。有了心流，升起的高峰会让我们充满对当下时刻的感觉，我们完全沉浸于当前的活动中，被它完全充满，无法自拔。当我们将更多的平面成分加入这种体验时，一种更广阔的意识的感觉也许就会出现，其中既包含对自我的觉知，甚至也包含对这个觉知者的感觉，它们出现于对在心流状态中体验到的“觉知的内容”之上。这种广泛开放的状态看上去既连通了导流又连通了建构，这为我们打开了一扇窗，令我们感觉到了无限广阔。这种无限广阔也许既是“禅定”的实质，也是意识的核心。通过在场，我们可以选择深深地沉浸于心流，但在场不同于心流，原因就在于此。在场是一种对万物保持开放的状态、一种容纳万物的立场，它能够将所有的一切都纳入一个巨大的、接纳的空间中。

在其他情况下，即与心流一起出现的清晰或开放的觉察缺席的情况下，我们可能就处在平面以上的部分占据主导地位的状态，对体验的细节缺少深刻的觉知。在这种情况下，我们对正在发生的事物可能只有模糊的觉察，我们只能以含糊的方式聚焦注意、感受细节，并伴有匆忙的感觉、多变的表象或模糊的观念。

MIND

> 这时的我们容易分心，意识不稳定地从一处跳跃到另一处，既没有沉浸于心流的庄严，也没有安顿于广泛开放的、接受性在场的宁静。在这种模糊的状态下，虽然我们也许能够以某种说不清楚的状态知道某些发生的事件，但我们既抓不住心流中丰富的细节，也无法开放地接纳在场的体验。这种含混不清的状态就是我们没有心流、没有在场的意识的状态。

我们可以将其想象为能量曲线上的扫描过程被非平面的内容占据，只有极少一部分能够以一种模糊的方式接触到平面从而带来觉知。换言之，为了保持觉知，我们需要能量曲线上的一些要素触及可能性平面，这部分所占比例越低，清晰度也就越差。

如果非平面的高峰或高原活动是排他性的，如果当前时刻频率为 40 赫兹的波，或其他任何有待发现的整合过程中并未包含平面的内容而只有非平面的分布，那么这种模式也许就意味着非意识的心理活动正在发生。高峰和高原代表的活动在发生时几乎不会触及平面。上述假设描绘了非意识的心智状态及其意识相关神经区在我们的理论框架下的形态。这也许就是心智中存在的、先于或低于意识的能量流和不会被觉察到的神经活动。虽然这些思维、感受或记忆确实存在，但我们根本觉察不到它们。即使我们最终能通过进入意识的精神生活的其他成分察觉到它们的投影，我们还是无法对这些内容产生直接的主观体验。

关于“心智从哪里产生”的问题，这里有一个激动人心的答案。我们现在可以接受“心智是由能量流涌现出的产物”的基本假设，然后通过深入审视概率变化中的流意味着什么，来看看我们该如何理解有意识的和非意识的心理活动的概念。

在联系性的波中包含的可能性平面的部分所占比例越高，我们就能越多地处于接受性在场的状态。没有可能性平面就没有觉察，在这种情况下，非平面的分布就是非意识的心理活动。平面所占的比例小，觉察就模糊不清；平面所占的比例适中，也许我们就处于感官性心流的状态。在整合性扫描中，平面部分所占比例越高，我们的接受性就越强。用于区分对心流的体验和更广阔的正念在场的“临界比率”可能并非一成不变，甚至根本无法被明确界定，它因时而异，因人而异。虽然这会为试图量化这些过程的实证研究带来困难，但一个很重要的议题在于，这种整合性扫描中的比率在不同的体验中总会发生变化，我们可能处于心流状态但需要更多的内省，于是我们可以更多地接触可能性平面，增大其对非平面的比率以满足需要。换言之，我们可以用心智来调节这里的扫描比率，以便在特定的时刻改变意识的性质。如果我们通过进行觉知环练习或回归自己的天性而停留在平面上，我们或许就能更好地加强平面相关的活动，并因此令在场成为我们生活的一部分。这意味着你可以在整合性联系或扫描中顺着概率分布曲线增加平面对非平面的比率。

你能同时保持在场和心流两种状态吗？也许这里的关键在于时机，即使作为流动的事物的时间事实上并不存在。于是这个问题就变成了一个关于概率分布模式在每个时刻涌现的议题，即在没有“流动的时间”的情况下发生的概率改变，甚至是在没有空间的情况下存在的改变。换言之，即使没有时间和空间，改变仍然可以在概率曲线上的能量位置中发生，且发生于每时每刻。这种改变与开放的觉察有何关联呢？

MIND

答案也许很简单：做到在场，你就有能力选择各种不同的比率以满足不同的要求。从这个意义上说，做到在场，你就可以选择心流。也许并非所有体验到心流的人都有能力轻易做到在场。

虽然这是一个值得研究的问题，但我们目前对此没有答案。这里有一个值得我们思考的例子，如果我们沉浸于愤怒并对某人诉诸暴力的行为，我们或许就处于愤怒的心流中，但却缺失了正念的在场状态中包含的灵活性和道德感。

在场中总是存在心流这个选项，但心流却可能在没有在场的情况下存在[①]。

如前所述，在场是通向整合的途径。在场也许是做出选择和改变的先决条件，它将我们从趋向整合的天然驱动力的桎梏中解放出来。在这样的在场状态中，高峰和高原相比于同一时刻存在于整合性扫描中的大量平面要素，其比例相对较小，且很容易就能被理解。换句话说，一次扫描的发生能够在某种意义上定义我们应当将“此时此刻”体验为什么，即以神经和心智模式存在的此时此刻是怎样的。在场是一种概率状态，我们可以认为它既描绘了正念觉察的核心，又描绘了在此时此刻带着接纳和爱保持觉察的核心。在这种扫描中，让平面和非平面更均衡地分布，将使得觉知中更高水平的丰富经验得以流动。

虽然在一个特定时刻的扫描中，平面要素所占的比例越高，我们能够感到的广泛开放的觉察就越多。但这也可能造成一种困扰。最近，我和一位长期从事冥想训练的同事一起吃了晚饭。她问我如何区分“非二元现实中的虚无感”（nothingness of non-dual reality）和开放且完整的体验，她在过去几十年的冥想训练中常常体验到前者，后者则是那天早些时候其他人在一个工作坊中进行觉知环练习时，所报告的在可能性平面上产生的体验。她说，当她在这些年的冥想练习中进入深沉的、纯粹的觉察状态时，她感到无一物存在。当我问及她的感受时，她说那是“彻底的空虚”。她的表情是空虚的。接着她补充到，对她来说，所有的一切都是错觉，现实中什么都不存在。这就是她的现实：唯一真实存在的就是空虚。

参考之前有关能量流的讨论，我们或许能理解这位深思熟虑的女士到底在和什么东西斗争。她的故事并非孤例。有些人认为这种“非二元”的观点意味着任何看起来将自己从更广阔的世界中分隔开来的东西都是错觉。实际上现实

① 换言之，我们可以认为作者将在场视为比心流更接近幸福的体验。心流若无在场，可能令我们在不知不觉中沉溺其中，并被其卷走；若有在场而选择心流，我们就是自主做出选择，这时的我们既充分感受又审慎思考，既高度专注又不受束缚。——译者注

中并没有真正存在某种东西将某人与某物分隔开。这种非二元的现实可能意味着生命是充实的，而非空虚的。如果真实的非二元世界是充实的，那么这位女士又怎么会为空虚所困呢？概率曲线的理论也许能帮助我们理解她的体验。如前所述，意识到趋近于无限多的可能性逐渐成为现实性，这是我们精神生活的源泉。那么好吧，站在非二元的角度来说，心智是什么、心智由谁参与、心智为什么出现，以及心智何时出现等问题是作为能量模式的转化涌现出来的，它们是概率分布曲线上永无休止的运动，其中充斥着无限的可能性和无穷无尽的涌现。我们认为觉察，即精神生活中的“觉知的动作”，涌现于概率位置处在趋近于零的平面的时刻。一种理解“存在于这个平面本身”的体验的方法，或者说“学会仅仅存在于该平面，而不是非平面的高原或高峰”的方法，就是你要主观地将这种“零概率”状态感受为“空无一物的体验”。从字面上来看，“空无一物”仅仅是一种可能性，它意味着既没有高峰和高原的“物”，也没有心智中的“觉知的内容”。如果你拒绝相信事物的涌现，比如作为可能性高原的意图和心境，或者作为现实性高峰的思维、情绪、记忆、感知或者随便什么，你就会认为象征着纯粹的觉察的平面之外的一切都是错觉、是假的、是不真实的。好吧，如果这条信仰或思考的线索让你只能在平面上才感到安全，你在这里逃避其他一切你认为是错觉的东西，并且对心智中的“觉知的内容”，即从这个平面上涌现出的东西抱着不信任，那么这个平面在某种程度上就会被你体验为“彻底的空虚”。可能性平面本来是天堂，然后，如同在这个案例中那样，它也可能变成充满空虚感的牢狱。

概率为零或趋近于零的等价体验是无限或开放的可能性，这与我那位同事的体验大相径庭。可能性平面事实上是充实的，而非空虚的。它为何物所充实？为“势”所充实。对于我和数以万计有同感的人来说，可能性平面是平和、开放、无限、愉悦、清晰和连接的源泉。从这个视角来看，可能性平面中涌现出的决非错觉，而是机会。生活在这里的你会得到完全的自由，而不是在此遭到囚禁。

我们可以从空虚和充实这两方面体验可能性平面。一些人的体验或许是牢狱，而另一些人的体验或许是圣殿。你对平面的感觉是空虚还是充实，你对平面的主观体验是牢狱还是圣殿，可能受到你生活中诸多因素的影响。比如我们曾经提到，一些人认为不确定性的体验是可怕的，且落入可能性平面是令人不适的，至少在一开始如此；相对地，另一些人则发现可能性平面令人心安、充满一种无限的感觉，它不仅能够让人深刻地连接到广阔的通途，而且能够让人随着自我感觉的拓展和深化而进一步连接到广阔的世界。

这种概率分布曲线和意识是怎样从与自组织有关的平面中涌现出来的呢？我们可以用整合的观点来描述它们之间的联系。

整合的意识令人可以充分且自由地接触概率分布曲线的全部。接纳所有涌现出的事物，并停留在平面上，这正是存在的完整性的一部分。你只需要体验万事万物，此外什么都不需要做。从这个角度出发，“觉知的动作”、觉知者以及“觉知的内容”都是一个连续体的组成部分。这种感知包含许多方面的非二元世界的方式令我们得以认识到，无论是“觉知的内容”还是觉知者，世间万物都并非错觉。它们不仅真实存在，而且极为重要：它们是现实中区分开的方面，在整合式的和谐之流中又联系在了一起。“觉知的动作”或许带有不受时间箭头限制的永恒感，而“觉知的内容”及觉知者则可能更具受时间箭头限制的宏观态属性，前提是觉知者是一个心智建构出的“我”，而非仅仅是纯粹的觉察。从这个意义上来说，我的同事也许高度聚焦于没有时间箭头的状态，而回避了受到时间箭头限制的、平面以上的精神生活状态，在她看来，这些精神生活状态是不真实的，甚至本质上就是错觉。她似乎执着于一种观点，即只有平面才是真实的。如她所言，平面对她来说是充满空虚感的牢狱，她卡在了刻板之中。因为她对于改变生活感到无能为力，因此她需要得到慰藉。她需要知道如何运用整合过程以实现自组织的流，这样她就可以接纳概率分布曲线上不同的位置，并真正解放她的生命和心智，从而得到自由。

我们不妨设想一种平面占绝对优势的比率，然后我们就会感到自己此时此刻停留在这种宏大的状态之中，内心有一种广阔的充实感。有些人或许会称其为正念觉察，我们则简单地称其为在场。我们偶尔会完全落入可能性平面，然后感觉到独立自我的消解，进而以不同的方式体验到“我们”，最后体验到神圣，或者我们本质上的相互联系、相互依存以及非二元性的本质。如前所述，如果我们卡在了平面上，一如我那位不幸的、抱着万事皆错觉的信念的同事，那么我们就可以假定自己的整合受损了。对她来说，可能性平面成了刻板的牢狱。对其他人来说，完全不触及可能性平面也许会导致一种“自动化”的生活方式，这种生活方式同样可能导致刻板或混乱的体验。生活本不必如此。将平面、高原和高峰整合起来，将没有时间箭头的“觉知的动作”和有时间箭头的“觉知的内容”联系起来，尊重其各自的差异并促进其联系，这便是我们将上述刻板或混乱的势整合为和谐之流的方式。当我把所有这一切讲给我的同事后，她似乎开拓了思路，得到了慰藉，也说不定受到了挑战或遭遇了惊吓。

让我们回到今天，回到太平洋岸边这场活动的会后讨论。一些人在觉知环练习中发出了如下感慨：“哇！”“太棒了！”“我们联系在了一起，孤立的我消失不见了！”“你找到了宝库的大门，我们现在拿到了钥匙！”“若不是进入觉知环的中心我就要感到厌烦了，然后我进入了一种全新的状态并待在了那儿。”“我感到宏大、永恒、快乐、舒适、自在和喜悦。”“那是一种意识不断扩张的感觉。”……

拓展我们与可能性平面的接触能让意识进入在场的状态。在场不尽然是牢笼或陷阱，它既能提供充实生活的潜在可能性，也是通向整合的途径。

上述反馈只是一些例子，无论我们的精神生活是有意识或非意识的，还是共通的或独特的，抑或是孤立的或联系在一起的，它们都指出了我们建立自己存在的基础和想象自己的精神生活的若干方式。这些方式中的每一种都可能源自共通的心智机制，即心智是由能量和信息流涌现的产物。

接下来，我想请你思考你自己的觉察是怎样的。如果你曾经做过觉知环练习，它带给了你怎样的感觉？当人们预期获得与自己之前听到的描述相似的体验时，这种预期也许会限制他们自己在练习中自发的涌现。我将这些亲历者的描述分享给你，以便你能够体会它们。这些亲历者的反馈支持了一种观点，即“有些令人费解的事发生了”，无论在什么场合中，无论参与者有什么背景及经验，有些事都惊人地相似。

接触觉知环的中心，即接触可能性平面的体验对你的生活产生了怎样的影响？你产生了怎样的感受？你觉得觉知环的边缘部分像什么？当你反思这些体验时，不妨想象一下，如果你能真正实现内在的清晰和选择带来的平静，即触及你心智的中心，然后会发生些什么？你能想出哪些运用这个心理模型来启发你的日常生活的方法？

你拥有这样的可能性，能够以各种方式运用自己的心智以聚集注意并开启你的觉知，即可能性平面图的最顶端。这些做法可以令你的大脑，即可能性平面图的最底端向全新的、更加整合的方向发展。即使你尚未整合自己的自动化模式，即使它仍然趋向混乱或刻板，你也可以选择加强你的心智，并令其有意识地驱动能量流以新的方式流经你的大脑。你的心智本就是对能量和信息流的调控过程。现在你已经知道了整合的核心作用，我们可以认为你已经得到赋权来运用你的心智整合你的大脑，并增进你的幸福感。当你体验到这种生活方式时，你就可以成为由个体组成的社会中的积极的一分子，进而促进整个社会的整合。你的心灵地貌将通过这种方式与周围的心灵圈交织在一起。这就是意识、认知与社会的连续性。

在本周的觉知环练习中，有些人对糟糕的交通状况抱怨不已。今天我给了他们这样的建议：当愤怒的思维构成的高峰和被激惹的心境构成的高原在开车过程中涌现出来的时候，你们可以通过接触可能性平面的练习为自己找一个内在的避难所，甚至在交通拥堵的时候也可以这样做。我们都是更大的世界的一部分，这个世界包括交通拥堵中的其他人所具有的流。这是心灵圈的物理层面的体现。我们连通内在的心灵地貌与外在心灵圈环境的做法是以具身且关系性的形式获得充实生活的关键，这可以为整个世界由内向外带来整合。

这些经历让我产生了一种内在的感觉，即我们在旅途中发现了一些可以改变人们的生活的重要的东西。如果对其进行合理的阐释，那么它们就能帮助我们以更宏观、更全面且更精准的方式认识心智。这种更清晰的心智观也许能揭示出一种更有效的助人方式，无论是在家庭内部、在学校、在诊室，还是在社会中。

研究表明，我们在社会和文化中是与他人紧密地联系在一起的。哪怕是在没有意图的情况下，我们也至少能影响与我们分隔 3 度的人。换句话说，我们的生活方式和言行举止能影响到与我们从未谋面的人。想想看吧，如果我们都更多地接触到可能性平面，这会令我们所在的社会变成什么样子？如果我们大部分时候都活在平面之外、缺乏在场，我们就会过着孤立的生活，被非意识的认知裹挟，并被其引向各种自动化的模式。请你想想“设法接触可能性平面”意味着什么吧：在你的个人生活中，你会获得更多的自知、自由和自主性；在你的人际关系中，你能更好地共情，更具慈悲心，与他人有更多连接；在你所处的社会环境和文化环境中，你会就生活的本质与他人开启新的对话，即启迪他人和你一样找到清晰、自主和连接的源泉。你和我，即“我们”，都是被从内而外赋权以便在现实中引领这些改变的。我们可以从可能性的海洋出发，让自己充分触及这片海洋，并以正能量的浪潮影响他人。

通过这些反思，我邀请你进一步探索自己的切身体验。在“审视”自己的心智时，你对心智本质的反思中产生的感觉、表象、感受和思维各自导致了怎样的主观体验？如果你从一个简单的问题开始，即精神生活的上述四个部分从何而来、如何产生，那么你是否能在这个可能性平面中感觉到你自己心智体验的具身和关系性的起源？你是否能感觉到这片个人化且共通的心智海洋中蕴含的种种可能性？

此时此刻，我既因为这段旅程而欢喜，也因为接近终点而悲伤。此时此刻，我心中还充满了感激，因为你和我一路走来，并提出了这么多重要的问题。在下一章中，我们将要探讨如何拥抱彼此之间形成的连接，如何促进对生命以及对作为人的无尽旅程的敬畏。

MIND

A Journey to the Heart of Being Human

第 10 章

优化心智的途径二

增强连接

终于到了本书的最后一章。这个时代始于此刻，前路漫漫，永无止境。我们将进一步探讨之前发现的某些重要议题，从心智的内在性和间性，到主观体验的核心地位，再到整合在促进终身心智健康过程中不可或缺的地位。我的观点很简单，即善意是整合的天然产物。自我的整合令个体“我”从相互联系的“我们”中区分出来。对彼此保持善意，尊重差异并培养富有慈悲心的联系，就是以整合的方式生活。很荣幸与你一路走来，感谢你在探索作为人类的核心的旅途中陪伴在我身边。

2015 年—永续的当下：人类的存在、人类的作为以及对人类心智的整合

这是元旦的日出。破晓时分的天空染满了橙色、蓝色和绿色的光辉，潮水轻柔的声音在此刻涌现，一如它在每时每刻的姿态，它以一种超越人类想象的方式温柔地弹出了一段音符，这段音符包围着我的心智，仿佛催我入睡的安眠曲。因为我昨晚在新年聚会上和朋友、家人玩了个痛快，所以我很晚才睡。虽然我的身体现在需要更多的休息，但我还是起床了，以便和你待在一起。此时此刻，在这个我们永远活在的当下，在我们一起探索心智的途中，我想以我们都能理解的语言对你讲一些关于这段旅程的感悟。

心智是那日出吗？心智是那拍击海岸的波涛吗？心智是以天、月、年或每 5 年一段进行表征化的时间的产物吗？心智建构了全世界统一的、一年与下一年的界限。人们在庆祝这界限时的欢呼和呐喊，绽放在世界各地的天空中的烟花，全世界几十亿人都盯着看的显示屏……这里的每一样事物，是否都是我们的集体心智共同建构的一部分？

我们从无穷无尽的能量模式的组合中建构意义并获取信息。我们既是感官

导管，能够允许自下而上的流自由地进入意识；我们也是解释性的建构器，能够为我们的生活建构意义，组织叙事。在我们的心智之外，现实中并不存在什么“新年”。如我们之前所言，当我们离开此时此地的现实时，我们就不知身在何处。相信心智中的某种错觉就会带来这样的风险。这种错觉将时间视为某种单向度的、流动的东西，而非四维时空现实中的一部分。我们可能太在意过去，同时又太担心未来。没错，地球围绕太阳的周期运动确实影响着我们与太阳这颗闪闪发光的天体之间的关系。没错，地球围绕自己的轴旋转的周期就是被我们称为“天”的时间单位，它定义了每两个被称为“每日”的模式之间的界限，我们用这种模式来觉知以某种持续的形式展现着的当下。我们体内的一系列生理节律也同样揭示了我们基于“地球－太阳”关系的生理变化。太阳从地平线上升起，一路升到天顶，然后下沉。我们将上述所有空间关系中的改变都解释为某种事物的流逝，即时间的流逝，并以此作为度量时间的时钟。我们将某种当下的模式称为“天”。被我们称为月球的那个白色圆圈在运动时能够反射阳光，它的反射遵循一种重复的变化模式，我们称这种模式为月亮周期，并大致用其定义“月”。太阳相对于地平面的角度同样遵循一种重复的变化模式，我们称其为“季节”，而我们将季节遵循的模式称为“年”。如果我们将一根杆子垂直插在地面上，我们就重新发明了日晷，从而能够用它来测定一个太阳年中的季节变化模式包含多少天。所有这一切都是世界上的物体关系的改变。我们略施诡计，编出一些有意义的名字，对天数稍加调整，就得到了 12 个月。于是就有了我们现在的历法。乍看之下，时间无论如何都是某种单向度的、流动的东西。

在现实中，这只是我们用心智感知到的能量模式对外部世界赋予意义，并让我们彼此分享这些认知的一种做法。我们的心智创设出一种时间在流动的感觉。为了满足我们的需要，并让我们彼此沟通，我们利用了自上而下的建构器的解释功能。于是，我们产生了对周围世界的知觉，包括对时间的知觉。

MIND

> 我们将这些外部世界能量的改变建构为信息，即一种符号、一种概念、一种我们称为“时间”的想法，然后点燃鞭炮，庆祝我们建构出的产物乍看之下的流动。

我们的内在世界是怎样的呢？我们的心智能够认识其自身，感知来自身体内部的能量，并觉察内部的模式。在做梦的时候，我们对自己内在心灵地貌的反思之所以能带给我们无时间的感觉，也许是因为我们沉浸在可能性平面的体验中，而可能性平面有着无时间箭头的涌现性。我们同样可以用这种第七感的知觉流看到他人的模式，产生我们所谓的共情，并形成关于他人内在精神生活的可能的图景，这里的内在精神生活既包括主观体验，也包括感受、思维、记忆和信念。洞察和共情令我们得以觉知自我和他人的内在世界。

当他人遭遇不幸时，我们可以通过共情感知他人的痛苦，构想帮助他人的手段，然后做出富有慈悲心的行为以缓解其痛苦。我们从他人那里感知到的能量模式是他们内在生活的信号，这些信号由他们的身体发出，并被具身的大脑塑造。大脑结构影响着大脑的工作模式，大脑结构的发育则依赖经历、表观遗传及遗传因素。突触结构直接影响着能量流及能量向信息模式的转换。

我们生而为人，这种现实令人震惊。虽然我们并未选择进入这样的躯体，但我们以经典宏观态世界中的量子态心智的觉察而存在于斯。来自我们自上而下的建构器的信息编织出有关躯体的生命故事和个体自我的叙事，它们跨越时间，记录着我们的宏观态和心智状态的发生和变化。当下也许就是我们心智体验的全部，即我们活在现在，记住过去，并想象未来。已经发生的当下作为一个固化了的时刻产生出一个突触的投影，投射在负责感知当下时刻的发生的那些神经回路上。这种投影不仅存在于我们的主观体验，也存在于受上述神经通路影响的能量流模式。既然大脑是一部预测机器，那么我们的躯体就会在现在这个时刻发生之前即开始塑造它的样子。试图真正活在当下对我们来说是一种挑战：我们要把自己从这种对生活的预期性塑造中解放出来。如前所述，我们的经验越多，我们恰恰越容易被经验妨碍，因而看不清楚、活不真实。

为了从这种知识的沉睡和建构的云翳中觉醒，我们必须重新构想心智和存在的本质。这种本质也许既简单又合乎情理，即活在当下。这或许就是幸福生活的科学和艺术。

如果我们在意固化的过去，担心还没有发生的未来，我们就会与现在或当下疏离。唯有当下能够令心智觉醒以面对现实，从而令我们进入个体内部和人际之间的生活中。

通过活在过去的影子中或者对未来的期待里，通过聚焦于过去或未来，心智就从神经元放电的模式中涌现出来了。虽然这里的心智不等同于神经元放电，但这两者却紧密交织在一起。虽然心智的叙事既非导线也非显示屏，但它却会被这些塑造能量流的机制影响。

在某种程度上，我们甚至会以不可思议的方式知晓生活的所有这些内容。我们可以拥有这种奇迹般的觉察。神奇的事会在这种觉察中持续发生。我们的内在和间性的现实能够影响能量流，使其在许多层面上流动。通过基于身体的神经系统，我们可以直接感觉到，我们的心智力求组织起的世界有多么宽广。我们的导管促成着尽可能纯粹的、躯体性的流；我们的建构器则对这些输入的内容进行解释和叙事，它试图为我们的生活赋予意义，包括我们的心智生活和我们对时间的感觉。心智即从这些能量流、导管和建构器中涌现，这种涌现既发生在个体内部，也发生在人际之间。

我们认为心智的至少一个方面是能量和信息流的自组织产物，它负责探测模式并赋予意义。这一假设指向一种观点，即心智这种涌现的方面既在个体内部，又在人际之间。我们的叙事是共享的，我们对彼此的理解将我们联系在一起。我们或我们的集体精神生活分布在个体中，形成了比单个个体更大的存在物。我们既有内在的心灵地貌，又有间性的心灵圈；我们既是个人，也是人类。

在此时此地，我们通过区分和联系的方式在集体和个体意义上汇集了上述内在和间性的模式。当这种整合出现时，心智中就会自发涌现出和谐，心智也会主观地体验到和谐。你的心智和我的心智之前已经探讨过一个重要的观点，即幸福涌现于这种内在和间性的整合。我们不会成为其他人，我们仍然是彼此区分又紧密联系的个体。

MIND

> 整合通过这种方式创造出了一种现实，即我们归属于某种比我们更宏大的存在，它超越了我们各自相加的总和。“我们”大于你和我的总和。

此刻，太阳已经从水平线上升起，这个明亮的橙红色圆球跃入了由发暗的灰色和黄色组成的背景中。现在是白天，这个固化了的此刻就是破晓，随后向着你我而来的又将是开放的下一时刻。

整合中也许还包含了我们的时间感。我们既可以接纳时间箭头的概念，它带领我们永远向前，从未来的开放性到现在的涌现，再到过去固化的宏观态生活的集合；我们也可以同时体验到无箭头的生活涌现中的永恒感，这种生活的涌现来自可能性平面。整合的一部分就是接纳这种生活中看似对立的两方构成的冲突。

我清楚地知道我们此刻已经走到了本书的最后一章。我需要总结并反思我们的发现，思考我们想象过的看待心智和分享心智的方式，并以内在和间性的视角对上述各种方式做一下回顾。既然我们将心智看作具身且关系性的，那么我们便回到了这样一个问题：太阳和天空，凛冽的风和飞扬的沙，在此时此地，它们本质上是我的本质吗？当我与你分享这些话语时，它们是否也会成为你的一部分，进而成为“我们”的一部分？我与你全然分离，我们都是全然孤立的个体。这是一种自上而下的、被广为接受的、被解释建构出的错觉，正如爱因斯坦在多年前所言，它是一种存在于我们意识中的“视觉妄想”。

爱因斯坦的原话并非“错觉”而是“妄想”。妄想是精神病性的信念，即不符合现实生活的、可能导致我们功能失调并陷入困境的信念。

时间或许是心智的建构，同理，我们对一种“全然孤立的自我同一性”的感觉或许也是如此。爱因斯坦在劝慰一位痛失爱子的父亲时说过这样一番话：

> 个人既是被我们称为“宇宙”的整体的一部分，也是受到时空局限的一分子。他将自己、自己的思维和感受，体验为与宇宙其余部分分离开的某物，这是他意识中的一种视觉妄想。这种妄想是囚禁我们的监牢，它让我们仅仅追求个人的欲望，仅仅对最亲近的少数几个人表达爱。我们的使命是将自己从这监牢中解放：我们要拓展自己慈悲心的范围，以容纳所有生命和整个美丽的自然界。虽然没有谁能完全做到这一点，但力求做到这件事本身就既是我们解放自我的一部分，也是我们内在安全感的一块基石。

我们的心智有能力接收这些感官经验，思考这些知识并接纳这种立场，从而为我们自己赋权，令我们得以在生活中实现整合。这种整合是健康的身体、健康的精神生活和健康的关系的本质。当我们深入思考这一切时，我们就会意识到某种蕴含在诸多古老的民间智慧中的科学原理。这种融通的观点是这样的：整合的结果和过程，从洞察和共情到情绪的平衡，再到道德感，也许正是完善的生活的基础。

站在宏观视角上看我们的人际关系的做法，令我们能够理解一系列关于幸福、长寿、身体健康和心理健康的研究中蕴含的共性，即支持性的关系是促成幸福生活的一个重要因素。

此外，在微观水平上，科学研究也表明，发展在场，即对正在发生的事物保持觉察的能力，可以通过诸多方式优化表观遗传调控，进而防止特定疾病的出现。这可以提高端粒酶的活性，它负责修复和维持位于染色体末端的端粒并进一步保持细胞的健康，从而起到改善免疫系统的功能和增进我们的整体生理健康水平的效果。研究者已经证实，正念觉察训练能通过改变大脑结构来实现整合。发展在场的能力，学会增强心智的功能来促进对正在发生的事物的开放的觉察，而非被自上而下的自动化评判带走，这有助于改善我们的健康状况。上述这些看法都已经得到事实证明。在场能够促进幸福。我们如何运用自己的心智，这一点至关重要。

从这种躯体的观点出发，我们也可以检视自己的脊椎神经系统是如何发挥调控作用的，该系统能帮助我们平衡内脏器官及与外界进行互动。当我们从鱼类向两栖类、爬行类和哺乳类进化时，脊椎神经系统也变得越来越复杂。作为哺乳动物，我们的祖先最先进化成灵长类，然后又在最近几百万年间进化为原始人类，直到最近几十万年才逐步接近现代人类的结构和外表。一些科学家证实，人类至少在 3 万年前就学会讲故事了，他们通过绘画和可能的口头语言为生活体验赋予意义。

作为社会化的灵长类动物，我们需要和群体成员相互扶持才能生存下去。作为人类，我们发展出了更复杂的社会形态，以一种异于其他物种的方式生存。莎拉·赫尔迪（Sarah Hrdy）在其引人入胜的著作《母亲与旁人》（*Mothers and Others*）中将这种生存方式称为“助亲”，即由母亲以外的、值得信任的他人分担照顾孩子的责任。想象一下你家的狗或猫将自己的幼崽留给你邻居家的宠物看管，这不可能，对吧？绝大多数人类以外的灵长类动物不会将照看无法独立的幼崽这么重要的责任交由社群分担。

这种助亲行为创设了一种既有趣又有力的社会环境：我们要依赖于值得信任的他人才能生存下去。我们需要一个心灵圈将彼此联系起来。我们生活中深刻的社会本质对我们的社会大脑和有意识的心智的发展产生了深远的影响。

信任既在我们的社会中有其机制，也在大脑中有其回路，即波格斯所谓的"社会参与系统"。在开工作坊时，我经常使用一种实验性的沉浸式学习法，在其中我会严厉地说几次"不"，接着暂停，然后再温和地说几次"是"。无论工作坊参与者的文化背景是否相同，其结果都是相似的："不"引起了糟糕的感觉、回避的感受、逃跑的欲望、肌肉的紧张，以及想要反击的冲动。所有这一切都是因为有人说了"不"。

那么"是"引起了什么感受呢？它通常能带来平静、开放、互动和放松的感受，除非这个人还卡在刚才的"不"导致的敌意、恐惧或僵硬中。

我认为这个练习揭示了两种基本的状态："不"激起了反应性状态，"是"则激起了接受性状态。

反应性状态来自我们的爬行动物祖先，它们已经具备出现于3亿年前的脑干。如果脑干在恐惧状态下被激活，就会引起我们对4个"F"的预备，它们分别是"战斗"（fight）、"逃跑"（flee）、"木僵"（freeze）和"晕眩"（faint）。相反，出现于2亿年前的哺乳类动物的大脑回路能安抚脑干发出的警戒信号，并开启社会参与系统，从而让我们进入接受性状态。这时，我们的肌肉会放松下来，我们视觉和听觉的注意域也被拓宽了。这就是我们开放的接受性状态的神经机制，我们在这种状态下能够做好建立连接和学习的准备。

我猜测，在个体的心灵地貌一端，当我们达到可能性平面时，接受性状态就会出现。这时，我们会变得更有觉察力、更清醒，并做好了与他人建立联系的准备。

对其他哺乳动物的研究也表明，当特定的生理状态产生时，个体更可能从事亲社会行为。是什么样的生理状态呢？汗毛直竖。这是一种毛囊竖起的现象，我们在起鸡皮疙瘩时就能体验到这一点，在这样的情况下，我们产生的感受是敬畏（awe）。达契尔·凯尔特纳（Dacher Keltner）及其同事对敬畏的研究表明，体验到敬畏会开启我们的心智，从而将更大的群体利益置于个体利益之上。敬畏使我们更加着眼于我们所处的社群，同时降低自我关注度。在这些颇具独创性的研究中，研究者要求被试观看一个激发敬畏的场景，比如加州大学伯克利分校校园中的一大片树林，而非旁边壮观的现代化建筑。在观看树林的图片后，被试更有可能帮助摔倒的人。总体来说，当人们体验到敬畏时，他们通常会说这种体验改变了他们看待世界的方式。我猜凯尔特纳研究的敬畏感与我所说的可能性平面的体验是有共性的。也许敬畏的种种来源，比如身处大自然，比如面对大教堂、万里长城和耶路撒冷的哭墙等人造物，比如与他人互动时产生的社会敬畏，都会导致与可能性平面的接触。当我们下降到个人孤立的同一性的高峰和高原之下，对超越这种小我的大世界的壮美开放时，就会出现敬畏的状态，会体验到自我发生了转变。平面令我们得以感受到某种一开始不容易被理解的事物，某种比私有的、个体的自我更宏大的事物，某种似乎不受时间箭头束缚的事物，某种令我们一睹广阔甚至无尽的时空块宇宙的事物。在我看来，这就是敬畏的体验。

敬畏来自一种接受性的感觉，即感到我们是某种宏大的整体的一部分，我们也许无法清楚地理解这种感觉，因为它比个体的我更大。这也许解释了敬畏为何能引起一种对与他人的连接更加开放的状态。

此外，有了我们更加复杂且社会化的大脑皮层，进化赋予我们另外一种与他人连接并提供帮助的方式。在应对困难情境时的一种反应能够促使我们与他人建立联系，加州大学洛杉矶分校的谢利·泰勒（Shelly Taylor）称之为“照料 - 结盟”。这种反应最初发现于女性被试，不过现在我们知道两性都能激活这种社会参与系统，以便对困难情境做出反应。然而，当我们感到受威胁甚至完全无助时，还是可能会激活脑干中一些较原始的作用机制。“照料 - 结盟”这种通路似乎受到爬行动物脑干上方的神经系统的影响。作为社会性动物，这种令我们建立联系而非单纯做出反应的重要通路或许也依赖于我们的在场能力。在场是一种可习得的技能。

前不久，我与北卡罗来纳大学的芭芭拉·弗雷德里克森（Barbara Fredrickson）[①]一起主持了一个工作坊。在工作坊中，我们讨论了她富有见地的著作《爱是什么》（*Love 2.0*）。她认为，爱无论大小，它皆来自我们以一种被称为“积极性共鸣”（positivity resonance）的方式对积极状态的分享。积极性共鸣指的是我们与他人的积极情绪进行连接的方式。我很喜欢这个观点，它认为我们不必将爱局限于对爱情或依恋关系的刻板定义，而是可以在生活中更广泛地体验到它的存在。正如多年后一名觉知环的练习者给我的反馈那样，“自从做了这个练习，我现在经常产生这样的体验，即对站在我面前的人感到深深的爱，我们明明才刚认识啊！”我问她：“你的感觉怎么样？”她笑着告诉我：“棒极了！”

弗雷德里克森在她关于积极情绪的“扩展－建构”理论的早期著作中同样指出，当我们体验到积极状态，比如爱、喜悦、敬畏和感激时，我们就处在一种更宏大的状态中，它既提高了我们的理解水平，又拓展了我们关于自身的感觉。我在我的第一本书的第二版中引用了弗雷德里克森的观点，并对首次与她一起教学感到极为荣幸。

在讲台上，我问弗雷德里克森博士是否能想到整合的概念，整合过程或许与她的“扩展－建构”理论和作为积极性共鸣的爱的观点有潜在的关联。她很乐意就这个话题展开讨论。对我来说，在这两种视角下，整合都是理解深层的微观和宏观水平上发生的一切的关键。爱意味着两个被区分开的个体被联系在一起，从而被整合起来。我认为，这种共鸣不仅可以是共享积极状态以便放大，而且可以发生在富有慈悲心的连接中。因为我们把积极情绪本身视为整合水平的提升，所以我好奇积极性共鸣中发生的现象是否意味着整合水平的提升。这句话在你看来也许显得很突兀，因此请容我做些解释。

---

① 弗雷德里克森是积极心理学的领军人物，她通过多年的研究告诉我们，每个人都可以通过有效的方法降低消极情绪、提升积极情绪。你可以在她的著作《积极情绪的力量》中找到这些方法，该书已由湛庐文化引进，中国人民大学出版社出版。——编者注

我在 20 世纪 90 年代写《心智成长之谜》时，曾经在有关情绪的那一章卡住了。除了对各种情绪特点的描述，我找不到关于“情绪是什么”的共识。人类学家可能会说，情绪是一种在文化的代际传承中将人们联系在一起的东西；社会学家可能认为，情绪是社会的黏合剂；心理学家也许会主张，情绪是将横跨各段发展时间的人联系起来的事物，或者是将从评价到唤起的各种过程联系起来的事物；生物学视角的研究者如神经科学家可能提出，情绪是将躯体的功能与大脑的功能联系起来的事物。虽然在上述种种观点中，没有人用到“整合”这个概念。但对我来说，上述观点中的每一种似乎都指代着某种过程，即将区分开的事物联系在一起，从而形成一个更大的整体。

然而，情绪自身并不总是会导致整合水平的提高。有时候，情绪反倒会令整合水平下降。如果我们愤怒、悲伤或恐惧，系统就会在反应性状态中过度区分，而长时间持续的过度区分会降低整合水平，且令我们更倾向于混乱或刻板。

这里的模式看起来很清楚：情绪可能是整合的改变。我对弗雷德里克森博士说，我们或许可以把“扩展 - 建构”理论重构为一种有力的工具以描述整合水平提升的状态，包括在个体内部和在我们的关系中。这种状态指的是积极情绪。

同时，我们可以将所谓的消极情绪视为整合水平的下降。消极情绪状态经常源于威胁，如果它持续很久，那么就会令我们落入下行循环，让我们更趋近于混乱或刻板，最终令我们远离整合式的幸福和舒适。

MIND

所有的情绪都能让我们觉知自己的感受，从这个意义上来说，它们都是“好的”。

我们可以认为，感受到自己的感受、对感受保持觉察，以及对感受的呈现和探索保持开放都是通往幸福生活的重要途径。如果整合水平下降持续过久，即“消极情绪”持续时间过长，那么可能就会导致我们偏离和谐的河流，从而朝向混乱或刻板的两岸。

因此，如果我们可以将整合应用于“扩展－建构”理论，那么我们是否也可以将它应用于爱？我所主张的是，弗雷德里克森博士所定义的积极性共鸣似乎意味着已有的积极整合状态的放大。爱让我们共享彼此的快乐、欣喜和敬畏，爱让我们一同心怀感恩。爱是不可思议的，它能够将人联系在一起，因此它是积极性共鸣的一个源泉。

同时我也感到，还存在另一种我们可以将其视为爱的一部分的东西，那就是我们与正在遭受不幸的人建立连接的做法。当我们与密友、患者、来访者、子女甚至陌生人建立起富有慈悲心的连接时，我们就会体验到爱。当处于危难中的人接收到我们的帮助和关心时，当我们伸出援手、理解对方遭遇的痛苦并将助人的意图付诸行动，也即我们心怀慈悲时，我们同样是在促进整合水平的提升。

我们是如何做到这一点的呢？根据我们对心理健康和心理不健康的定义，即使遭受痛苦的人处在整合水平下降的状态，当我们与他们建立连接时，孤立的低水平整合状态和孤独的状态也会变成连接的状态。在这种由两个区分开的个体建立连接的状态中，即使其中一人遭受着痛苦，整体产生的效果对双方而言仍然是整合水平的提升。富有慈悲心的行动使得两个孤立的个体连接起来形成了一个更大的整体。这就是整合使得整体大于部分之和的道理。

按照临床心理学家保罗·吉尔伯特（Paul Gilbert）的描述，我们可以将整合视为我们感知他人的痛苦，对痛苦赋予意义，想象我们如何提供帮助并随后将意图付诸行动以减轻他人痛苦的过程。与之相对地，我们可以将共情视为对他人体验的感知或理解，而不必然带有提供帮助的驱动力。不过，我们还是可以进行共情式的关注，它稍后可能会发展为慈悲。对某些人来说，共情和慈悲也许还是同义词，即理性的、认知的共情，以及感受到他人感受时产生的情感的共情。据此我们可以认识到，共情或许是通向慈悲的路径。

那么善意呢？在我的观念里，善意这个词给我的感觉与所有那些关于连接、对爱的体验和心智工作的机制的概念都密切相关。一种对善意的定义就是，站在他人的角度行事而不预期任何回报。因此慈悲的行为很显然也是善意的行为。

在我看来，善意同时也是一种存在的状态，一种彼此接近甚至接近自我的方式：我们带着特定的意图、态度和关心以推动带有积极考量的内在尊重。善意是我们心智状态的一种实质。

我将善意视为尊重并支持他人的脆弱。保持善意是这样一种心智状态，即认识到我们每个人的心智生活都有许多层面。我们以外在的、适应性的存在和表现方式将自己呈现于外部世界，这种方式可能极大地背离了我们内在的真实。我们的内在有时候会充斥需要和失望、恐惧和担心，而它们都被视为脆弱。尽管这些脆弱可以被隐藏起来，但它们却始终存在于我们内在的心灵地貌中。事实上，我们的“自我”或“自我状态”可能有很多方面是真实内部状态的多层集合。我们可以通过可能性平面的理论框架将这些层面视为一组反复出现的高原及其成为特定现实性高峰的倾向。整合中会包含对这一切的善意考量，以接纳所有这些情绪、需要、记忆和生存策略。对未满足的需要和未疗愈的创伤保持觉察的做法，会将我们带到开放和脆弱的状态中。

正是在这些脆弱中涌现出了善意，作为一种存在方式，它可以成为对我们的深层现实的接受性状态；作为一种驱动力，它既可以塑造我们用言语和非言语彼此沟通的方式，又可以驱动我们做出随性或有计划的善意行为。善意是一种心智状态，我们可以培养它来为我们的生活带来爱。

如果我们假定积极情绪状态是整合的提升，那么我们就能认识到善意的行为是如何创造幸福的。我们可以扩展并建构弗雷德里克森关于爱的理论，使其不仅包含积极性共鸣，而且包含所有共鸣甚至是对处于痛苦的人的共鸣，因为它同样能够表明，爱本身就是一种使整合水平提升的心智状态。慈悲可以促进幸福。同时，由于人际连接发生在脆弱的层面上，向他人伸出援手以减轻其痛苦既是善意的行为，也是慈悲的一部分。

复数的“我”构成的系统，以及同一性整合

就像我们在之前各章节中所谈到的那样，系统作用于许多层面。身体细胞内的分子能够以特定的方式排列起来，以便实现特定的细胞功能，比如新陈代谢或细胞膜维护。身体中的细胞聚集在一起，它们先彼此区分又彼此联系，于是形成了器官，比如心、肝或肺。这些器官协同作用，就形成了系统，包括免疫系统、心血管系统、骨骼肌系统、消化系统等。神经系统只是由诸多系统构成的身体的一部分。神经系统由神经元组成，神经元包含的微管和突起使得不同的神经模式在这些神经元内部和神经元之间流动。另外，神经系统也得到了数以万亿计的负责其他一些重要功能的胶质细胞的支持。作为导管和建构器，神经系统能够将能量转换为信息，这是我们精神生活中自下而上和自上而下的流的一部分。上述这些都是身体中的系统。这些器官和系统有什么作用？它们协同运作，构成了作为整体的人体。

“整个人”这个系统存在于何处呢？我们是怎样从分子出发形成心智的？我们的现实中诸多折叠在一起的层面的协同作用，即博姆所谓的“整体性与内隐秩序”，是怎样从我们不同部分的相互作用中涌现出来的呢？

如果我们用显微镜向内看，那么我们会看到自身物理结构下的分子世界。在更微观的层面上，我们还会看到构成分子的原子。再进入更细微的层面，我们就会看到如今已经被广泛认可的事实，即原子的大部分是空的。若进一步走进原子内部，我们就会看到粒子受到各种令人惊异的力的驱使，我们可以将这些力归结为一个概括性的词，即能量。根据爱因斯坦的质能方程，即能量等于物质的质量乘以光速的平方（$E=mc^2$），我们还会看到，哪怕是我们所认为的世界的物理特性，哪怕是由物质构成的世界，它们本质上仍然是由非常致密的能量构成的。

如果我们用望远镜从分子看到细胞，再看到器官和整个身体，那么我们会止于何处？我们会走入一个更宏观的范围，看到一个个人体彼此以基于沟通模式的、被称为“关系”的方式互动。这是我们社会生活中的“社会性”，即环绕着我们的心灵圈。从这种广角镜头来看，我们彼此沟通的方式包括能量和信息的交换。我们可以将信息视为带有超出其自身意义的能量模式。当我们进一步向外、向宏观方向望去时，我们就会看到与我们向内、向微观方向望去时相同的东西，即能量流。例如，在这个宏观的尺度上，我们知道宇宙的大部分是暗物质和暗能量，即我们无法用肉眼或仪器直接观测到的物质和力。不过，它们作用的投影，比如黑洞，还是可以被推断出来的，我们由此可以确定它们的存在。能量就是这样以各种方式在暗中清晰地展现着其自身。

居于这样的人体中，我们有时很难清晰地看到微观或宏观的尺度。就像我们的身体所处的尺度一样，我们倾向于处在微观和宏观之间的“中观”水平上。即便在这个尺度上，如果我们稍微思考一番，那么我们仍然会发现自己“活着”是不可思议的一件事。更进一步来说，单单是知道我们“活着”就已经很不可思议了，何况我们甚至还能觉察到这一切有多么不可思议。

当我们接纳来自宏观和微观两方面的现实时，当我们感知外部和内部的世界时，我们就看到了作为“活着”的本质的能量。如果我们停留在身体的尺度上，停留在我们“中观”的、躯体水平的认知上，那么我们也许就会自然而然地相信我们的精神生活大概也是这个尺度的，就像你拿这本书时的手那样，就像你和我在未来某一天谋面时用来与我握手致意的手那样，它是躯体水平的生活的某种产物、某种物质和某种实在物。

虽然这种躯体水平是真实存在的，但它却不是全部。我们的肉眼令我们能清楚地看到躯体水平的存在。同样，我们的第七感，即“心眼”令我们能感知到心智中微观和宏观水平的能量流。

有了第七感，我们就能感知到孤立的自我并非心智的全部。在肉眼看来孤立的成分，也许在第七感看来却是一个整体中不可分割的部分。第七感令不可分割的部分变得可见。

我们解释性的建构器可以创设出自上而下的过滤器，令我们感知到自我仅仅存在于身体内部，即一个日常生活中的“我”。这导致了一种认知，即私密的、个体的、基于身体的、单一头脑的心智观，它使得我们彼此孤立。于是，我们或许会感到匮乏、孤单，以及一种永远无法被满足的渴望。

我们确实生活在一个身体的内部，它包含通过突触连接构成的神经系统，而神经系统又被经验所塑造。无论信息的来源是家长、教师、同侪还是社会，大脑结构都是被我们接收到的信息塑造的。在当代社会，这些信息中的一部分告诉我们“自我是孤立的”，而我们也经常相信这种错误的信息。

此外，大脑还受到基因和控制基因表达的表观遗传因素的影响。我们继承的基因信息塑造了大脑影响我们关于自我体验的方式，即大脑引导具身的能量和信息流涌现的方式。这是心智的具身的一面。我们在进化过程中发展出了一种偏差，即关注那些负面的信息，从而对可能伤害我们的事物加以注意。虽然这种偏差中蕴含的生存价值不言而喻，但它也使我们容易变得抑郁、焦虑、担忧和绝望。我们也许需要通过第七感以摆脱大脑这种天生的关注负面信息的倾向。显而易见，我们可以运用自己的心智改变大脑的作用方式和大脑结构形成的过程。

我们还有另一种天生的倾向，那就是关注我们从属的“内群体”和我们不从属的“外群体”之间的差异。大量研究表明，我们会倾向于对内群体成员表达更多充满善意的关注，而对外群体成员表达更多敌意，在我们面临威胁时尤其如此。尽管我们也许确实有合作实施助亲行为的历史，尽管我们也许确实进化出了与内群体合作的本性，但与和我们不一样的、被我们进化出的大脑认定为外群体成员的人敌对的特性，还是会令我们自发做出可能导致伤害或毁灭的行为。与外群体成员敌对时，我们表现出的不是善意和慈悲，我们不仅屏蔽了自己的共情，甚至还会将这些人当作非人类加以对待。这时的我们关闭了自己的第七感回路和认知。我们很少对外群体成员运用第七感，尤其是在感到受威胁的时候。

这就是我们面临的挑战。数百万年的进化造就了我们生来所处的等级结构，其中有些个人、家庭和群体是“自己人”，另外一些则是“外人”；系统中的一些人说了算，另一些则是跟班。在我们一年一度的人际神经生物学大会期间，灵长类动物学家斯蒂芬·索米（Stephen Suomi）向我描述了一个有关猕猴的例子：当处于统治地位的猕猴家族的地位岌岌可危时，系统中地位仅次于前者的家族就会抓住机会将统治家族赶尽杀绝，以攫取自己期待已久的领袖地位。我问索米这个物种存续了多长时间，也就是灵长类动物有多长的历史。他的答案是 2 500 万年。

大会上的另一位演讲者、文化心理学家谢利·哈勒尔（Shelly Harrell）介绍了多元文化心理学中一些令人印象深刻的观点。她说：“文化就是每个人都知道其他每个人也都知道的那些东西。”在她看来，我们生活中属于文化这个概念的内容包括了我们存在、信仰、关系、归属、行事和追求的经历。这种看法以富有洞察力的方式阐释了心灵圈对我们在社会中的关系的影响。文化是关于“我们是谁”的一个基本要素。自我同一性的许多层面在文化中塑造了我们的经验。在重构人类学家克莱德·克拉克洪（Clyde Kluckhohn）和心理学家亨利·默里（Henry Murray）的观点时，身为一个体验过不同层面的同一性冲突的个体，哈勒尔这样说：“我们在同一时刻既与所有人相像，也与某些人相像，又与任何人都不像。”

我们接着提出了一个问题：我们如何将自身的进化倾向既纳入对合作的考量，又纳入对竞争的考量？我们既有个体同一性，是独一无二的，与任何人都不像；我们又有群体同一性，与某些人相像；我们还有集体同一性，与所有其他一切都相像，不仅像我们人类大家庭的成员，而且像所有生物。

为了达成这样的整合，即将竞争与合作整合起来，将个体、群体和集体同一性整合起来，我们可以提倡一种深刻的慈悲心。正如吉尔伯特在会上所言：“慈悲就是俯就于人类体验的现实的勇气。”俯就于我们的现实意味着既深入内在性，又深入间性。

在我们的内在世界中，如果脑干关于战斗、逃跑、木僵和眩晕的反应性状态在我们靠近外群体成员时被激活，那么我们就抑制了边缘系统和皮层关于信任和“照料－结盟”的功能。这时的我们既屏蔽了对他人的爱，也不再以共情的方式感知他人的内在心智。外群体变成了非群体、非人类，我们只会留意那些符合我们偏狭定义的、“像我们”的人。

我们怎样才能摆脱这些与生俱来的进化偏差呢？我们该如何处理这些通常内隐的偏差、这些内在的过滤器、这些束缚着我们慈悲心的东西呢？在许多层面上，本书的目的之一正是通过以一种深刻且可能有效的方式检验心智的内在机制，以便回答这些问题。心智既可以改变大脑在此时此刻的运作方式，也可以逐渐改变大脑结构以改变大脑未来的自发运作方式。这就是第七感视角的力量和期许。它是如何实现的呢？通过觉察这扇门，觉醒的心智可以运用可能性平面感知到囚禁我们的模式，从而将我们的心智从中解放出来。这种方法的一个例子就是培养正念和慈悲，人们已经证实这样做能降低内群体或外群体偏差并增强我们与更大的群体的连接感。

MIND

> 我们遗传了一套负面的偏差和对外群体的敌意，这是进化留给我们的遗产。现代文化告诉我们，自我是私人事务的一部分。虽然我们可以将这些倾向视为我们的脆弱之处，但它们未见得是我们无法摆脱的命运。

孤立的自我观来自我们自上而下的、过滤式的建构性心智，建构性心智受到我们从社会中学到的教训的启发和强化。如果我们能稍稍放下这种自我观，那么我们也许就可以更开放地面对一种更广更深的现实。当我们超越身体的层面，甚至超越其被进化塑造的社会化大脑时，当我们同时采取宏观和微观的视角时，我们就能看到深刻地相互连接着的现实的本质，不仅仅是外在现实，还有我们心智的主观现实。的确，个体自我是真实存在的，它存在于我们的身体之内，我们可以称其为“我”。没有谁和“我”一样，每个人都是独一无二的。的确，我们知道一些人“像我一样”，我们将其视为小小的“内群体”的成员。虽然这种个体的自我和个人化的群体是真实且重要的，它们往往影响着我们的同一性。但我们还有一个更大的、集体的关系性自我，它也是真实存在的，它存在于我们与他人和地球的关系中，我们可以称其为“我们”。这个“我们”是超越个体对内群体忠诚感的范畴的，它是一个更具普遍意义的“我们”，它令我们得以感觉到自己与全人类的关系，它本质上是与所有生命交织在一起的。

既为了整合我们的同一性，接受区分开的“我”及其个人化的内群体，以及区分开的、作为一个广泛的关系性自我的“我们”，也为了将两者整合起来，我们称这个整体为“在我们中的我”。

我们可以将“在我们中的我”看作整合的同一性，它将区分开的“我”和区分开的“我们”联系在一起，将所有这一切联系成了一个整合式的且不断整合着的自我。

我们对同一性的有意识的感知来自我们对心智导管中的感官流的解释，它能够产生出一种关于我们在这个世界上是谁的感觉。这种自我感来自心智。如果我们通过感官的、自下而上的方式接收它、观察它，且同时打开我们自上而下的概念和觉知，我们解释性的、建构性的叙事性心智也许就会开启一种可能性，即我们的自我实际上是一个多样的动词。

MIND

> 如果我们对这种不断整合的自我保持开放，那么我们也许就能接纳关于生活的更重大的意义感，从而成为更大的整体的一部分。许多现代研究及古代智慧视其为幸福的本质。

无论我们将其称为带有意义和连接的心灵，还是仅仅将其称为欣欣向荣的生活之道，促成“在我们中的我”这种整合的同一性都能将我们具身和关系性的本质协同一致地统合起来。“在我们中的我”，这一生命的整体大于其组成部分之和。

如前所述，我们或许可以将自我视为一个节点，许多节点彼此联系就能构成一个更庞大的系统。对我们来说，这里的节点就是身体，而“自我”在当代语境下通常等于我们的身体节点。也许这种将自我等同于身体节点的观点束缚了我们对现实的感知呢？也许自我同时也是整个系统呢？不错，虽然我们有一个具身的自我，也就是“我”，但我们同时也有基于小群体的同一性，即我们的内群体部落，我们同时还有一个系统化的自我，即我们在广阔的整体中的身份、我们在人类这个整体中的地位，以及我们在地球这个整体中的位置。这个自我既是个体性的又是集体性的。将自我的不同层面加以区分并将其联系起来，这种做法将能够促成一种整合的同一性，这种同一性作为能量和信息流涌现于个体内部和人际之间。这就是我们整合的自我，即“在我们中的我”。

我们是一个动词而非名词，“在我们中的我”具有接收、观察、叙述、发送和联系的功能，我们在这一过程中永恒地发展变化着。我们不仅是一系列对刺激的神经反应，而且是这个深刻地相互联系在一起的、关系性的世界中一个完全具身的组成部分。我们就深深植根在这样的世界中。

邀请你思考：“在我们中的我”、整合的自我及善意的心智

我们在这一路上探讨了心智的内在性与间性，深入了主观体验的海洋，了

解了一些科学概念，并探索了复杂系统和自组织。现在我们终于该说再见了，至少此刻要暂时分别。借助我们心智中的心智，我们接过了一些引人注目的问题，并提出了一些可能的初步答案。这些问题中蕴含着邀请，它们既邀请我们做出进一步的探索和澄清，又召唤我们做出进一步的行动。

你生活中的哪些事物将你带入了这段旅程，从而为你的心智打开了一扇门，并让你获得了体验世界的全新方式？例如，在反思关于敬畏和感恩的研究时，你也许会选择探索与大自然或他人相处的方式，你会因此感受到生命的广袤，并对这场神圣的探索之旅充满敬畏。在许多层面上，我们都可以将这种敬畏和感恩视为一种发展在场的举动。在场对我们起到了怎样的作用？它强化了免疫系统的功能，降低了炎症反应，优化了表观遗传调控，改善了心血管功能，甚至提高了负责维持和修复染色体末端的端粒酶的活性。

在场是通向整合的途径，而整合是健康和幸福的基石。我们学会了接纳不可分割且通常不可见的现实，即我们在这个世界上所处的位置本质上是相互连接的。通过在场，我们能够对自己的过去，即我们个人的、孤立的同一性的高峰和高原保持开放；通过在场，我们学会了运用觉知环的中心，这种隐喻性的练习能够深化并拓展我们的自我感，其方式则是令进入可能性平面的机制成为我们日常生活的一部分。

一刻接着另一刻，不断接触这片可能性的海洋能够令我们将自己从对过去的在意和对未来的担心构成的牢狱中解放出来。

在场的作用不仅仅限于解放我们的心智和促进我们的躯体健康。

虽然转变同一性的契机是一种为我们的个体自我带来健康的邀请，但自我并不受颅骨或皮肤的局限。心智及随之而来的自我既是具身的，也是完全关系性的。我们既尊重“我”的个体自我，又尊重相互连接的“我们”的自我，并将二者联系起来形成整合的自我，也就是“在我们中的我”。

你能想象科学有一天将接纳心智的整合性潜能这个现实吗？你能想象学校将专注于培养合作而非个体竞争，或者全社会的心灵圈中充满这种整合的自我感吗？如果我们要鼓励竞争，那么我们为什么不支持学生们在创造性竞争中协作一致，以便为全球性的重大问题提供可能的解决方案呢？当我们参与的竞争本身成为所有人需要面对的问题时，当某些人赢得竞争而问题就能够迎刃而解时，所有人都会从中受益。无论问题是食物短缺、饮水和空气清洁、暴力泛滥、物种灭绝，还是气候变化，我们都有足够多的创造性竞争可供参与。

MIND

> 我们本质上是一个协作的物种，无论是通过媒体发布的消息，还是通过家长讲给下一代的故事，这是科学界、学校和社会应当一起教给所有人的、属于全人类的叙事。“在我们中的我”能为世界和生命所做的事，本质上就是协作。

孤立的自我是一种谎言，其中最大的问题在于，如果我们相信了这种谎言，那么我们就会在内心深处甚至心智中体验到孤立、隔离和绝望。当代的数码科技似乎只会强化这种孤立自我的体验。这种谎言带来的另外一个问题是我们把地球当成了一个垃圾桶，因此我们不再热爱大自然，而是将它当作倾倒废物的场所。

当我们以在场开启心智时，我们就会体验到内心深处彼此连接的本质。我们会感到地球既是我们的一部分，又是一个拓展了的心智体，它与我们生存的躯体是一样的。如果我们打算培养保护并维系环境的意识，那么我们就需要热爱我们的自然环境。

我们生而联系在一起。我们需要让自己摆脱“自我孤独地处在身体中或者大脑中”这种破坏性的内隐信念。自我是心智中涌现出的产物，心智自身也既是一种涌现的产物，又是具身且关系性的过程。“在我们中的我”能够催生出新一代的人类，他们发自内心地知道一件事：认识到有关我们整合的同一性和整合的心智的真相，这会赋予我们更大的力量和潜能。

MIND

心智是我们共享的动词，而非个体独自在孤独和绝望中所持有的名词。

转变同一性意味着令心智摆脱被文化强化了的、关于“隔离且孤立的自我就是我们存在的全部真相”的高峰和高原。当我们达到可能性平面，即意识可能的源泉时，我们就得到了赋权，并且能够直接体验生命彼此连接的本质。这不仅令我们得以构想出概念，也令我们沉浸于“在我们中的我”的体验。这种转变不是学习知识，而是通过拓展意识以转变视角。

在你的旅途中，无论是向内探索自己的心智还是在外游历不同的地点，你是否注意到，人们似乎都渴望着找到全新的生活方式？在我自己的旅途中，我发现这很常见。我们中的一些人期待着被开启、被转变、被解放。这种需要不仅来自经济上的需求或不确定性，以及全世界对未来的普遍担忧，也来自围绕着我们的心灵圈所具有的本质，正是心灵圈将许多强化我们的被隔离感的信息传递给我们。你会以何种方式看待这些对他人和自己的观察，你又会如何创设出更具整合性的途径以觉醒、生存，最终创设出更具整合性的同一性，一个不断整合的自我，以及心智？我们是否能成为一个不断整合的群体，能够不断地转变、探索并启迪心智？

这些思考和邀请可以成为你我的机会，我们可以一个章节一个章节地探索心智是什么。我希望这份继续思考和探索的邀请能对你未来的生活有所助益。

对我而言，这段旅程将我们带到了许多古代智慧传统的由来之处，尽管它们没有谈到整合的概念，但它们的教诲与“区分和联系是幸福的源泉”的概念是相通的。这是超越我们不同的文化、超越不同的时间和生命轨迹，以及超越我们的孤立感的简单的真相。这些真相可以被概括如下：当我们回到在场时，我们就会意识到我们所有人在这个世界上是如何深刻地相互依存并相互联系着；当由我们已经习得的、自上而下的孤立的自我的概念构成的高峰和高原回到可能性平面时，我们就会感知到我们整合的自我。

接纳“我们”的自我和“我”的自我的现实能够将我们引向另外一个简单的真相：善意和慈悲是通向整合的天然途径。这既包括指向躯体自我的善意和慈悲，又包括指向我们相互联系的生命构成的分布式自我的善意和慈悲。善意和慈悲意味着我们尊重差异并促进联系。正如扎伊翁茨在一次关于“深思且合乎道德的领导力”的会议上所说的那样，我们可以提倡一种“普遍的领导力”，其中每个人都被赋权，以便站在沉思式的内在知识和伦理责任的立场上进行领导，并服务于整体的利益。认识到凯尔特纳及其同事的发现，即敬畏和感恩能促使人们投身于更大的善，我们就会对善意和慈悲的全部意义充满深深的敬意。沉思意味着产生神圣感。心怀敬意，尊重生命的神圣，以爱和关怀彼此接纳，这都是通向不断整合的心智的神圣途径。

你的心中是否产生了一种被赋权和清晰的感觉，它来自你心智的中心和可能性平面的在场，就在此时此地，与一种我们在旅途中发现的真相交织在一起？

MIND

整合能够令善意和慈悲显现，这就是我们发现的真相。

你是否能想象这样一个世界，我们在其中不仅能探索对心智的定义，也能共享培育健康心智和促成健康世界所需的根本前提？我们在本书中经历的旅程将我们带到了这里。善意和慈悲从整合中显现，而在场是我们通往整合的途径。有了在场，心智产生善意就如身体进行呼吸般自然。

只要携手一致，“在我们中的我”就能令这些简单的真相中蕴含的可能性成为我们共同生活中的现实性。

一切才刚刚开始……

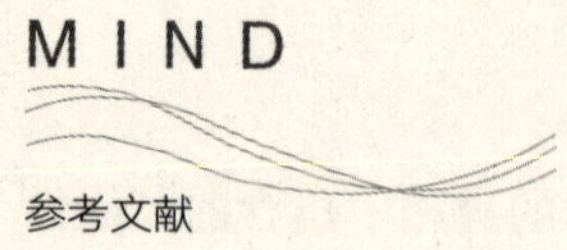

参考文献

考虑到环保的因素，也为了节省纸张、降低图书定价，本书制作了电子版参考文献。请扫描下方二维码，下载“湛庐阅读”App，搜索“心智的本质”，即可获取参考文献。

MIND

致 谢

生而为人，活在此时此地，我对此充满了由衷的感激。我有幸能与许多人分享自己的旅程，对此我感受到了深深的感激、爱和敬畏，一切语言在这种感受面前都显得苍白无力。在许多层面上，这种感受也意味着与此时此地活在地球上的每一个人联系在了一起。地球是我们共同的家园。在我写下这行字的时候正是黄昏，地球又一次很好地完成了它的昼夜更替。感谢你，地球。绯红的晚霞染透了新月形海湾之上的天空，我从很小的时候就对这里的海水和沙滩充满深深的眷恋。即便此时我早已不复年轻，我仍发自内心地感到充满活力，宛如少年。对那些活在数年、数十年、数百年、数千年之前的“古人”和那些将会诞生的“未来人”，我同样满怀敬意。我们彼此联系，构成了一根牢不可破的链条、一个相互联系的生命整体和一个共同的人类大家庭。

此时此刻，我想起了许多为本书的诞生做出贡献的人，我想在这里表达自己对他们的感谢。我有一群了不起的实习生，他们孜孜不倦地检索科学、哲学、临床、冥想等领域的文献和大众出版物，以了解“心智”这个概念在不同的语境中是如何被表述的。这些富有思想的人给了我很多帮助。梅根·高蒙德（Megan Gaumond）、卡莉·戈德布拉特（Carly Goldblatt）、雷切尔·基克霍弗（Rachel Kiekhofer）、迪纳·马戈林（Deena Margolin）、达雷尔·沃尔特斯（Darrell Walters）以及阿曼达·魏泽（Amanda Weise），谢谢你们在这场探索中表现出的冒险精神。

有些人给了本书的初稿一些特别好的反馈和建议，从而使本书的内容得到了更好的完善。这些人包括黛安娜·阿克曼、埃德·培根，奥尔德里奇·陈（Aldrich Chan）、阿德里安娜·科普兰（Adriana Copeland）、李·弗里德曼（Lee Freedman）、莉萨·弗赖恩克尔（Lisa Freinkel）、唐·赫伯特（Don Hebert）、纳撒尼尔·海纳曼（Nathaniel Hinerman）、林恩·库特勒（Lynn Kutler）、玛丽亚·莱罗塞（Maria LeRose）、珍妮·洛伦特（Jenny Lorant）、萨莉·马斯兰斯基（Sally Maslansky）、罗纳德·拉宾（Ronald Rabin）以及卡罗琳·韦尔奇（Caroline Welch）。感谢你们在阅读和思考这本书时付出的时间和心血。

我们每年在加州大学洛杉矶分校召开的人际神经生物学会议都有赖我的挚友和同事玛丽昂·所罗门、马特·所罗门（Matt Solomon）以及邦妮·戈尔茨坦负责组织。“诺顿人际神经生物学书系”的现任编辑路易斯·科佐利诺和上一任编辑艾伦·肖尔都是了不起的合作者，他们帮助我们将这一跨学科领域介绍给了公众。与他们及其他许多作者、科学家、临床执业者共事，有他们富有勇气地参与这一在不同学科之间架起桥梁的工作，是我莫大的荣幸。

为将我们的集体心智中的内在智慧付诸社会行动，纽约加里森学院（Garrison Institute）运用了一系列富有远见的手段，并创设了将个人反思与全球责任相联系的培训项目。我对他们的努力亦深表感激。能够作为董事会的一员与诸位创办者共事，我感到很荣幸。他们是黛安娜·罗斯和乔纳森·罗斯（Diana and Jonathan Rose）、莉塞特·库珀（Lisette Cooper）、雷切尔·考恩（Rachel Cowan）、露丝·卡明斯（Ruth Cummings）、雷切尔·古特尔（Rachel Gutter）、保罗·霍肯（Paul Hawken）、威尔·罗杰斯（Will Rogers）、莎朗·莎兹伯格（Sharon Salzberg）、贝内特·夏皮罗（Bennet Shapiro）、莫妮卡·温莎（Monica Winsor）以及安德鲁·佐利（Andrew Zolli）。

在多年的教学生涯中，《心理治疗网络》杂志的理查德·西蒙（Rich

Simon）作为我的合作者提出了许多了不起的建议，他帮助我将前沿科学发现及其应用介绍给了心理健康领域的广大从业者。理查德很早就设计出了一个多学科的研究方向，用以举办他久负盛名的年会并经营他的获奖刊物。该研究方向同时借鉴了诗歌、正念和神经科学。

我还要感谢诺顿出版公司的杰出团队。凯文·奥尔森（Kevin Olson）帮助我与读者更好地沟通。伊丽莎白·贝尔德（Elizabeth Baird）对本书的文字进行了认真细致的编辑。副总经理德博拉·马尔穆特极具才华，她是“诺顿人际神经生物学书系”的主创者之一，我对她涉足这一新领域表示由衷的感谢。感谢诸位的支持，也很高兴我们这一路上收获了很多乐趣。我还要感谢诺顿出版公司的其他成员：茱莉娅·加德纳（Julia Gardiner）、娜塔莎·森（Natasha Senn）以及玛丽亚·埃普斯（Mariah Eppes）。

在写作本书的过程中，我与来自全世界范围内不同背景的很多人都有共事。我从工作坊和会议的参与者那里学到的东西既帮助我建构了有关心智、大脑和关系的理论，也帮助我建构了关于善意和慈悲在我们彼此联系的世界中处于核心地位的观点。我对我学到的一切表示感谢。他们是拉斯·奥立克斯（Lars Ohlickers）、李·弗里德曼、亚历山大·西格尔（Alexander Siegel）、马德琳·西格尔（Madeleine Siegel）、须崎贤二（Kenji Suzaki）以及卡罗琳。

现在我主要从事教授人们如何理解心智，以及如何从生活中的不同群体、不同专业和不同科学领域中获取幸福的工作。我内在的心智之旅和外在的环球之旅离不开我在第七感学院的诸位同事的帮助，该学院是人际神经生物学的大本营。这些同事包括杰西卡·德雷尔（Jessica Dreyer）、黛安娜·伯布里安（Diana Berberian）和迪纳·马戈林，还有埃里克·博格曼（Eric Bergemann）、阿德里安娜·科普兰、利兹尔·马纳罗（Liezel Manalo）、马克·塞雷达里安（Mark Seraydarian）、安德鲁·舒曼（Andrew Schulman）、阿希什·索尼（Ashish Soni）、阿尔塔·曾（Alta Tseng）以及普里西拉·维加（Priscilla Vega）。

几十年来，我从不同学科领域对心智本质所做的探索离不开我家人的支持。我的母亲苏·西格尔（Sue Siegel）终其一生都在激励着我更深一层地思考这个世界。我的儿子亚历山大·西格尔和女儿马德琳·西格尔在我探索现实和人际经验的本质方面都是很好的对话伙伴。我的妻子卡罗琳·韦尔奇始终如一地启迪、支持并教导着我。她既是第七感学院的院长和我的工作伙伴，也是我在心智方面的引路人，没有她我不可能取得今天的成就。感谢你们在这场对心智的本质的探索中与我同行。

译者后记

虽然我从未见过西格尔博士，但我猜他也许是个智慧、善良而热情的人，恐怕还有点儿啰唆。这种猜测源自我对本书的翻译。正如你已经或将要读到的那样，他会把自己认可的话不厌其烦地说上一遍又一遍，甚至到了我这个译者都有点儿看不下去的程度，这简直就是洗脑嘛！尽管如此，我在一边揣摩、一边翻译的过程中，又能时刻感受到他字里行间透露出的诚恳和善意：因为我觉得这些故事和观点是好的，所以我想把它们分享给你。正是这种诚恳和善意支撑着我完成了本书的翻译工作。

因为我教了多年的 GRE，即美国的研究生入学资格考试，所以我读学术著作或文献通常不怎么觉得吃力。但在阅读本书原稿并进行翻译的过程中，我不时陷入沉思，甚至有拍案而起的冲动。平心而论，要把心智这么一个话题陈述清楚是一件很不容易的事，而把它写成一本谈论科学而非迷信、以实证基础而非拍脑门说大话的学术著作，就更是难上加难。因为西格尔博士对语言的运用，或许是唠叨的天性实在到了一种境界，本书的原文只能用“佶屈聱牙”来形容。作者在书中用了大量自创的首字母缩写词，并对一些常见词做了形式变换以实现特定的表达效果，这对一般读者来说已是难题，对译者来说就像噩梦一般，更遑论书中俯拾皆是的、动辄包含大量修饰成分和插入语的“长难句”了。不管怎么说，尽量破除原作者设置的重重雾障以帮助读者更容易地理解文本，是我作为译者不可推卸的责任。故我在翻译时难免对原文的句式和语法做一些修改，甚至以个人的理解做一些意译。受我的学术水平和语言水平所限，译稿虽经校对、修订，但错漏之处在所难免，还请诸位读者不吝指正。

虽然经历了这样的痛苦和折磨，翻译本书仍然令我颇有收获。作者博闻强识，旁征博引，将心理学、神经科学、社会学、理论物理学等各学科领域的前沿研究汇聚起来，并提出了关于心智的基本假设，他又试图在此基础上回答一些古老而深奥的哲学问题：我是谁，我从哪里来，我要到哪里去。这种尝试本就需要超乎寻常的学识、深刻的反思能力和富有想象力的勇气。在这个普罗大众甚至科学家都习惯于将“人”物化的时代，主张“心智不仅仅是大脑活动”是需要勇气的；在这个个人主义盛行、人们倍感孤独的时代，以科学而不是玄学的方式重申“我们存在的本质是关系性的”也是极罕见的。作者的理想毫无疑问是用自己的学说影响他人，进而推动整个世界的变革。学过医的鲁迅曾说“医人不如医国”，有医学博士头衔的西格尔则想尝试“医世界”和“医人类”。这是一个基于科学的临床工作者应该具有的责任感和境界。从这个意义上来说，即使你不同意本书作者的理论和假设，阅读本书至少也会为你打开一扇新的大门，进而帮助你从另一个视角思考自己和世界。

尽管本书学术性很强、参考文献很多，作者却没有把它写成一本枯燥的“理论大部头”。西格尔博士结合自己几十年来从学生到临床工作者，再到教师的经历，以故事的形式将自己的所见所闻所想梳理成了一条完整、清晰的主线，并将相关的科学研究结果夹在其中，他又通过对这些研究结果和个人叙事的反思进行了梳理，这使得本书既做到了在语言上密不透风，又做到了在结构和逻辑上相对清晰易懂。作者在书中讲到的许多个人经历，比如美国医学界对患者“人”的一面的忽视，以及临床工作者对诊断标签的滥用等，都能在我们的现实生活中找到对应，相信也足以引起各位读者的反思。

正如作者所言，写作本书的过程犹如一场心智之旅。在我看来，翻译本书的过程则像是以另一种语言甚至另一种文化将作者的旅途重新经历一遍。在完成译稿、即将写完这段后记的此时此刻，我感觉耳边仿佛仍然回响着西格尔博士那有点儿啰唆但充满真诚的话语。他告诉我们，在场是通往整合的途径，整合是实现健康的要诀，善意和慈悲则是我们面对世界时应有的基本态度。如果把这些他重复了不知多少遍的话语压缩成一句话，那么或许就是这样的吧：

愿心智与你同在。

又：我的太太霍光为本书的翻译提供了宝贵的支持，在此深表感谢。

未来，属于终身学习者

我这辈子遇到的聪明人（来自各行各业的聪明人）没有不每天阅读的——没有，一个都没有。巴菲特读书之多，我读书之多，可能会让你感到吃惊。孩子们都笑话我。他们觉得我是一本长了两条腿的书。

——查理·芒格

互联网改变了信息连接的方式；指数型技术在迅速颠覆着现有的商业世界；人工智能已经开始抢占人类的工作岗位……

未来，到底需要什么样的人才?

改变命运唯一的策略是你要变成终身学习者。未来世界将不再需要单一的技能型人才，而是需要具备完善的知识结构、极强逻辑思考力和高感知力的复合型人才。优秀的人往往通过阅读建立足够强大的抽象思维能力，获得异于众人的思考和整合能力。未来，将属于终身学习者！而阅读必定和终身学习形影不离。

很多人读书，追求的是干货，寻求的是立刻行之有效的解决方案。其实这是一种留在舒适区的阅读方法。在这个充满不确定性的年代，答案不会简单地出现在书里，因为生活根本就没有标准确切的答案，你也不能期望过去的经验能解决未来的问题。

湛庐阅读App：与最聪明的人共同进化

有人常常把成本支出的焦点放在书价上，把读完一本书当作阅读的终结。其实不然。

时间是读者付出的最大阅读成本
怎么读是读者面临的最大阅读障碍
“读书破万卷”不仅仅在“万”，更重要的是在“破”！

现在，我们构建了全新的“湛庐阅读”App。它将成为你“破万卷”的新居所。在这里：

- 不用考虑读什么，你可以便捷找到纸书、有声书和各种声音产品；
- 你可以学会怎么读，你将发现集泛读、通读、精读于一体的阅读解决方案；
- 你会与作者、译者、专家、推荐人和阅读教练相遇，他们是优质思想的发源地；
- 你会与优秀的读者和终身学习者为伍，他们对阅读和学习有着持久的热情和源源不绝的内驱力。

从单一到复合，从知道到精通，从理解到创造，湛庐希望建立一个“与最聪明的人共同进化”的社区，成为人类先进思想交汇的聚集地，与你共同迎接未来。

与此同时，我们希望能够重新定义你的学习场景，让你随时随地收获有内容、有价值的思想，通过阅读实现终身学习。这是我们的使命和价值。

湛庐阅读App玩转指南

湛庐阅读App结构图：

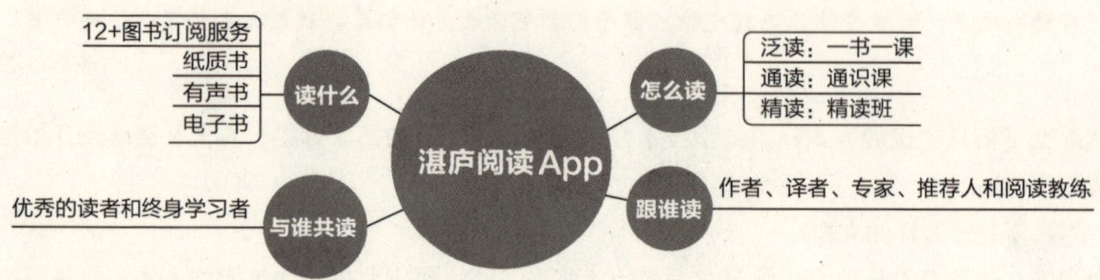

三步玩转湛庐阅读App：

使用App扫一扫功能，遇见书里书外更大的世界！

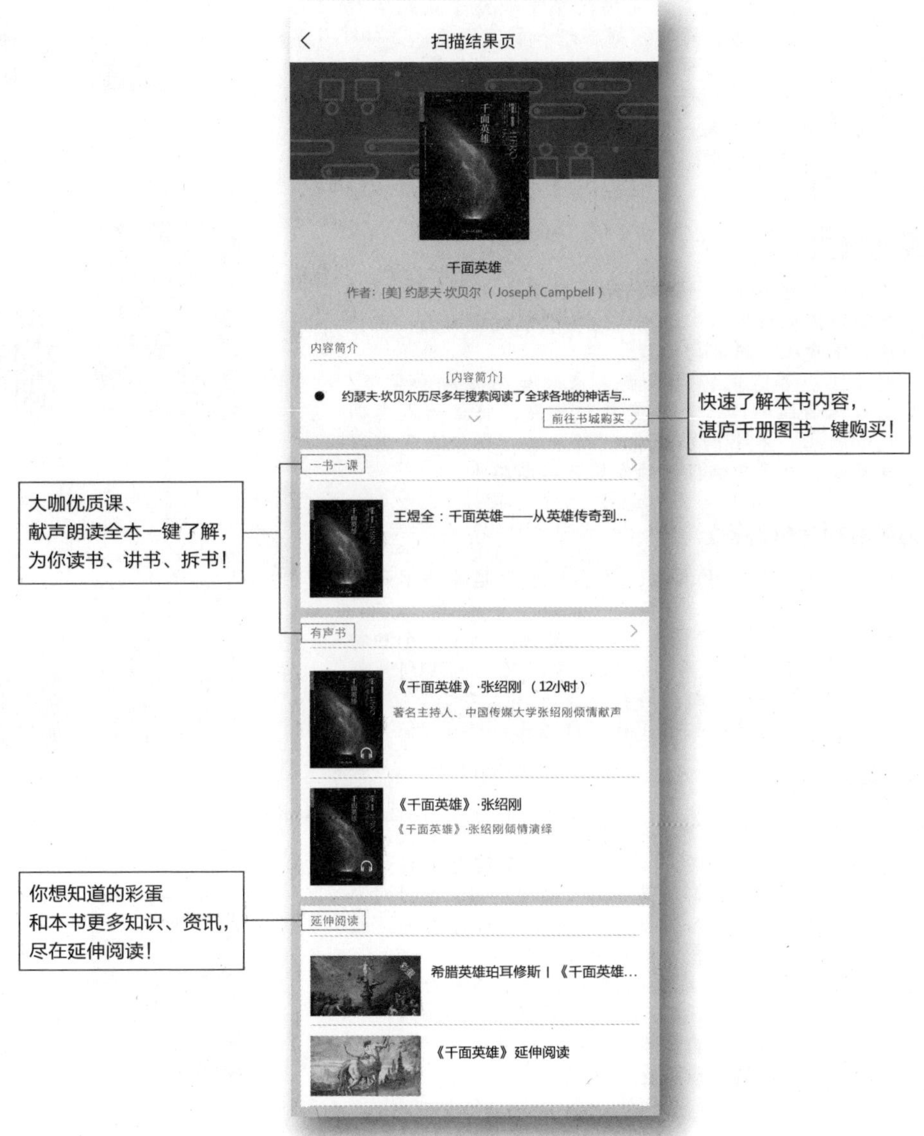

湛庐CHEERS

延伸阅读

《心智》

◎ 心智是一个困扰哲学家、心理学家、生物学家和艺术家数千年的谜。约翰·布罗克曼汇集了伟大的科学家和思想家，用简短易懂的文章介绍了与人类心智、意识和大脑有关的深刻思想和前沿理论。

◎ 本书作者包括语言学家和认知心理学家史蒂芬·平克、心理学家菲利普·津巴多、认知科学家和语言学家乔治·莱考夫、心理学家马丁·塞利格曼、神经科学家斯坦尼斯拉斯·迪昂、心理学家艾莉森·高普尼克等。

《脑与意识》

◎ 意识吸引了全世界科学领域的巨擘的目光，而脑科学家斯坦尼斯拉斯·迪昂从这些人里脱颖而出，他让意识探索从空想走向实践。

◎ 电子化、智能化将是人类未来的生活基础和主流，这意味着脑科学，尤其是意识问题，将成为人类研究的核心。本书的新探索、新方法、新范式和新观点无疑会为将来脑科学的发展开辟新疆土。

《万物的古怪秩序》

◎ 神经科学大师关于生命、情感和文化起源的革命性洞见。

◎ 就像80年前的薛定谔，达马西奥也提供了一个独特的视角，在这个视角下，从自命不凡的人类到最简单的生物都将被重新理解和整合。

◎ 达马西奥“情绪与人性”五部曲之三。

《自我的本质》

◎ 虽然我们对自己很熟悉，对自己是谁坚信不疑，但你以为你眼中的你就是真的你吗？英国皇家科学院圣诞演讲明星心理学家布鲁斯·胡德指出，这种对自我的感觉只是幻象，自我并非是独特而连贯的，社会对我们的影响比我们想象中大得多。

◎ 结合发展心理学、社会心理学、神经科学的经验理论和前沿研究，从孩子的自我发展、他人的影响、群体的影响和环境的影响等多个方面揭示了“为什么社会决定了我们是谁”这个问题。

图书在版编目（CIP）数据

浙江省版权局
著作权合同登记号
图字:11-2020-179号

心智的本质 / （美）丹尼尔·西格尔
(Daniel J. Siegel) 著 ; 乔淼译. — 杭州 : 浙江教育
出版社, 2021.6(2024.7重印)
ISBN 978-7-5722-0556-9

Ⅰ. ①心… Ⅱ. ①丹… ②乔… Ⅲ. ①心理学一通俗
读物 Ⅳ. ①B84-49

中国版本图书馆CIP数据核字(2021)第074914号

上架指导：心理学

本书法律顾问　北京市盈科律师事务所　崔爽律师

心智的本质
XINZHI DE BENZHI
［美］丹尼尔·西格尔（Daniel J. Siegel） 著
乔淼　译

责任编辑：高露露
美术编辑：韩　波
封面设计：ablackcover.com
责任校对：傅　越
责任印务：沈久凌

出版发行：浙江教育出版社（杭州市环城北路177号）
印　　刷：石家庄继文印刷有限公司
开　　本：710mm ×965mm 1/16　　**插　　页**：1
印　　张：22.75　　**字　　数**：359 千字
版　　次：2021 年 6 月第 1 版　　**印　　次**：2024 年 7 月第 2 次印刷
书　　号：ISBN 978-7-5722-0556-9　　**定　　价**：96.90 元

如发现印装质量问题，影响阅读，请致电 010-56676359 联系调换。